Structures

Or Why Things Don't Fall Down

→ → →

[英] J. E. 戈登（J. E. Gordon）著

李轻舟 译　刘新宇 审校

中信出版集团 | 北京

图书在版编目（CIP）数据
结构 /（英）J. E. 戈登著；李轻舟译 . -- 北京：中信出版社，2024.10. (2025.2重印)
-- ISBN 978-7-5217-6836-7
I. O342-49
中国国家版本馆 CIP 数据核字第 2024R3Y020 号

结构
著者：［英］J. E. 戈登
译者：李轻舟
出版发行：中信出版集团股份有限公司
（北京市朝阳区东三环北路 27 号嘉铭中心　邮编　100020）
承印者：三河市中晟雅豪印务有限公司

开本：787mm×1092mm 1/16　　插页：12
印张：21.75　　字数：256 千字
版次：2024 年 10 月第 1 版　　印次：2025 年 2 月第 4 次印刷
京权图字：01-2019-2778　　书号：ISBN 978-7-5217-6836-7
定价：79.00 元

服务热线：400-600-8099
投稿邮箱：author@citicpub.com

献给我的孙辈

蒂莫西和亚历山大

数不清的窘迫在各个方面摧毁着人类的傲慢，我们好像对最普通的物体和效应也一无所知，我们尝试弥补这一缺陷，但每取得一点点进步，都会进一步意识到缺陷本身的存在。那些庸俗怠惰的心灵混淆了熟悉与知晓，当事物显露其形式或表明其用途时，他们就以为自己洞悉了事物的全部本质；而不满足于肤浅之见的思辨者则会以徒劳的好奇心烦扰自身，但是，随着他探究愈多，他不过是察觉到所知愈少。

——塞缪尔·约翰逊，《漫步者》，1758年11月25日

目　录

—— 第三部分 承压结构与承弯结构

—— 第四部分 结构与审美

—— 前言 ——

我非常清楚，想写出一本有关结构的入门书是一种不自量力的行为。实际上，只有当这门学问从数学中脱离出来后，人们才开始意识到要准确表述那些通常所谓的“入门级”的结构概念是多么困难；我所说的“入门级”意即“基础的”或“根本的”。其中某些省略和简化是有意为之，但另一些无疑是因为我自己才疏学浅和对这门学问一知半解所致。

本书可看成《强材料的新科学》（*The New Science of Strong Materials*）的续篇，但它本身也可被视为一部完全独立的作品。两部作品有部分重叠之处。

我要感谢曾为我提供准确信息、建议和灵感以及同我热烈讨论的很多人。其中的在世者，包括我在雷丁大学的同事，他们曾慷慨地给予我帮助，尤其是建筑学教授比格斯（W. D. Biggs），以及理查德·查普林（Richard Chaplin）博士、乔吉奥·杰洛尼米迪斯（Giorgio Jeronimidis）博士、朱利安·文森特（Julian Vincent）博士和亨利·布莱斯（Henry Blyth）博士，还有哲学教授安东尼·弗卢（Anthony Flew），他为本书最后一章提出了有益的建议。我还要感谢布鲁克医院的神经外科顾问医师约翰·巴特雷特（John Bartlett）先生。西印度大学的休斯（T. P. Hughes）教授在与火箭相关的问题上给予了我诸多帮助。我的秘书琼·柯林斯（Jean Collins）在我陷入困境时帮了大忙。《时尚》杂志的内瑟柯特（Nethercot）女士在女装剪裁方面的见解使我获益良多。杰拉德·利奇（Gerald Leach）以及企鹅图书的多位编辑表现了他们一贯的耐心和友善。

在我要致谢的逝者中，我要感谢剑桥大学三一学院的马克·普莱尔（Mark Pryor）博士，他与我探讨生物力学的问题近30年。最后，理所应当，我还要感谢希罗多德（Herodotus），我欠这位哈利卡纳苏斯城曾经的公民一份薄祭。

第1章

如何与工程师无障碍地沟通

他们往东边迁移的时候，在示拿地遇见一片平原，就住在那里。他们彼此商量说："来吧，我们要作砖，把砖烧透了。"他们就拿砖当石头，又拿石漆当灰泥。他们说："来吧，我们要建造一座城和一座塔，塔顶通天，为要传扬我们的名，免得我们分散在全地上。"耶和华降临，要看看世人所建造的城和塔。耶和华说："看哪，他们成为一样的人民，都是一样的言语，如今既作起这事来，以后他们所要作的事就没有不成就的了。我们下去，在那里变乱他们的口音，使他们的言语彼此不通。"于是耶和华使他们从那里分散在全地上，他们就停工不造那城了。因为耶和华在那里变乱天下人的言语，使众人分散在全地上，所以那城名叫巴别。

——《圣经·旧约全书·创世记》11：2–9

结构曾被定义为任何用于承受载荷的材料的组合，而研究结构是科学的传统分支之一。如果一个工程结构倒塌，就可能出现人员伤亡，因此工程师必须小心谨慎地探究结构的行为。然而遗憾的是，当工程师向大家普及他们的专业时，麻烦就来了：他们总是说着奇怪的用语，于是一些人便认为，研究结构及其负载的方式令人费解、无关紧要，也实在无聊。

但是，结构无处不在，我们实在没法视而不见：毕竟，所有动植物以及几乎所有的人造物都必须能够承受某种强度的机械性力量而不致损坏，所以实际上，万物皆有结构。当我们谈论结构时，我们不仅要问为何房屋和桥梁会坍塌、机器和飞机有时会坏掉，还要问蠕虫为何长成那种形态，以及蝙蝠为什么能飞过玫瑰花丛而保持翅膀完好无损。我们的肌腱如何工作？我们为何会“腰酸背痛”？翼手龙的体重怎么那么轻？鸟类为何有羽毛？我们的动脉如何工作？我们能为残疾儿童做些什么？为什么帆船要那样装配帆索？为什么拉开奥德修斯之弓很难？为什么古人晚上要把战车的轮子卸下来？希腊投石机是如何工作的？为什么芦苇会随风摇曳？为什么帕提侬神庙如此壮美？工程师能从天然结构中得到什么启示？医生、生物学家、艺术家和考古学家能从工程师那儿学到些什么？

事实表明，理解结构的原理和损坏的原因是一场斗争，其艰难与漫长远非常人所能预料。直到最近，我们才补上了部分知识漏洞，这使得我们能以某些有效或巧妙的办法回答上述一部分问题。当然，随着将更多块拼图汇集组装，整个图景越发清晰：这门学科整体上不再局限于专业研究的狭窄范围，而越发贴近大众的普遍利益，普通人也能从中获益。

本书从当代研究的视角讲述了自然界、工程技术和日常生活中的结构元素，探讨了对强度及支持不同载荷的需求如何影响各种生命体和机械装置的发展，包括人的进化。

生物的结构

生物学结构的出现远早于人工结构。在生命出现之前，世界上不存在任何形式的目的性结构，只有山岳和成堆的沙石。即使是非常简单、原始的生命形态，也形成了一种微妙的平衡，其化学反应自发产生且不断延续，它必须与非生命体分隔开，防止受到后者破坏。大自然创造了生命，并让其自生自灭，所以有必要设计出某种容器以使之存续。这样的薄层或薄膜至少要具备最低限度的机械强度，既要容纳生命物质，又要保护其免遭外力的侵袭。

如果某些最早的生命形态由在水中游荡的微滴构成（这似乎是可能的），那么或许仅仅靠不同液体间界面上存在的表面张力形成一个非常脆弱且简单的屏障，就已经够用了。渐渐地，随着生物种类增多，生命的竞争越发激烈，弱小的、无法自主运动的球状生物将会处于不利的地位。生物的表皮变得越来越坚韧，各种各样的运动形式层出不穷。更大的多细胞动物出现了，它们会互相吞食，并快速游动。生存的要义变成了追逐与被追逐，吃与被吃。亚里士多德口中的相互吞噬，达尔文则称之为自然选择。不管怎样，进化的历程取决于更强的生物材料和更精妙的活体结构的发展。

早期更原始的动物大多是由软材料构成的，不仅因为这样的材料能使之更易扭动且能任意延展，还因为这些软组织通常是坚韧的（正如我们将要看到的），而像骨骼这样的刚性结构却往往是脆弱的。此外，刚性材料的运用会给生长和繁殖带来各种各样的麻烦。女士们都知道，胎儿的生产是一项涉及高应变和大挠度的大工程。脊椎动物从受精卵发育到胎儿的过程，就像普遍的天然结构一样，在某些方面是从软变硬的过程，而且在婴儿出生后，这个硬化过程仍在持续。

这给人的感觉像是大自然很不情愿地接受了强劲的材料，然而当动物越来越大时，它们从水中登上陆地，大多数长出且用上了刚性的骨架和牙齿，有些还有硬角和甲壳。但是，动物从来没有像大部分现代机械那样以刚性装置为主导。骨骼通常只占全身的一小部分，下面我们将会看到，那些柔软的部分常常巧妙地减轻了骨骼的负荷，使之免受折断之苦。

大多数动物的躯体主要是由柔性材料构成的，而植物则并不总是如此。更小且更原始的植物通常是软的，但植物既不能追捕食物，也没法躲避天敌。在某种程度上，它只能通过长高来自保，并争夺更多的阳光雨露。尤其是树木，它们十分巧妙地伸展，既能收集散布在空中的若隐若现的阳光，又能挺立直面狂风的威胁，当然，是以最节能的方式。最高的树能长到约 110 米，这是迄今最大且最耐久的活体结构。但一株植物即使只长到上述高度的 1/10，其主体结构也需轻巧又有刚性，我们将在后文看到这为工程师提供了许多重要的启发。

很明显，像这样关于强度、柔度和韧度的问题对医学和动植物学等领域都有用。然而，长期以来，医生和生物学家出于自己在专业上的成功和自尊都排斥这些观念。当然，这一方面关乎性格，另一方面关乎语言，或许工程师口中对数学概念的厌恶和畏惧也与此有关。在绝大多数情况下，从结构的角度研究动植物，确实是生物学家无法胜任的工作。但是我们也没有道理假定大自然在其化学与控制机制上精雕细琢，而在结构上却粗制滥造。

工艺结构

世上奇迹虽多，若论神奇
难比于人——
他迎着凛冬寒风，
穿过滔天巨浪，
横渡沧溟茫茫；
连不倦不朽之大地，这最古老的神灵，
亦厌倦他，年复一年，
来来去去，耕耘不辍。
逍遥自在者，飞鸟，
走兽，游鱼，
尽入其网，
败于他的狡黠。

——索福克勒斯，《安提戈涅》

本杰明·富兰克林曾把人定义为“一种会制造工具的动物”。事实上，好多其他动物也会制造并使用相当原始的工具，它们筑巢的本事甚至常常超过未开化的人。要指明人类什么时候走出洪荒，获得捕食野兽的技艺绝非易事。考虑到早期人类可能栖息于树上这个事实，或许它比我们想象的要晚。

然而，从最早期的棍棒和石块（并不比高等动物使用的工具好多少）发展到石器时代晚期成熟精美的手工制品，人类跨越了一条巨大的鸿沟。金属工具时代之前的文明在化外之地一直存续到距今不久，许多器物就陈列在博物馆里。不借助金属材料就制作出坚固的结构，需要一种把握应力分布和方向的天赋，这是现代工程师都未必具备的；金属自有坚韧且均质之便，就其运用而言，既有直觉上的考量，也有工程之外的思索。自玻璃纤维等人工复合材料问世以来，我们间或回归波利尼西亚人和因纽特人开发出的那种含纤维的非金属结构。故而，我们越发意识到自身在运用应力体系方面的不足，也因此更加敬重原始工艺。

事实上，金属工艺进入人类文明——大致在公元前 2000 年到公元前 1000 年间——对大部分人工结构来说，并没有带来特别巨大或直接的影响，原因在于金属既稀缺又昂贵，且不易成形。使用金属制造切削工具、武器以及甲胄自有其效果，但大多数承担负载的人工制品仍是由砖石、木材、皮革、绳索和纺织物构成的。

建磨坊的、造车的、造船的以及搞装配的工匠在使用这些旧式的混合构造时，需要具备高超的技能，但他们也有各自的弱势，也会因缺乏正规理论训练而犯错。总体来看，蒸汽与机械的引入导致了手工技能的弱化，也造成只有少数标准化的刚性材质，譬如钢材和混凝土，才能应用于“先进工艺”的结果。

虽然某些早期发动机的缸压并不比我们的血压高多少，但像皮革这样的材料无法承受灼热的蒸汽，工程师没法用皮囊、皮膜和软管制造出一台蒸汽发动机。因此，他们只能用金属，并借助机械手段实现。如果是让动物来做同样的事，它们的办法可能更简单，耗材或许更轻。[1]但工程师则不得不依靠轮子、弹簧、连杆和气缸中滑动的活塞来达成目标。

虽然这些笨重的装置最初是受材料所限而不得已用之，但工程师已逐渐把这种技术视作正当且体面的方法。在习惯使用金属齿轮和主梁后，工程师就很难转换思路了。此外，这种对材料和技术的态度已经散播到普通人中间去了。不久前，在一场鸡尾酒会上，一位美国科学家的美丽妻子对我说："你是说人们过去是用木材造飞机的吗？就用破木头！我不信，你就胡扯吧。"

我们应如何客观评价这些看法，它们又在多大程度上是基于偏见和赶时髦的心血来潮，这是本书探讨的问题之一。我们需要更全面地看待这些问题。工程结构的传统选材——砖石混凝土、钢材和铝材，已经非常成功，我们显然不可等闲视之，既因为这些材料本身的作用，也因为我们从中获益良多。然而，我们或许记得，充气轮胎改变了陆上运输的面貌，这可能是比内燃机更重要的发明。但我们一般不怎么给工科生讲授轮胎的相关知识，工科学校有一个明显的倾向，即对柔性结构一概讳莫如深。如果更宽泛地看待这个问题，我们或许可以发现，出于定量的考虑，我们可以试着重构传统工程学的某些部分，将其建立在仿生学模型的基础上。

无论我们持何种观点，都无法回避这样的事实：工程技术的每个分支都必须或多或少地关注强度和挠度的问题。而且，如果我们在这些问题上犯错带来的仅仅是恼人的状况或高昂的花费，而非人员伤亡的后果，我们已经相当走运了。从事与电子相关工作的人可能都知道，大部分电气与电子设备的故障都是由机械故障引发的。

结构能够被破坏，这一点很重要，有时影响巨大；但是，在传统的工程技术中，一个结构在损坏前的刚度和挠度在实践过程中可能更为重

① 这里的"更轻"指比活塞和风箱更轻。

要。摇摇晃晃的房子、地板和桌子是很难让人满意的，我们也应该意识到光学设备，比如显微镜或照相机，其性能不仅取决于镜头的品质，还依赖于其架设位置的精度和刚度。而这类失误比比皆是。

结构与审美

能否寻一处胜境，得与天堂独处，
我欲言心声：天堂为我所欲。
林木参差，艳若山茱萸，
明如白花楸，摇曳似芦苇。
山茱萸十月即红，
芦苇流散西南，
白花楸怒放风中：
似人所共知，万般只为天堂。

——乔治·梅瑞狄斯，《爱在山谷》

如今，我们往往受制于某种先进工艺，还得保证其安全有效，这就需要我们高明地应用结构理论。然而，人并非仅仅以安全和效率为生，我们还得面对这样一个事实：这世界在外观上变得越发令人沮丧了。这与其说是“自找的丑”，不如说是平庸乏味的盛行。现代人的作品罕有令人赏心悦目的。

然而，大部分 18 世纪的人工制品，哪怕是那些相当不起眼的，在我们很多人看来，至少是令人愉悦的，有的甚至堪称精美绝伦。就此而论，18 世纪的人——所有人——过得比我们今天的大部分人都要更加丰富多彩。我们如今为老宅和古董付出的价格就反映了这一点。一个更具创造力和自信心的社会不会对太祖辈的屋子和家当抱有那么强烈的怀旧之情。

虽然本书并不打算阐述繁复甚至有争议的实用艺术理论，但对这个问题却不能置之不理。前面提到，几乎每一件人工制品在一定意义上都包含这种或那种结构。尽管大部分人工制品并非为了满足情感的需要或达到审美的效果，但我们务必要意识到，世上没有无情的表达。演说、写作、绘画，或者工业设计概莫能外。不管有心还是无意，我们设计制造的每一件东西都带有某些个人色彩，无论好坏，都超越了表面上的理性初衷。

我认为我们还面临着另一个问题——沟通。大部分工程师完全没有接受过审美训练，工科学校倾向于鄙夷这类浮华之事。而且，满满当当的教学大纲中已挤不出空间留给审美。现代建筑师已经说得非常清楚，他们不会从自己高雅的社会性任务中挤出时间来考虑建筑强度之类的琐事；实际上，他们也不会把太多时间花在审美上，况且他们的客户大概也不怎么感兴趣。同样令人难以置信的是，家具设计师在接受的正规训练中也没有学习过如何计算书放在普通书架上产生的挠度，所以大多数设计师似乎完全不懂如何把产品外观同其结构联系起来，也就没什么可奇怪的了。

高楼为什么会倒塌

从前西罗亚楼倒塌了，压死十八个人，你们以为那些人比一切住在耶路撒冷的人更有罪吗?

——《圣经·新约全书·路加福音》13：4

许多人——尤其是英格兰人——厌恶理论，他们一般不怎么看得起理论家。这似乎特别适用于强度和弹性问题。相当一部分人不敢涉足化学或医学领域，却自认为有能力制造出一个关乎人命的结构。如果施加一些压力，他们可能会承认造一座大桥或一架飞机有点儿超出他们的能力范围，然而，那些关乎人命的普通结构真的就谁都能造出来吗？

这不是说搭一座寻常的棚子也是一件需经年累月研究的要事，然而，这个学科确实遍布着稍不留神就会掉入的陷阱，许多事情并不像看上去那么简单。在绝大多数情况下，工程师只是同律师和送葬者一道被叫进来，专门应付本属于“实干家”的结构事务。

然而，数个世纪以来，实干家都在按自己的套路行事，至少在某些制造领域是这样。如果你游览一座主教座堂，你难免会思考，建造者的技巧和信仰哪一个给你的印象更深。这些建筑不仅仅在体量上堪称宏伟，某些方面似乎还超越了其构造材质的沉闷笨重，升华到了艺术与诗性的境界。

从表面上看，中世纪的石匠显然对如何建造教堂和主教座堂了如指掌，当然他们往往成就斐然且精于此道。然而，如果你有机会向一位石匠大师讨教此中的细节和原理，我想他可能会这么说：“建筑的屹立有赖于无处不在的上帝之手，当我们建造它时，我们只需恪守传统的规矩与我们技艺的奥秘。”

然而，我们看见和欣赏的是那些存世的建筑：虽然身负“奥秘”、技巧和经验，但中世纪的石匠也不总是成功的。在他们更具野心的尝试中，很大一部分在建成后不久便坍塌了，有的甚至在施工期间便倒下了。但是，这些灾难多半被视为天谴，是为了惩罚罪恶，而不是纯粹由技术上的无知造成的后果。因此，我们有必要谈谈西罗亚楼。[①]

或许，因为太沉迷于好手艺的道德意义，旧时代的建筑师、木匠和造船工未曾从科学角度思考过一个结构为何能够承载一定的负荷。雅克·海曼（Jacques Heyman）教授曾明确指出，造主教座堂的石匠，无论如何也不会以现代的方式思考或设计。虽然中世纪工匠的一些成就令人印象深刻，但他们那些“规矩”和“奥秘”的智力水准可能和一本烹

① 吉尔伯特·默里（Gilbert Murray）在《希腊宗教的五个阶段》（*Five Stages of Greek Religion*, O.U.P., 1930）中，对该话题的异教观点进行了有趣的探讨。此外，涉及结构的泛灵论问题也值得研究。

饪手册没多大区别。这些人所做的事情基本上就是沿袭以前的工作。

我们将在第 9 章看到，砖石结构是一种特例，仅依靠经验和传统比例将小教堂扩建为大型主教座堂有时之所以安全可行，是有其特殊原因的。而对其他类型的结构而言，这么做则行不通，甚至相当危险。这就是为何虽然建筑物越来越大，但在相当长时间里大型船舶的尺寸几乎保持不变。不事先用科学的方法来预测工程结构的安全性，贸然制造全新或截然不同的装置，只能以灾难告终。

因此，一代又一代人都未曾用理性的思维解决强度的难题。然而，如果你总是在内心深处搁置自认为很重要的问题，那么你在心理上一定不舒服，你害怕的事往往会发生。这个难题变成了滋生残忍和迷信的温床。当某位达官贵人为新船下水开香槟酒，或者一位大腹便便的市镇长官为建筑开工奠基时，这些仪式典礼往往成为某些残忍献祭的最后残余。

中世纪，天主教会查禁了大多数献祭仪式，但这对鼓励科学方法的使用并没有多大帮助。为了完全摆脱此类做法，或者说为了承认上帝可以借助科学规律的力量来行事，需要一次彻底的思想转变，一种我们今天难以体会的精神蜕变。当科学术语几乎不存在时，就需要将想象力与知识素养别出心裁地结合在一起。

结果表明，旧时代的工匠从未在这方面做出过努力。有趣的是，关于结构的严肃研究的真正开始，可归因于宗教裁判所的迫害和愚民政策。1633 年，伽利略因其革命性的天文发现而触怒天主教会，他的工作被认为威胁了宗教神权和世俗政权的基础。教会严禁他涉足天文学研究，在众所周知的改邪归正之后，[①]他幸运地获准退隐于佛罗伦萨附近的阿切特里。名义上蛰居家中，实质上被软禁的他开始研究材料强度，我猜想这是他可以想到的最安全且颠覆性最小的课题了。

伽利略对有关材料强度的认识而言，仅算略有创新，但你务必牢记

① 当时他被迫放弃地球绕太阳公转的观点。1600 年，布鲁诺曾因这一异端思想被处以火刑。

他开始研究该课题时已年近七旬，饱经风霜且形同囚徒。然而，他获准同欧洲各地的学者通信，而他的显赫声名为他从事的所有研究都赋予了权威性和知名度。

在他存世的许多信件中，有几封是关于结构的，其中他与法国的马林 · 梅森（Marin Mersenne）的通信似乎尤为成果显著。马林 · 梅森是一位耶稣会神父，但想必无人会否认他在金属丝强度方面的研究。埃德梅 · 马略特（Edmé Mariotte）更年轻，也是一位神父，是第戎附近的葡萄酒之乡圣马丁苏博讷的修道院院长。他用了大半辈子的时间来研究地质力学的规律，以及杆在拉伸和弯曲状态下的强度。在路易十四治下，他促成了法兰西科学院的创立，并同时博得了天主教会和当局政权的欢心。值得注意的是，这些人里没有一个是专职的建筑或造船工匠。

到了马略特的时代，研究负载下的材料和结构负载行为的这门学问开始被称为弹性科学（原因将在下一章中揭示），我会在本书中反复使用这个名词。自 150 年前这门学科得到数学家的重视后，有关弹性的枯燥晦涩的著作汗牛充栋，一代代学生在有关材料和结构的讲授中深受无聊的摧残。以我之见，故作高深与故弄玄虚实无必要，而且往往离题万里。固然，有关弹性的深层次研究一定与数学有关，也非常艰深，但这类理论可能只是偶尔被成功的工程设计人员采用。大多数寻常用途实际所需的学问，很容易被任何有心的聪明人理解。

街上的路人或车间里的工人认为他们几乎不需要理论知识。工科教员则倾向于假称，想要有所收获，不借助高等数学是办不到的，即使办得到，也不过是旁门左道。而在我看来，像你我这样的凡夫俗子跟某些介于中间的——我希望是更有趣的——知识异常投缘。

尽管如此，我们还是不能完全回避数学问题，据说它起源于古巴比伦，也许就是建造巴别塔的时代。对科学家和工程师而言，数学是一种工具；对数学家而言，数学是一门宗教；而对普罗大众来说，数学则是一块绊脚石。但事实上，所有人在生活中的每时每刻都离不开数学。当我们打网球或下台阶时，我们相当于在解整页的微分方程，我们的计算迅速、从容且不假思索，借助的是大脑里的模拟计算机。由于偏爱教条、施虐和鬼画桃符的好为人师者对这门学科形式化、符号化的表述，数学变得艰深晦涩。

在大部分情况下，在任何真正需要用数学方法论证的地方，我都会尽量使用最简单的示意图表。但是，我应该也会用到一些算术和一点儿初等代数知识，这毕竟是一种简单、强大且方便的思维模式，虽然这样说可能对数学家有些无礼。就算你以为自己天生搞不懂代数问题，也请不要畏惧它。可是，若你执意略过它，你仍可以从本质上读懂本书，而不至于错过太多细节。

还有一点要注意：结构是由材料构成的，我们既会谈结构，也会聊材料；但事实上，材料和结构之间并没有明确的分界线。钢无疑是一种材料，福斯铁路桥无疑是一个结构，但钢筋混凝土、木材和人类肌体——所有这些东西都具有相当复杂的构成——既可被视为材料，也可被看作结构。就像蛋头先生[①]那样，本书中使用的“材料”一词，指代了我们想用它指代的任何东西。它与其他人所谓的“材料”并不总是同义，这一点还是某次鸡尾酒会上一位女士给了我启发。

“能告诉我你是做什么的吗？”

“我是一名研究材料的教授。”

“摆弄衣服料子该是一件多么有趣的事啊！”

---

① 蛋头先生是英文童谣中的角色，比喻摔坏了就无法修复的东西。——译者注

第一部分 —— 弹性科学的前世今生

第2章

结构的根基——胡克定律与固体的弹性

让我们从牛顿开始，他曾说作用力和反作用力大小相等且方向相反。这意味着每个推力必定有一个等大且反向的推力来匹配和平衡，这与推力如何产生无关。例如，它或许是一种“死”载荷，即某种不变的配重。若体重200磅[①]的我站在地板上，那么我脚底向下推地板将形成200磅力[②]的作用，这是脚施加的；同时，地板一定向上推我的脚形成200磅力的支撑，这是地板施加的。如果地板腐朽了，不能提供200磅力的支撑，我就会穿过地板掉下去。但若凭借某种奇迹，地板产生了比我的脚施加的力更大的支撑，比如201磅力，结果就会更加令人惊讶，因为我肯定会蹿上半空。

——《强材料的新科学》

我们可以先想想，任何无生命的固体，比如钢材、石头、木材或塑料，一开始是如何对抗机械性力量，甚至支撑起自身重量的？本质上，这就是“为何你不会穿透地板掉下去”的问题，而答案则不那么简单。这个问题是整个结构研究的根基，非常考验智力。到头来，它把伽利略难倒了，而真正解开该难题的是个坏脾气的家伙——罗伯特·胡克。

---

① 1磅≈0.45千克。——编者注

② 1磅力指1磅物体所受的重力。——编者注

胡克意识到，最重要的是，材料或结构若要对抗载荷，就只能靠等大反向的作用力来实现。如果你的脚向下踩压地板，地板也一定会向上推你的脚。如果一座主教座堂向下推地基，地基也一定会向上推主教座堂。流传于世的牛顿第三定律解释了其中的道理，即作用力与反作用力大小相等且方向相反。

换言之，一个力是不会凭空消失的。无论何种情况，在结构的各个点上，每个力都必须有等大反向的另一个力来平衡且起到反作用。对任何一种结构皆如此，不管它多么微小简单或多么巨大复杂：不仅是地板和主教座堂，还有桥梁、飞机、气球、家具、狮子、老虎、卷心菜、蚯蚓等。

如果这个条件不能满足，即所有力不平衡或不能彼此抵消，结构就会被破坏，或者整体起飞，像火箭一样最终进入外层空间。后一种结果经常隐含在工科生的考试答案中。

让我们考虑一种最简单的结构。假设我们在一个支撑物上悬挂一个重物，比如用一根绳子将一块普通的砖头系在一个树枝上（见图 2–1）。砖块的重量来自地球引力场对该物体质量的作用（像牛顿实验中的苹果一样），其方向总是竖直向下。如果砖块不掉下来，就表示它受到的

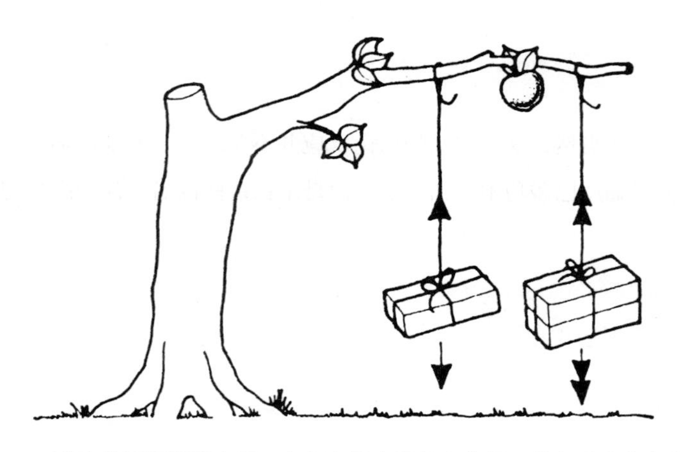

图 2–1　砖块的重量竖直向下，必须由等大且朝上的绳子拉力或张力来支撑

等大反向的力或绳子拉力可以维持它在半空中的位置。如果绳子不够结实，以至于不能产生一个同砖块重量等大的向上的力，绳子就会断裂，而砖块会掉到地上，同样像牛顿的苹果一样。

然而，若这根绳子很强韧，我们甚至可以用它悬挂两块砖头，绳子现在承受的向上的力就是原来的两倍，即它足以支撑两块砖的重量。载荷的其他改变亦如此。此外，载荷未必是像一块砖头那样的“死”配重；任何其他原因产生的力，比如风的压力，一定也有同样的反作用力。

在树枝悬挂砖块的情境中，支持载荷的是绳子的张力，即拉力。在许多结构中，比如建筑物，载荷源于压缩，即通过挤压产生。在上述两种情境中，基本原理都是一样的。因此，任意结构体系要发挥其作用（载荷以令人满意的方式获得支撑且没有意外发生），一定要以某种方式产生推力或拉力，与施加其上的外力完全等大且反向。也就是说，它需要承载所有推力和拉力，而这些推力和拉力正好与其反作用力平衡。

这固然很好，我们通常也很容易看出载荷为何对结构施加推或拉的作用力。但困难之处则在于，要弄清楚为什么结构对载荷施加推或拉的反作用力。巧的是，小孩子或许能察觉到弄清这个难题的些许线索。

“别再拉猫尾巴啦，宝贝。”

“我没拉，妈妈，是猫在拉我。”

在猫尾巴的情境中，反作用力是由猫的肌肉对小孩子的肌肉进行反拉产生的。当然，这类主动的肌肉反应并不常见，也并非必需。

如果猫尾巴碰巧不在猫身上，而是系在某些像墙一样的惰性物体上，这堵墙就不得不进行“拉”的动作；无论对小孩拉动的对抗是猫的主动行为，还是墙的被动行为，对小孩或尾巴来说都没有区别（见图 2–2 和图 2–3）。

那么，像墙、绳子、骨骼、钢制主梁乃至主教座堂等惰性或被动的物体，是怎样产生所需的巨大反作用力的呢？

图 2–2 “别再拉猫尾巴啦，宝贝。”
“我没拉，妈妈，是猫在拉我。”

图 2–3 不管是不是猫在拉，都没有任何区别

胡克定律

任意弹簧的力量都与其拉伸[①]成正比。也就是说，若一倍力使其伸长或弯曲一个单位，那么，两倍力会使其伸长或弯曲两个单位，三倍力会使其伸长或弯曲三个单位，以下类推。这是大自然的法则或规律，各种恢复或弹振运动都遵循。

——罗伯特 · 胡克

大约 1676 年，胡克清楚地认识到，固体不仅要靠反推对抗重量或其他机械载荷，还会产生两个效果：

① 在胡克的时代，“拉伸”（tension）表示我们今天所说的“伸长量”（extension），与拉丁文“tensio”的意思相同。

1. 当机械性力量施加其上时，固体会发生形变——拉伸或收缩自身。

2. 正是这种形变使固体能够实现反推。

因此，当我们在一根绳子的末端挂一块砖头时，绳子会伸长，这种拉伸使绳向上拉砖块，防止其掉落。所有材料和结构在负载时都会发生挠度变形，但程度各不相同（见图 2–4 和图 2–5）。

图 2–4 和图 2–5　所有材料和结构在负载时都会发生挠度变形，但程度各不相同。弹性科学致力于研究力量和挠度之间的相互关系。树枝受猴子重量的影响，在上表面附近被拉伸，在下表面附近受到挤压或收缩

重要的是，要意识到任何一个结构对载荷做出挠度变形的反应都是完全正常的。除非其挠度对该结构的用途而言过大了，否则这根本不算一个“错误”，反而是一种基本属性——要是没有它，任何结构都无法起作用。弹性科学研究的就是材料和结构中力量与挠度之间的相互关系。

虽然每种固体在重量或其他机械性力量的作用下，都会在一定程度上发生形变，但其挠度在现实中千差万别。对于植物或橡胶等，挠度变形往往非常大且十分明显，但当我们把普通的负荷加载到金属、混凝土或骨骼之类的坚硬材质上时，挠度变形有时就非常小。虽然这些形变往往太微小以至于肉眼不可见，但它们真实存在，只是要用特殊的器械来测量。当你爬上一座主教座堂的塔楼时，塔楼变矮了，这是它承载了你的体重的结果，虽然其形变量非常小，但它确实变矮了。事实上，砖石建筑比你想象的更柔韧，正如人们看到的，索尔兹伯里大教堂的塔楼由 4 根支柱支撑着：它们都明显地发生了弯曲（见插图 1）。

胡克在他的推理之路上又迈出了重要的一步，即便到今日，有些人仍觉得难以跟上他的思路。他意识到，当任意结构在载荷作用下发生挠度变形时，构成它的材料本身在其内部各处也会以非常精细的尺度按适当比例拉伸或收缩，我们如今知道，这里的尺度是分子尺度。因此，当我们使一根棍子或钢弹簧发生变形（比如掰弯它）时，材料整体被拉伸或挤压，构成材料的原子和分子也将分离得更远或者聚集得更近。

我们今天知道原子通过强韧的化学键相连。所以，材料整体的拉伸或挤压只能通过拉伸或压缩数以百万计的强大的化学键来实现，这些化学键顽强地抵抗形变，即便在非常小的尺度上亦如此。因此，这些化学键产生了强大的反作用力（见图 2–6）。

虽然胡克对化学键一无所知，对原子和分子也不太了解，但他完全能理解在材料的精细结构中发生的这些变化，他也着手确定固体中力和挠度在宏观上相互关联的本质是什么。

他的测试对象包括各种材料构成和几何形态，比如弹簧、金属丝和横梁。通过在这些物体上悬挂一系列配重并测量其产生的挠度，他发现

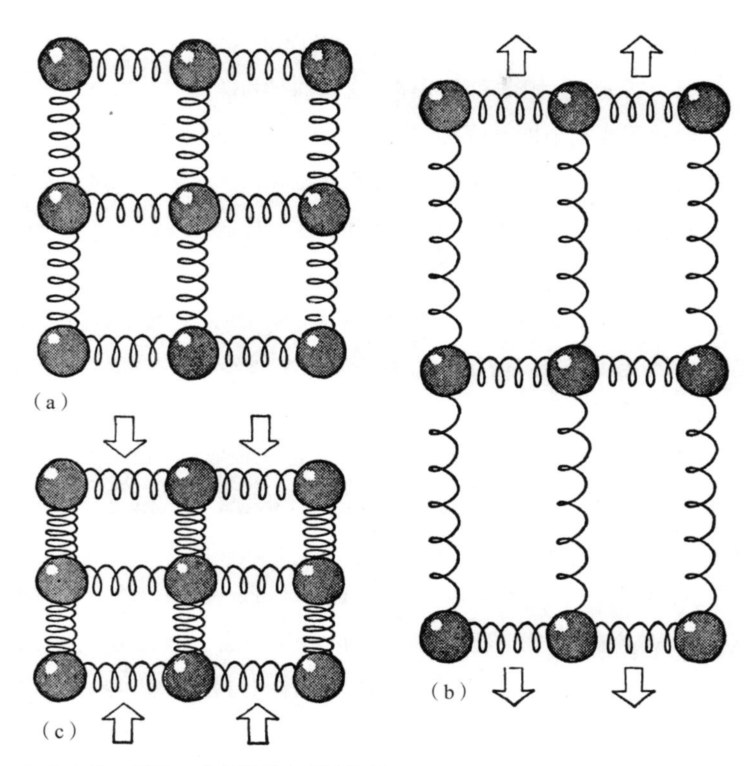

（a）中性、松弛，或者说无应变的状态
（b）材料受拉应变，原子分离得更远，材料变得更长
（c）材料受压应变，原子聚集得更近，材料变得更短

图 2–6　机械应变下原子间化学键发生畸变的简化模型

任意给定结构的挠度通常与载荷成正比。也就是说，200 磅载荷产生的挠度是 100 磅载荷的两倍，“以下类推”。

而且，在胡克测量的精度（并不太精确）内，当移除产生挠度的载荷后，这些固体大多恢复至原始形状。这意味着他可以无限地加载和卸载这类结构，而不会导致任何永久性形变。这种表现被称为“弹性”，它普遍存在。弹性经常同橡皮筋和内衣裤联系在一起，但它同样适用于钢材、石头和砖块，以及像木材、骨骼和肌腱这样的生物材质。工程师频繁使用的正是这种广泛的含义。顺便说一下，蚊子发出的嗡嗡声就源于控制它翅膀的节肢弹性蛋白的极大弹性。

然而，对于某些固体和近固体，比如油灰和橡皮泥，当负荷被卸载时，它们并不能完全恢复原状，只能维持形变，这叫作“塑性”。塑性材料不仅包括用来做烟灰缸的材料，也包括黏土和软金属。这类特性往极端发展，就会变成像黄油、麦片粥和糖浆一样。此外，用更精确的现代测试方法来衡量，许多被胡克认定为具有弹性的材料，实则并非如此。

但是，胡克的观察作为一种宽泛的归纳仍然是合理的，也为现代弹性科学奠定了基础。时至今日回头看，大部分材料和结构——不仅包括机械、桥梁和建筑物，还有树木、动物、岩石、山丘以及地球本身——皆被视为弹簧的观念，可能看似很简单（或许显而易见），但通过胡克的日记我们看到，他为此花费了很多心血，也产生了很多疑问。这或许是历史上最伟大的智慧成果之一。

在同克里斯托弗·雷恩爵士（Sir Christopher Wren）的一系列私下争论中，胡克提炼出了自己的观念。1679 年，他在论文《论恢复的潜力——弹簧》中公布了他的实验。文章里有一句著名的论断，“延伸则有力”。300 多年来，我们称这个原理为“胡克定律”。

弹性的失灵

然而，与牛顿为敌是要命的。对牛顿来说，无论对错，绝不妥协。

——玛格丽特·埃斯皮纳斯，《罗伯特·胡克》

虽然在现代，胡克定律对工程师来说用处极大，但胡克最初给出的形式的实际效用相当有限。胡克描述的实际上是一个完整的结构，如一根弹簧、一座桥或一棵树在被施加载荷时的挠度。

我们若想一想，很容易就会发现，一个结构的尺寸和几何形状及其构成材料的种类，都会影响它的挠度。材料固有的刚度差异极大：橡胶或肉等容易被手指施加的轻微力量弄变形；但其他材质，比如木材、骨骼、岩石和大多数金属，则强劲得多。尽管没有材料能够达到绝对的“刚性”，但蓝宝石和金刚石等少数固体确实非常强劲。

我们可以用钢材和橡胶制造同样尺寸和形状的物体，比如普通的水管垫圈。很明显，钢制垫圈的刚性要比橡胶制垫圈大得多（实际上前者约为后者的 30 000 倍）。如果我们用同一种材料（如钢材）制作一个细螺旋弹簧和一个粗大的主梁，那么弹簧自然会比主梁更柔韧。我们需要区分和量化这些效应，因为不管是在工程学还是在生物学中，我们身边都充斥着这些参数的变化，我们需要找到梳理整件事情的可靠方法。

虽然有这样一个前途光明的开端，但令人惊讶的是，直到胡克去世 120 年后，人们才找到应对这个难题的科学方法。事实上，在 18 世纪，弹性研究取得的实质进展微乎其微。进展不足的原因很复杂，但大致上是因为，17 世纪的科学家认为科学是与技术进步交织在一起的（这是科学发展的愿景，科学当时还是历史上的新兴事物），而 18 世纪的许多科学家则自视为哲学家，并认为他们的工作层次完全高于制造业和商业活动中的鸡毛蒜皮。当然，这是一种向古希腊科学观的回归。胡克定律为一些相当常见的现象提供了一种宽泛的哲学解释，这对不甚关心技术细节的绅士哲学家来说已经足够了。

然而，除了上述种种，我们也不能忽略牛顿的个人影响，或者牛顿和胡克之间是非恩怨带来的余波。就智力而言，胡克几乎能与牛顿比肩，当然前者更敏感且自负；但在其他方面，二人的性格和志趣截然不同。总的来说，虽然二人都出身寒微，但牛顿更热衷攀附权贵，而胡克虽与查理二世有私谊，却无心经营。

和牛顿不同，胡克是一个脚踏实地的人，他沉迷于解决实际的难题，包括弹性、弹簧、钟表、建筑、显微镜和解剖跳蚤等。胡克的一些发明至今仍在使用，比如，用于车辆变速器的万向接头和用于大多数相机的可变光圈。胡克发明的马车灯直到 20 世纪 20 年代才被淘汰，其中的蜡烛在不断燃烧变短时，其火焰借助弹簧进给运动能一直保持在光学系统的中心。此外，胡克的私生活比他的朋友萨缪尔·佩皮斯（Samuel Pepys）更混乱：他不仅勾搭每个女仆，还同他漂亮的侄女共度了一段“妙不可言”①的时光。

牛顿的宇宙图景或许比胡克宽广，但他的科学研究不大注重实用性。事实上，就像许多小教员一样，牛顿对科学的志趣常常是不切实际的。的确，牛顿在造币厂厂长的位置上尽职尽责，但他接受这个职位似乎与对应用科学的追求不甚相干，却和下述事实关系甚大。造币厂是个“政府治下的地盘”，在当时能带给他远高于剑桥大学三一学院研究员职位的社会地位，以及更丰厚的薪水。但是，牛顿将大量时间都花在了他的秘密世界中，他在其中推演诸如野兽数②这样玄妙的神学难题。所以，我认为他没有多少时间或欲望沉溺于肉体的罪恶。

简而言之，牛顿打从心底里厌恶胡克，也讨厌胡克追求的一切，包括弹性。胡克去世后，牛顿继续在这个世界上活了 24 年，他将其中的大部分时间用来诋毁胡克的成就和应用科学的重要性。自那时起，牛顿在科学世界里获得了与上帝比肩的地位，凡此种种皆趋向于强化那个时代社会和智识的风尚，故而像结构这样的课题，即便在牛顿辞世多年后，也没怎么流行起来。

因此，虽然胡克宽泛地解释了结构的运作方式，但在 18 世纪，他的工作并没有得到足够的跟进或拓展，具体的实用性计算也鲜见端倪。

如果这样的状况持续下去，弹性理论在工程中的运用就会备受限制。18 世纪的法国工程师意识到了这一点，很是惋惜，于是试图运用既有理论来建造结构（却常常坍塌）。英国的工程师也意识到了这一点，但他们往往对“理论”漠不关心，而是靠经验法则来构建工业革命时代的结构。这些结构大多坍塌了，但也留下了一些。

---

① 这是胡克自己的说法。他的侄女名叫格蕾丝。

② 野兽数是基督教文明中一个象征邪恶的数，源于《圣经·新约全书·启示录》。在大部分的《圣经》版本中，这个数被记作 666。——译者注

第 3 章

应力与应变——柯西男爵与弹性模量

生活中要是没了算术，那将是多么恐怖的场景。

——西德尼·史密斯，1835 年 7 月 22 日致一位年轻女士的信

弹性科学之所以长期停滞不前，除了因为牛顿与 18 世纪的偏见，还有一个主要原因，那就是少数研究它的科学家在尝试处理力和挠度的问题时将结构视为一个整体，就像胡克曾经做的那样，而非分析材料内任意一点上的力和伸长量。整个 18 世纪直至 19 世纪，莱昂哈德·欧拉（Leonhard Euler）和托马斯·杨（Thomas Young）等顶级智者，试图应对大多数现代工程师眼中最不可思议的智力挑战，解决我们今天看来一目了然的问题。

在材料内部，某一点的弹性状态指的就是应力和应变。奥古斯丁·柯西（Augustin Cauchy）在 1822 年提交给法兰西科学院的一篇论文中率先提出了这两个概念。这篇论文或许是自胡克以来弹性研究史上最重要的成果，此后这门学科逐渐成为工程师的实践工具，而不再只是少数古怪哲学家的消遣。根据大致绘于此时的肖像画，柯西看上去就像一个毛头小子，但毋庸置疑，他也是一位能力非凡的应用数学家。

最终，19 世纪的英国工程师拨冗阅读了柯西在这个课题上的论述，他们发现，不仅应力和应变的基本概念非常容易理解，而且一旦理解了，关于结构的整个研究也变得非常简洁明了。如今，任何人都能理解这两个概念，[①]所以提及“应力和应变”时，有些行外人仍会采取困惑甚至愤恨的态度，就让人很难理解了。我带过一个研究生，她当时刚获得动物学学位，但被应力和应变的整套观念弄得心烦意乱，最后逃离了大学。我至今仍搞不懂这是为什么。

如何区分应力与应变

事实上，伽利略差点儿就提出了应力的概念。他晚年在阿切特里创作的《关于两门新科学的对话》把这个问题论述得非常清楚：在其余因素都不变的情况下，拉伸状态下杆的强度与其横截面积成正比。因此，若一根横截面积为 2 平方厘米的杆在 1 000 千克配重的拉伸作用下断裂，那么横截面积为 4 平方厘米的杆则需要 2 000 千克配重的拉力才能让它断裂，以下类推。大概将近 200 年后，人们用断裂载荷除以断口面积，得到了我们今天所谓的“断裂应力”（在这个情境中，断裂应力为 500 千克力[②]/平方厘米）。它适用于所有由同种材料制成的均质杆，这实在是太棒了。

柯西察觉到，这种应力的概念普遍适用，不仅可用来预测材料何时会断裂，还可以用来描述一般状态下固体内任意点的状态。换句话说，固体中的应力有点儿像液体或气体中的压力，它度量的是构成材料的原子和分子在外力作用下聚集或分离的难度。

因此，“这块钢中某点的应力为 500 千克力/平方厘米”与“我的汽车轮胎里的气压是 2 千克力/平方厘米或者 28 磅力/平方英寸”，这两种

① 显然，《牛津词典》除外。在日常交流中，这两个词被用来描述人的精神状态，其含义似乎是一样的。但在自然科学中，这两个词的含义相当清晰，区别也相当明显。

② 1 千克力指 1 千克物体所受的重力。——编者注

表述同样简单易懂。尽管压力和应力的概念紧密相关，但我们仍需要牢记的一点是，流体中的压力作用在全部三个方向上，而固体中的应力通常是单向或一维的。我们下面就来探讨一下。

定量地看，材料中某个点在任一方向上的应力等于沿该方向作用在该点上的力或载荷除以该力的作用面积。[①]若我们记某点的应力为 s，则有：

$$应力 = s = \frac{载荷}{面积} = \frac{P}{A}$$

其中，P 为载荷或力，而 A 是 P 的作用面积（见图 3–1）。

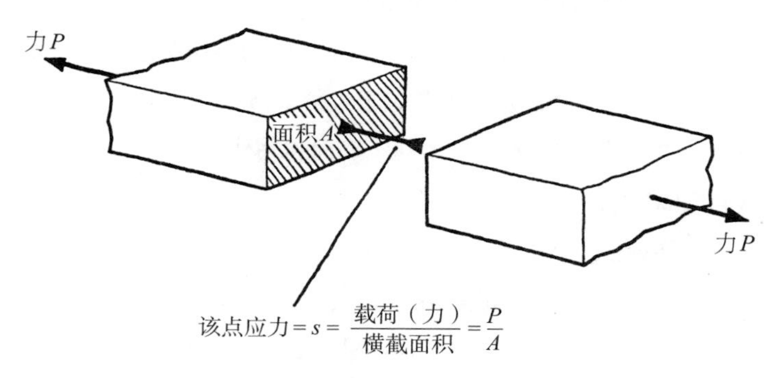

图 3–1　一根木棒在拉伸作用下的应力（挤压作用下的应力同理）

回到我们上一章中提到的砖头例子。如果砖头重 5 千克，绳子的横截面积为 2 平方毫米，那么绳子的应力为：

$$s = \frac{载荷}{横截面积} = \frac{P}{A} = \frac{5\ 千克力}{2\ 平方毫米}$$
$$= 2.5\ 千克力/平方毫米$$

或者，我们也可以把它写成 250 千克力 / 平方厘米（kgf/cm^2）。

---

① 可是，一个“点”怎么会有“面积”呢？我们可以参考速度的类比：我们把单位时间经过的距离表示为速度，例如 100 英里 / 小时（1 英里≈ 161 千米），但我们通常关心的是某个无限短暂瞬间的速度。

应力的单位

这就引出了应力的单位这个棘手的问题。应力可以表示为任意单位的力除以任意单位的横截面积，我们通常就是这样做的。为了避免混淆，我们在本书中统一使用以下单位。

兆牛顿/平方米（MN/m^2）。这是一个国际单位制的单位。大部分人都知道，国际单位制中力的惯用单位是牛顿。

1.0 牛顿=0.102 千克力=0.225 磅力（差不多相当于一个苹果的重量）。

1 兆牛顿=100 万牛顿，约等于 100 吨力。

磅（力）/平方英寸（psi）。这是一个传统的英制单位，仍被工程师广泛使用，尤其是在美国。它也常见于大量表格和工具书中。

千克（力）/平方厘米（kgf/cm^2，有时也写作 kg/cm^2）。这个单位常见于欧洲大陆国家。

单位间换算：

$$1\ MN/m^2 = 10.2\ kgf/cm^2 = 146\ psi$$

$$1\ psi = 0.006\ 85\ MN/m^2 = 0.07\ kgf/cm^2$$

$$1\ kgf/cm^2 = 0.098\ MN/m^2 = 14.2\ psi$$

所以，绳子的应力 250 kgf/cm^2 约等于 24.5 MN/m^2 或 3 600 psi。应力的计算通常不是一项精益求精的工作，过于追求换算精度实在没有必要。

值得强调的是，材料中的应力就像流体中的压力，是某一点的状态，而与横截面积无关，不管它是 1 平方英寸（约为 6.45 平方厘米）、1 平方厘米，还是 1 平方米。

什么是应变

应力表示的是固体中任意一点的原子被拉开有多难，即要用多大的力；而应变告诉我们能把它们拉开多远，也就是说，原子间化学键被拉伸多大的比例（见图 3–2）。

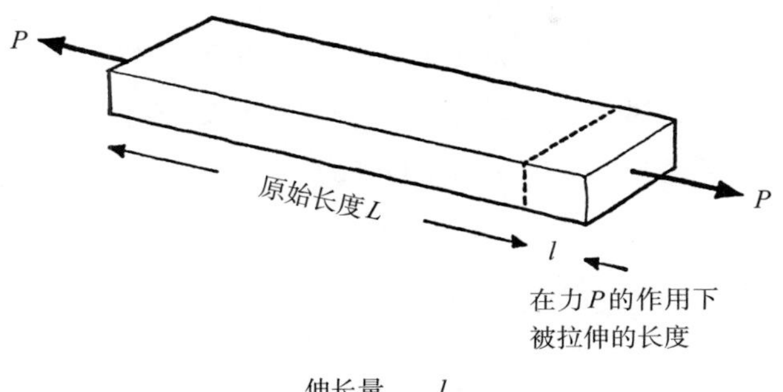

$$应变 = \frac{伸长量}{原始长度} = \frac{l}{L} = e$$

图 3–2　一根木棒在拉伸作用下的应变（挤压作用下的应变同理）

因此，如果一根原长为L的木棒在一个力的作用下被拉伸的长度为l，那么这根木棒的应变或长度变化比为e：

$$e = \frac{l}{L}$$

回到绳子的例子，如果绳的原长为 2 米（或 200 厘米），砖块的重量使它伸长了 1 厘米，那么绳子的应变为：

$$e = \frac{l}{L} = \frac{1}{200} = 0.005 \text{ 或 } 0.5\%$$

工程中的应变往往很小，所以工程师常用百分数表示应变，以降低数错零和弄错小数点位置的风险。

像应力一样，应变与材料的长度、横截面积或形状都无关，它只是某个点的状态。此外，因为我们计算应变时是用一个长度除以另一个长度——伸长量除以原长，所以应变是一个比值，它没有单位，无论是在国际单位制、英制还是其他任何单位制中。当然，上述种种既适用于拉伸的情况，也适用于压缩的情况。

弹性模量

我们说过，胡克定律的原始形式尽管颇具启发性，却是混淆了材料特性与结构行为的尴尬产物。这种混淆主要是由于未对应力和应变进行准确定义，但我们也不要忘记过去在测试材料方面遇到的困难。

今天，当我们测试一种材料（与测试一个结构不同）时，我们一般会制取一份所谓的“试样”。试样的形状可能各不相同，但它们通常都有一个平直的主体（可在其上做测试），末端更粗一些（可用来与测试仪器连接）。普通的金属试样一般如图 3–3 所示。

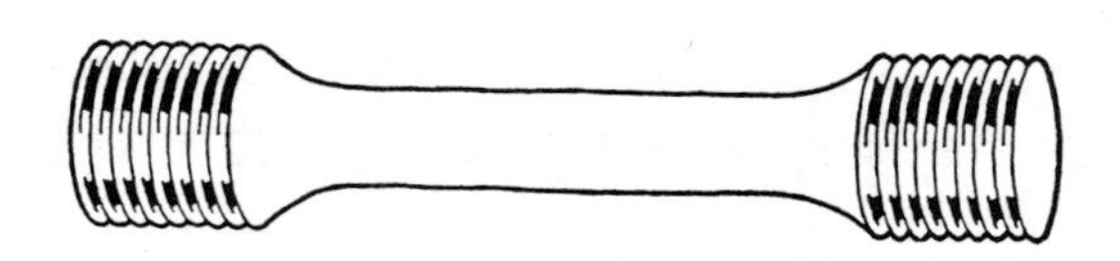

图 3–3 一个典型的拉伸试样

测试仪器的尺寸和设计也各不相同，但本质上它们都是对试样施加载荷的机械装置。

通过读取机器表盘上的载荷数，再除以横截面积，便可得到试样主体上的应力。我们通常会用引伸计这种灵敏的仪器在主体上夹取两点，进而测量在载荷作用下试样主体的伸长量以及材料的应变。

有了这种设备我们可以很容易地测量试样的应力和应变。材料应力和应变间的关系可以由应力–应变曲线呈现，如图 3–4 所示，它充分反映了给定材料的特征，其形状通常不受试样尺寸的影响。

我们如果为金属等常见固体材料绘制应力–应变曲线，就会很容易地发现，至少在应力适度的条件下，该曲线呈现为一条直线。这就是所谓的“遵循胡克定律”的材料，有时也叫“胡克材料”。

然而，我们还发现，对于不同的材料，直线的斜率差别很大（见图 3–5）。显然，应力–应变曲线的斜率度量了该材料在给定应力下的弹性。换言之，它度量了给定固体的弹性刚度或弛度。

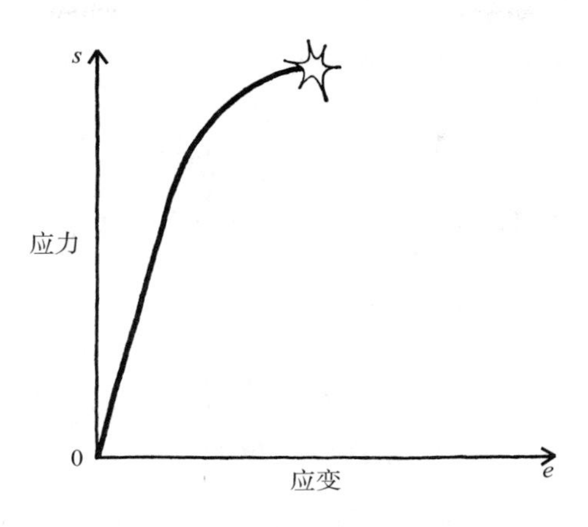

图 3–4　典型的应力–应变曲线

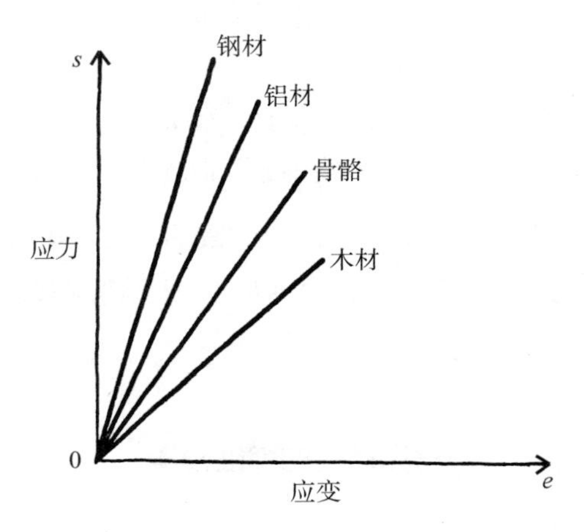

图 3–5　应力–应变曲线的直线部分的斜率表征了不同材料的不同弹性。斜率E表示的是弹性模量

对于遵循胡克定律的给定材料，斜率或应力与应变之比为定值。

$$\frac{\text{应力}}{\text{应变}}=\frac{s}{e}=\text{弹性模量（用}E\text{表示）}$$
$$=\text{该材料的常数}$$

弹性模量有时也被称为“杨氏模量”，记作E，在平常的技术交流中它往往会被说成是“刚度”。顺便说一下，“模量”（modulus）这个词在拉丁文中的意思是“一个小的度量尺寸”。

回想一下绳子的例子，它在由砖头的重量产生的 24.5 MN/m^2 或 3 600 psi应力的影响下，产生了 0.5%或 0.005 的应变。所以，绳子的弹性模量为：

$$\frac{应力}{应变}=\frac{24.5}{0.005}=4\ 900\ MN/m^2$$

$$=720\ 000\ psi$$

弹性模量的单位

因为我们是用应力去除以一个无量纲的分数，所以弹性模量与应力具有同样的量纲，即以应力的单位表示。但是，由于弹性模量衡量的是将材料拉伸为原长的两倍时的应力（也就是百分之百应变时的应力，前提是该材料还未断裂），其数值往往很大，让人觉得难以想象。

常见材料的弹性模量

常见生物材料和工程材料的弹性模量值可见表 3–1：从怀孕蝗虫的表皮（其值很低，但对生物材料而言，不算特别低；顺便说一下，雄性蝗虫和雌性蝗虫幼虫的表皮都很强劲）起，弹性模量按升序排列，直至钻石。我们将看到，在刚度变化区间内，上限与下限之比大到 6 000 000。我们将在第 8 章中探讨其中的原因。

值得注意的是，许多常见的柔性生物材料都不在上表中。这是因为它们的弹性行为即便近似来讲，也不遵循胡克定律，所以在我们使用的术语体系中，实在没法定义它们的弹性模量。我们稍后再来讨论这类弹性行为。

表 3–1　各种固体的弹性模量的近似值

材料种类	弹性模量（E）	
	psi	MN/m²
怀孕蝗虫的表皮	30	0.2
橡胶	1 000	7
鸡蛋壳膜	1 100	8
人体软骨	3 500	24
人体肌腱	80 000	600
墙板	200 000	1 400
未加固的塑料、聚乙烯、尼龙	200 000	1 400
胶合板	1 000 000	7 000
木材（顺纹）	2 000 000	14 000
新鲜的骨骼	3 000 000	21 000
金属镁	6 000 000	42 000
普通玻璃	10 000 000	70 000
铝合金	10 000 000	70 000
黄铜和青铜	17 000 000	120 000
铁和钢	30 000 000	210 000
氧化铝（蓝宝石）	60 000 000	420 000
钻石	170 000 000	1 200 000

资料来源：Dr Julian Vincent, Department of Zoology, University of Reading.

如今，弹性模量被视为一个基本概念；它已完全渗入工程学与材料科学领域，并开始向生物学领域进军。然而，最初这个概念用了整个 19 世纪上半叶的时间，才在工程师的脑海中留下了些许印象。部分原因在于纯粹的保守主义，还有部分原因是应力和应变的概念来得太迟了。

有了这两个概念，弹性模量就变得更简单，也更直观了；离开了它们，有些东西理解起来将非常困难。托马斯·杨在对埃及象形文字的解读方面扮演了重要角色，他拥有同时代人中最聪慧的头脑，但也身陷一场最严酷的智力斗争之中。

1800 年前后，他用了一种与我们刚才介绍的截然不同的方法来应对这一难题，他依靠了“比模量”的概念，即一段柱状材料在其自身重量的作用下会缩短多少。托马斯·杨于 1807 年给该模量下了定义：“任意材料的弹性模量是指同一材料的一段柱体对其底部产生的压力与造成某一压缩量的重量之比等于该材料长度与长度缩短量之比。”①

相较而言，埃及象形文字也显得简单多了。

一位同时代的人这样评价托马斯·杨：“他总是使用人们不常用的措辞，也常常词不达意。因此，在知识交流方面，他比我认识的任何人都逊色。”尽管如此，我们务必要意识到，托马斯·杨是在缺少应变和应力的定义的前提下表述了一个极其复杂的概念，而那两个概念直到 15~20 年后才开始使用。法国工程师纳维（Navier）在 1826 年给出了弹性模量的现代定义（E = 应力 / 应变），三年后托马斯·杨就去世了。作为应力和应变概念的提出者，柯西最终被法国政府授予男爵封号，他当之无愧。

结构强度与材料强度

切记不要把结构强度和材料强度混为一谈。结构强度是指破坏结构所需的载荷，以磅力、牛顿或千克力为单位。这个量度被称作“断裂载荷”，它仅适用于一些特殊的结构。

材料强度是指破坏材料本身所需的应力，以 psi、MN/m^2 或 kgf/cm^2

---

① “尽管科学素为贵族大臣们所关注，且你的论文也颇受重视，但它太学究气了……简言之，就是太难以理解了。”——英国海军部致托马斯·杨函

为单位。对于某种固体，无论其样品形态如何，其材料强度一般都是相同的。我们最常关注的是材料的抗拉强度，有时也叫作“极限拉应力”，通常使用测试仪器拉断小型试样来确定。所以，我们往往会根据已知的材料强度来测算结构强度。

表 3–2 给出了很多材料的抗拉强度。与刚度一样，生物意义和工程意义上的固体，其强度的变化范围很广。例如，肌肉之弱和肌腱之强对比显著，这也可以解释为何肌肉及其等效肌腱的截面不同。当我们小腿肚上粗壮且时而凸起的肌肉将其紧张状态传递给脚后跟的骨头时，我们便能行走和跳跃，靠的就是跟腱，它尽管非常纤细，但足以胜任这项功能。此外，我们也将看到，为什么工程师向未被强钢筋加固的混凝土贸然施加拉力，是一种不明智之举。

表 3–2　各种固体的抗拉强度的近似值

材料种类	抗拉强度	
	psi	MN/m²
非金属		
肌肉组织（新鲜但已死）	15	0.1
膀胱壁（新鲜但已死）	34	0.2
胃壁（新鲜但已死）	62	0.4
肠（新鲜但已死）	70	0.5
动脉壁（新鲜但已死）	240	1.7
软骨（新鲜但已死）	430	3.0
水泥和混凝土	600	4.1
普通砖头	800	5.5
新鲜的皮肤	1 500	10.3
鞣制皮革	6 000	41.1
新鲜的肌腱	12 000	82

（续表）

材料种类		抗拉强度	
		psi	MN/m^2
麻绳		12 000	82
木材（风干）：	顺纹	15 000	103
	横纹	500	3.5
新鲜的骨骼		16 000	110
普通玻璃		5 000~25 000	35~175
人体毛发		28 000	192
蜘蛛网		35 000	240
优质陶瓷		5 000~50 000	35~350
蚕丝		50 000	350
棉纤维		50 000	350
肠线		50 000	350
亚麻		100 000	700
玻璃纤维塑料		50 000~150 000	350~1 050
碳纤维塑料		50 000~150 000	350~1 050
尼龙线		150 000	1 050
金属			
钢材			
钢琴丝（非常脆）		450 000	3 100
高强度工程钢		225 000	1 550
工业低碳钢		60 000	400
锻铁			
传统锻铁		15 000~40 000	100~300
铸铁			
传统铸铁（非常脆）		10 000~20 000	70~140
现代铸铁		20 000~40 000	140~300

（续表）

材料种类		抗拉强度	
		psi	MN/m^2
其他金属			
铝	铸铝	10 000	70
	锻制铝合金	20 000~80 000	140~600
紫铜		20 000	140
黄铜		18 000~60 000	120~400
青铜		15 000~80 000	100~600
镁合金		30 000~40 000	200~300
钛合金		100 000~200 000	700~1 400

总的来说，强劲的金属比强劲的非金属的强度更大。但是，几乎所有金属又都比大多数生物材料致密得多（钢的比重为 7.8，而大部分的动物组织约为 1.1）。因此，考虑到重量因素，金属的强度相较于植物和动物，并不太突出。

现在我们可以总结一下这一章的内容：

$$应力=\frac{载荷}{横截面积}$$

它表示固体内某一点的原子因受载荷作用而被拉开或挤压的难度（即要施加多大的力）。

$$应变=\frac{载荷作用下的伸长量}{原始长度}$$

它表示固体内某一点的原子被拉开或挤压的程度。

应力和应变不是一回事。

我们常常用材料的强度指代破坏它所需的应力。

$$弹性模量=\frac{应力}{应变}=E$$

它表示材料有多强劲或松软。

强度和刚度也不是一回事。

引用《强材料的新科学》中的一段文字："饼干硬而弱，钢材硬而强，尼龙柔（低E）而强，树莓果冻柔（低E）而弱。这两种属性共同定义了固体，你也能用它们合理地评估新材料。"

对于上述种种，你也许会感到些许怀疑或困惑，但下面这件事可能会让你稍感安慰。不久前，我在剑桥大学花了整整一晚的时间，试图向两位举世闻名的科学巨擘解释应力、应变、强度和刚度之间的根本区别，因为他们准备向英国政府提议一个耗资巨大的项目。但是，我仍不清楚他们听明白了多少。

第 4 章

设计的安全性——裂缝是怎么出现的

乐音高昂且悠扬，

伴我凌空筑此穹堂，

此穹堂之煌煌！彼幽穴之冰霜！

凡闻者必来此仰望，

凡见者必喟，提防！提防！

——柯勒律治，《忽必烈汗》

当然，关乎应力和应变的种种讨论只是达到目的的一种手段，帮助我们设计出更安全有效的结构和装置，以及更好地理解它们如何工作。

显然，大自然不必如此大费周章。田间百合本无心，也不必费神计算，但它们本身都是了不起的结构。实际上，大自然有时是比人类更高明的工程师。一方面，它有更多的耐心；另一方面，它对设计流程的处理方式独树一帜。

生物体在生长期间整体或局部的构造受制于 RNA–DNA（核糖核酸–脱氧核糖核酸）机制，即威尔金斯、克里克和沃森发现的著名的双螺旋结构。[①]但是，对具体的植物或动物而言，整体构造一旦成形，其结构

---

① *The Double Helix*, by James D. Watson, Weidenfeld & Nicolson, 1968.

细节便五花八门。不仅要确定厚度，还要确定每个负载部位的安排，在很大程度上，这取决于其实际构成部分的运用及其生长中不得不对抗的力量。[①]因此，生物结构的比例会随其强度而趋于优化。大自然似乎是一位追求实用而非数学化的设计师；毕竟，糟糕的设计总是会被优良的设计吃掉。

遗憾的是，这些设计方法到目前为止还未被人类工程师掌握，因此他们不得不借助猜测或计算，或者更常见的是双管齐下。出于安全性和经济性的考虑，我们总是期望能够预测一个工程结构的各部分如何分担它们之间的载荷，以确定它们应该有多厚。而且，我们通常想弄明白一个结构负载时的预期挠度，因为太柔或太弱都不好。

法兰西的理性与不列颠的务实

在阐明和理解了强度和刚度的基本概念后，很多数学家便着手研究关于二维和三维弹性系统的分析技术，并用这些方法检验各种形状的负载结构的行为。巧合的是，在 19 世纪上半叶，大部分研究这种理论的人都是法国人。尽管弹性这个话题可能尤其契合法兰西人的气质，[②]但其实直接或间接促进这项研究的人是拿破仑一世，以及创立于 1794 年的法国巴黎综合理工学院。

由于这项工作既抽象又与数学相关，所以直到 1850 年左右，它才被大部分执业工程师理解或接受。在英国和美国，情况尤其如此，人们

① 这个过程反过来也成立：航天员在太空中经历一段时间的失重后，骨骼会因钙质流失而变得更脆弱。

② 法国的索菲·热尔曼（Sophie Germain）可能是唯一一位在弹性领域取得成就的女性。与此相关的是，这一时期最具高等教育背景和理论头脑的两位工程师——马克·布鲁内尔爵士（Sir Marc Brunel）和他的儿子伊桑巴德·金德姆·布鲁内尔（Isambard Kingdom Brunel）都是法裔。

认为实干家比“纯理论家”可靠得多。而且，“一个英国人能顶上三个法国人”。关于苏格兰工程师托马斯·特尔福德（Thomas Telford）——我们现在仍能欣赏到他设计的宏伟桥梁——有这样的记载：

> 他特别厌恶数学研究，甚至连几何学的基础知识也不熟悉；这种做派实在是惊世骇俗，以至于当我们推荐一位数学很好的年轻朋友到他的办公室工作时，他竟然毫不犹豫地说那个人不符合他的要求。

然而，特尔福德确实是个了不起的人。像纳尔逊（Nelson）一样，他以一种迷人的谦逊锤炼自己的信心。当梅奈悬索桥（见插图 11）的沉重铁链在众人面前成功吊装时，特尔福德正在远离万众欢腾的地方跪地感恩。[①]

并非所有工程师都像特尔福德那样谦卑，在这个时代，大多数的盎格鲁-撒克逊人不仅懒于动脑，而且态度傲慢。即便如此，他们对强度计算可信度的怀疑也不是毫无道理。我们必须清楚，特尔福德和他的同行反对的并不是定量方法本身（他们至少和其他任何人一样，渴望弄明白是什么力作用在他们的材料上），而是得到这些数据的手段。他们觉得理论家常沉溺于方法之优雅，而忽略了背后的前提假设，以至于他们会基于错误的计算得出答案。换言之，他们担心数学家的傲慢可能比务实者的自负更危险，归根结底，后者历经的实践磨炼更多。

英格兰北部那些精明的顾问工程师，就像所有成功的工程师一样意识到，当我们从数学角度分析一种情境时，我们其实是在人为制造一个关于我们要检验的东西的模型。我们希望，这个代数化的模型以一种

---

① 无视数学的英国传统靠 19 世纪一群杰出的工程师传承不绝，尤其是亨利·莱斯爵士（Sir Henry Royce），他造出了“世界上最好的轿车”。

足够接近实物的方式运作，以便拓宽我们的理解，使我们做出有用的预测。

随着物理学或天文学等学科的流行，模型与现实之间的精准对应使一些人逐渐将大自然视为某种神圣的数学家。无论这条教义多么吸引世俗数学家，在一些现象中，极为谨慎地运用数学类比才是明智之举。鹰翔空中，蛇伏石上，船行汪洋以及男女交往，都难以用解析方法做出预测。人们有时会纳闷数学家究竟是怎么结成婚的。所罗门王造好神殿后或许会补充说，一个结构负载的方式至少与船和鹰有很多共通之处。

这些事情的麻烦之处在于，许多经常出现的真实情况如此复杂，以至于不能完全用一个数学模型来表示。对于结构，常有几种可能的失败模式。当然，结构总会在其最弱的地方垮掉，而这个地方往往是人们没有想到的，更不用说做过计算了。

对材料和结构固有的强度做一番深刻且直观的评估，是一位工程师最有价值的成就之一。没有哪种纯粹的智慧能取而代之。就算是像纳维这样毕业于法国巴黎综合理工学院的人借助最好的“现代”理论设计的桥梁，有时也会倒塌。据我所知，在特尔福德漫长的职业生涯中，他建造的数百座桥梁及其他工程还没有出现大问题的。因此，在法式结构理论大放异彩的时期，有很大一部分欧洲大陆上的铁路和桥梁是由埋头苦干且不懂微积分的英格兰和苏格兰工程师建造的。

安全系数与无知系数

大约在 1850 年之后，即使是英国或美国工程师也开始计算大型桥梁等重要结构的强度了。他们用当时的方法估算出结构的最大拉应力，并确保这些应力小于材料额定的“抗拉强度”。为了做到万无一失，他们令算出的最大工作应力远远小于该材料的强度，取 1/3、1/4 甚至 1/7

或 1/8（材料的强度由拉断一个简单、光滑且主体平直的试样决定）。[①]这就是所谓的“应用安全系数”。任何通过减小安全系数来节约重量和成本的尝试，都很有可能引发灾难。

这类事故极易被归因于“材料缺陷”，少数几次确实是这样。当然，不同金属样品之间的强度差异很大，而且结构中确实有可能混入劣质材料。但是，钢铁的强度差异往往只有百分之几，3 倍或 4 倍实属罕见，更不用说 7 倍或 8 倍了。所以在实践中，理论强度和实际强度之间的差异往往是由其他原因造成的：在结构中的某些未知区域，真实的应力肯定比计算出的应力大得多，因此“安全系数”有时也被称为“无知系数”。

19 世纪的工程师经常用锻铁或低碳钢制造需承受拉应力的东西，比如锅炉、横梁和船舶，所以这些材料也拥有“安全”材料之誉。当我们在强度计算中引入一个较大的安全系数时，结果常常相当令人满意，但实际上事故仍然层出不穷。

船舶制造遇到的麻烦越来越多。对高航速和轻量化的要求使英国海军部和造船厂都陷入了困境，虽然算出的最大应力看似相当安全，但船舶在海上还是免不了被断成两截。例如，1901 年，当时世界上最快的舰艇之一——一艘新式涡轮驱逐舰（英国皇家海军的眼镜蛇号），意外断成两截，沉入了风平浪静的北海。这起事故造成 36 人丧生，但事后军事法庭和英国海军部调查委员会都没有详细披露造成此次事故的技术原因。

于是，海军部于 1903 年用类似的皇家海军狼号驱逐舰，在天气恶劣的海上做了一系列实验，并公布了结果。结果表明，真实条件下测量得出的船体应力比造船前设计师计算出来的结果小得多。因为两组应力都远低于已知的造船钢材的“强度”——安全系数为 5~6，所以这些实验都仅作为参考。

---

① 1910 年，在蒸汽机车的连杆设计中，安全系数至少要达到 18。

裂缝是如何产生的

要理解这类问题，最重要的不是做耗资巨大的全尺寸结构实验，而是进行理论分析。1913 年，英格利斯（C. E. Inglis）——后来的剑桥工程学教授，与“坐而论道的教员”截然不同——在《船舶工程师学会学报》上发表了一篇论文，引发了更广泛的讨论和应用，而不仅限于船舶的强度。

英格利斯希望告诉弹性研究者的事与索尔兹伯里勋爵（Lord Salisbury）对政客说的话几乎一样，即只用小比例地图是个严重的错误。近一个世纪以来，弹性研究者一直满足于用宽泛或拿破仑时期的术语绘制应力分布图。英格利斯表明，这种方法只适用于表面光滑且没有形状突变的材料和结构。

几何上的不规则性，比如孔洞、裂缝和尖锐边角，之前被忽视了，但实际上，这种通常分布在一个非常小的区域内的缺陷会显著提高局部应力。因此，孔洞和沟槽可能导致其相邻区域的应力比该材料的断裂应力大得多，即便周边区域应力的总体水平很低且根据计算该结构可能是安全的。

当然，从某种意义上说，在巧克力块上刻槽及在邮票和其他纸张上打孔的人都知道这个事实。一个裁缝在撕开一块布之前，会先在其边缘剪出一个“口子”。然而，严肃的工程师对这类断裂现象没有多大兴趣，没有考虑将其归为“严格意义”上的工程学问题。

原本连续的固体中出现的任何孔洞、裂缝或凹陷，几乎都会导致局部应力的增加，这很容易解释。图 4–1（a）显示了一段光滑均匀的木棒受到一个均匀的拉应力 s 的作用。穿过材料的虚线表示所谓的“应力作用线”，即应力从一个分子传递到下一个分子的典型路径。当然，在这种情况下，它们是一组间隔均匀的平行线。

如果我们现在通过在材料上制造一个切口、裂缝或孔洞来阻碍某些应力作用线，为保持平衡，这些作用线代表的力就需要某种反作用。实

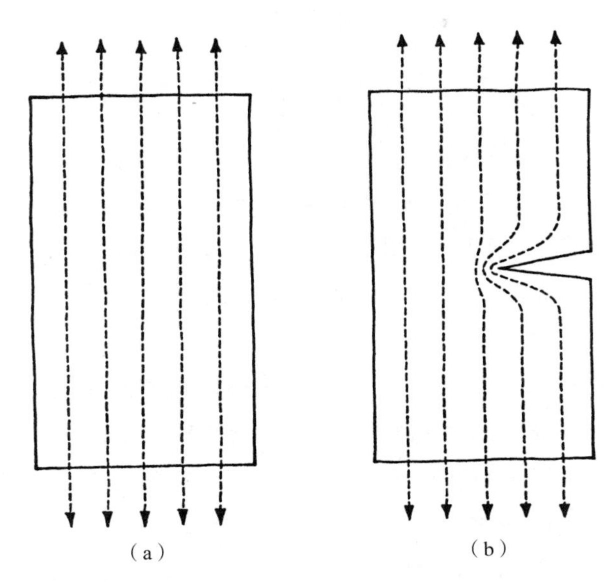

图 4–1　在均匀拉伸的载荷下，无裂缝（a）和有裂缝（b）的木条上的应力作用线

际发生的事情与人们想象的多少有些相同：力不得不绕过缺口，应力作用线的聚集程度主要取决于孔洞的形状［见图 4–1（b）］。例如，如果裂缝较长，那么裂缝尖端附近的应力作用线往往异常密集。因此在其相邻区域，单位面积上的力更大，局部应力也更大（见插图 2）。

英格利斯算出了遵循胡克定律的固体上一个椭圆孔洞的尖端处的应力增加量。[①]他的计算虽然只对椭圆孔洞是严格正确的，但用于其他形状的开口也足够精确。因此，其结果不仅适用于船舶、飞机等类似结构中的舷孔、舱门和舱口，还可用于各种其他材料和装置（例如牙齿填充物）中的裂缝、划痕和孔洞。

根据简单的代数运算，英格利斯说，若我们有一块材料受到远场应力 s 的作用，我们在其上制造一个任意形状、长度或深度为 L、尖端半径

① 事实上，在拉伸作用下一块板上的一个圆孔洞的应力效应，已由德国的基尔希（Kirsch）于 1898 年算出，而椭圆孔洞的应力效应已由俄国的科洛索夫（Kolosoff）于 1910 年算出。但据我所知，这些结果在英语区的船舶工业领域几乎没有引起注意。

为r的沟槽、裂缝或凹陷，它的尖端及其相邻处的应力就不再是s，而是增加为：

$$s\left(1+2\sqrt{\frac{L}{r}}\right)$$

所以，对半圆沟槽或圆孔洞而言（$r=L$），其应力值为$3s$；但对像舱门和舱口这样常有尖锐边角的开口来说，r会很小而L会很大，所以边角处的应力可能非常大，足以让船舶断成两截。

在狼号驱逐舰实验中，引伸计或应变仪被夹在舰船镀层的不同位置。借助这些仪器，我们可以读出钢板的伸长量或弹性运动。据此，钢板的应变和应力就很容易计算出来了。巧合的是，没有一个引伸计被置于靠近舱口或其他开口的边角处。如果这样做，当船扎进波特兰岛大潮的浪头时，仪器肯定能取得一些非常惊人的读数。

当我们从舱口转向裂缝时，情况变得更糟了，因为裂缝长度通常为厘米甚至米的量级，而其尖端半径可达到分子尺度——小于百万分之一厘米，这使得$\sqrt{L/r}$非常大。因此，裂缝尖端处的应力很可能是材料中其他地方应力的上百倍，甚至上千倍。

如果英格利斯的结果完全按其表面意义取值，那么我们根本不可能造出一个安全的张拉结构。事实上，在拉伸状态下实际使用的材料，如金属、木材、绳索、玻璃纤维、织物以及大部分生物材料，都很坚韧。这意味着，它们或多或少会具备某种精妙的机制来抵御应力集中的效应，我们将在下一章中讨论这个问题。然而，即便在最好、最坚韧的材料中，这种防护也是相对的，而每种张拉结构在某种程度上都是敏感的。

但是，像玻璃、石头和混凝土等“脆性固体”，则没有这种防护机制。换言之，它们相当符合英格利斯在计算中所做的假设。而且，我们都不需要人为制造可增加应力的沟槽来弱化这些材料。大自然已经慷慨地为我们准备了，哪怕在我们用它们来搭建结构之前，真实的固体也几乎总是遍布各种微小的孔洞、裂缝和划痕。

基于这些原因，在承受相当大的拉应力的情况下，使用任何脆性固体的行为都是轻率之举。当然，它们在砖石建筑、道路等领域应用广泛，但至少应在承压状态下。有时我们无法避免一定的张力，例如在玻璃窗中，此时我们既要小心维持非常小的拉应力，还得应用一个较大的安全系数。

谈到应力集中，我们务必注意，弱化效应并不完全是由孔洞、裂缝及其他材料缺陷造成的。附加材料也可以导致应力集中，前提是这样做诱发了局部刚度的突增。因此，如果我们在旧衣服上打块新补丁，或者在军舰的薄弱处加装护甲板，是不会有好结果的。[①]

原因在于，强劲的补丁让一块区域的应变过小，造成的应力作用线转移，同孔洞让一块区域的应变过大造成的应力作用线转移的效应差不多。可以说，若一个结构的某处与其余部分的弹性不同，就会导致应力集中，并可能带来危险。

当我们试图通过附加材料来“强化”某物时，务必要小心，不要适得其反。据我的经验，受雇于保险公司和政府部门的检验员，若坚持通过安装加固件和加固套“强化”压力容器和其他结构，有时反倒会引发他们试图防止的事故。

大自然通常很擅长规避这种或那种应力集中。但是，有人认为应力集中对于骨科手术意义重大，尤其是在外科大夫把强劲的金属假体安装到柔韧的骨头上时。

（注：在英格利斯的公式中，L是裂缝从材料表面向内延伸的长度，如果裂缝在材料内部，则取其长度的一半。）

---

① 1813—1832 年间担任英国海军测量师的罗伯特·赛平斯爵士（Sir Robert Seppings）曾说：“局部强化会导致整体弱化。”

第5章

如何同裂缝和应力集中共存——弓、投石机和袋鼠

畜类人不晓得，愚顽人也不明白。

——《圣经·旧约全书·诗篇》92

上一章我们说到，19世纪的数学家取得的一项重大成就是，找到一种相当普适、一般化或学术化的方法，来计算大部分材料中的应力分布与大小。然而，在很多一线工程师接受这种计算方法后没多久，英格利斯就在他们心中播下了怀疑的种子。借助弹性研究者的代数化方法，他指出，在看似安全的材料中，即便存在微小的意外缺陷或不规则之处，也能导致局部应力的增长，一旦超过材料所能承受的断裂应力，就会导致材料断裂。

事实上，用英格利斯公式很容易算出，若用稍硬的普通尖钉去划福斯铁路桥的主梁，造成的应力集中足以导致这座桥断裂并坠入海中。但实际上，桥梁被钉子划后很少坍塌，而且所有像机械、船舶和飞机这样的实用结构，都不乏孔洞、裂缝和沟槽导致的应力集中，而它们在现实中很少发生危险。实际上，这些缺陷通常是完全无害的。只是，这些结构一旦发生断裂，就是非常严重的事故。

大约五六十年前，当工程师开始理解英格利斯公式的含义时，他们倾向于援引惯用的金属“延展性”来解决整个难题。大部分可延展金属

的应力–应变曲线类似于图 5–9 所示，很多人称，在应力作用下金属裂缝尖端的流动方式与塑料类似，可缓解自身需承受的严重超量的应力。因此，裂缝尖端可被“四舍五入”，应力集中因此减少，而安全性得以恢复。

就像许多冠冕堂皇的解释一样，这种解释至少是部分正确的，尽管在现实中它远非故事的全部。在很多情境中，金属的延展性无法完全消除应力集中，局部应力仍远高于被普遍接受的材料的“断裂应力”，后者来自实验室中的小型样品，且被收录在印制的表格和工具书里。

然而多年来，令人尴尬的猜测并不受欢迎，它可能会打击人们对材料强度现有计算方法的信心。当我还是个学生时，英格利斯的名字几乎无人提及，满是客套话的工程领域也极少聊到这些疑虑和困难。实际层面上，这种态度也有其道理，因为既然有了审慎选择的安全系数，大部分常见金属结构的强度就都可以用传统办法估计，虽然它无形中忽略了应力集中。事实上，这种方法也是今天几乎所有政府和保险公司的强制性安全规章的基础。

但是，即使在最出色的工程领域，丑闻也时有发生。例如，1928 年，当时世界上最大、最豪华的轮船——排水量 56 551 吨的英国白星航运公司的雄伟号邮轮上，新安装了一台额外的旅客电梯。在安装电梯的过程中，带尖锐边角的矩形孔穿透了船的几层强力甲板。当船行驶至纽约和南安普敦之间的某处时（当时船上载有近 3 000 人），一条裂缝从电梯的开口之一延伸到栏杆处，又顺着船舷向下延伸了数英尺[①]，连接上一个孔道。这艘邮轮最终安全抵达南安普敦，无论乘客还是媒体都对此毫不知情。巧合的是，同样的事情几乎同一时间也发生在世界第二大轮船——美国跨大西洋邮轮利维坦号——上。再一次，轮船安全抵港，而公众却被蒙在鼓里。如果裂缝延伸得再远一些，导致船在海上断成两截，可能就会造成非常严重的人员伤亡。

---

① 1 英尺 ≈ 0.3 米。——编者注

对船舶、桥梁和石油钻台等大型结构而言，这类惊人的事故只在“二战”以后才变得普遍，而近年来它们越发频繁，而非越发罕见。多年来令人痛苦的悲剧——生命和财产损失巨大——频发，虽然胡克、托马斯·杨、纳维以及很多19世纪的数学家阐明的传统弹性理论非常有用且不应被忽视或唾弃，但其本身还不足以精确预测结构的失效，尤其是对大型结构而言。

用能量解释结构

我看出你玩的花样，
但你总把自己隐藏。
我感受你的推搡，听到你的呼唤，
而你本身，我根本看不见。

——史蒂文森，《童诗园》

直到最近，我们才用应力、应变、强度和刚度等术语研究和教授有关弹性的知识，也就是说，在本质上用到了力和距离。这就是到目前为止我们考虑该问题的方式，而且事实上，我想大多数人都觉得用这种方式思考该问题是最简单的。但是，人对大自然和工程技术领悟得越多，便越会从能量的角度来看待事物。这种思考方式颇具启发性，它是材料强度和结构行为的现代研究方法——“断裂力学”这门流行学科的基础。这种看待事物的方式告诉了我们许多东西，不仅关乎工程结构为何会断裂，还关乎其他各种现象，例如历史现象和生物现象。

然而，令人遗憾的是，许多人头脑中关于能量的总体观念是含混不清的，这源于这个词常用的口语表达方式。就像应力和应变，能量一词也常被用来指代人的一种状态：一种风风火火且惹人厌烦的张扬个性。这个词的日常用法与我们现在所说的清晰客观的物理量之间只有微弱的联系。

能量的科学定义是“做功的能力”，用“力乘距离”表示。因此，如果你将 10 磅的重量抬高 5 英尺，那么你就做了 50 英尺磅[①]的功，其结果是重物将获得 50 英尺磅的能量，即“势能”。势能暂时被锁在系统中，但它能通过重物的下降被释放出来。这样的话，释放出的能量可被用来做 50 英尺磅的有用功，比如，驱动钟表的机械结构或者打破池塘的冰层。

能量会以不同的形式存在，比如势能、内能、化学能、电能等。在我们的材料世界里，一切物理上的活动都涉及能量从一种形式向另一种形式的转换。这样的能量转换只在某些严格规则的支配下才会发生，其中的首要规则便是不能无中生有。能量既不能被创造，也不会被消灭，其总量在任何过程的前后保持不变，这被称为“能量守恒定律”。

因此，能量可被视为科学世界中的通货，我们常常可以借助能提供丰富信息的计量手段来追踪它的各种变换。为此，我们需要使用恰当的单位；不出所料，能量的传统单位处于各行其是的混乱状态。机械工程师习惯用英尺磅，物理学家偏爱尔格和电子伏特，化学家和营养学家喜欢用卡路里，天然气缴费账单用的是千卡，电费账单则用千瓦时。所有这些单位都可以互相换算，但国际上能量的通用单位为焦耳，即物体在 1 牛顿力的作用下经过 1 米的距离所做的功。[②]

虽然我们能用相当精确的方法去测量它，但许多人觉得能量是一个比力或距离等更难掌握的概念。就像史蒂文森诗歌里的风，我们只能通过它产生的效应来理解它。可能正是因为这个理由，能量的概念很晚才被引入科学界，其现代形式是托马斯·杨于 1807 年提出的。直到 19 世纪晚期，能量守恒定律才被普遍接受；在爱因斯坦出现和原子弹被发明之后，能量作为一个统一概念和深层事实的重要性才得到充分的认可。

---

① 1 英尺磅 ≈ 1.36 焦耳。——编者注

② 1 焦耳 $=10^7$ 尔格 $\approx 6.24\times10^{18}$ 电子伏特 ≈ 0.738 英尺磅 ≈ 0.239 卡路里。注意，1 焦耳大约为一个普通苹果从一张普通桌子掉落到地面上释放的能量。

当然，在被需要之前，能量有许多存储方式，比如化学能、电能、热能等。如果我们打算运用机械手段，那么我们可以采取刚才说的方法，即提升重物得到势能。但是，这种储能方法相当简陋；在实践中，应变能（弹簧的能量）往往更有用，它在生物学和工程领域有着广泛的应用。

显然，能量可以储存在一个绷紧的弹簧中，但正如胡克指出的那样，标准的弹簧只是任意负载固体行为的一个特例。因此，每一种处在应力作用下的弹性材料都有应变能，无论拉伸还是压缩，没有多大区别。

如果遵循胡克定律，材料中的应力将从 0 增加到完全拉伸状态的最大值。材料中单位体积的应变能等于应力–应变曲线下方阴影区域（图 5–1）的面积，即

$$\frac{1}{2}\times \text{应力}\times \text{应变}=\frac{1}{2}se$$

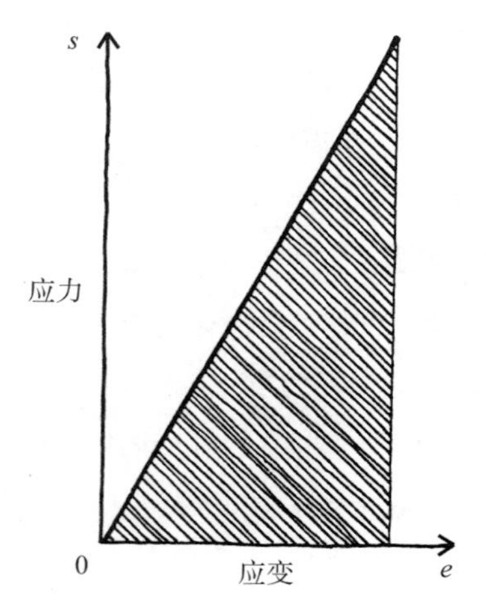

图 5–1　应变能 = 应力 – 应变曲线下方阴影区域的面积 = $\frac{1}{2}se$

汽车、滑雪者和袋鼠

我们所有人都熟悉汽车弹簧中的应变能。车辆要是没了弹簧，每次车轮碾过路面隆起处时，势能和动能（运动的能量）肯定会剧烈地转化。这些能量转化对乘客和车辆来说都是有害的。很久以前，某位天才发明了弹簧，它是一个能量储存库，能让势能的变化暂时以应变能的形式存储起来，以便行驶平稳，并防止车辆及其乘客被颠得散架。

最近，工程师花了大量时间和精力来改进汽车的减震悬架，毫无疑问，他们在这一点上非常高明。但是，供汽车行驶的道路，本来的目的就是提供一个平滑的表面，汽车的悬架只需要缓冲轻微或残余的颠簸即可。为在山区快速行驶的汽车设计减震悬架，才是真正的难题。为了储存足够的能量以应付这种情况，钢制弹簧不得不做得既大又重，而它们本身就充当了很大一部分“簧下重量”，以致整个设计可能最终失败。

现在来考虑一下滑雪者的情况。尽管被雪覆盖，大部分滑雪道还是比任何正常道路都更颠簸。就算一条典型的雪道可以被沙砾等有效防滑层覆盖，使得汽车能在上面不打滑地行驶，但任何人以速降滑雪者的时速（比如 50 英里/小时）驾驶汽车沿滑雪道跑下去都无异于自杀，因为减震悬架根本不足以缓冲这些冲击。但是，这恰恰是滑雪者的躯体需要承受的。事实上，大部分能量似乎都被我们腿部加起来重量不到 1 磅的肌腱吸收了。[①]因此，如果我们在安全的前提下进行速降滑雪或其他体育运动，我们的肌腱一定会存储并释放这些巨大的能量。在一定程度上，这也是它们存在的意义。

表 5–1 给出了各种固体材料应变能的存储能力近似值。天然材料和金属的相对储能效率可能会让工程师大吃一惊，肌腱和钢材的量值对比

---

① 因为滑下坡时的人体耗氧量据说比其他任何活动都高，肌肉也必须消耗大量能量。但是，大部分被肌肉吸收的能量不可回收，因此以肌腱来存储弹性应变能无疑是首选。

也解释了滑雪者和其他动物的表现。显然，肌腱单位质量的应变能存储能力约为现代弹簧钢的 20 倍。虽然以存储应变能的装置计，滑雪者比大部分机械都更有效率，但即便是受过训练的运动员也不能与山坡上的鹿、树上的松鼠或猴子相匹敌。相较于人，知道这些动物体内肌腱占体重的百分比可能会很有意思。

表 5–1 各种固体材料应变能的存储能力近似值

材料种类	工作应变	工作应力		存储的应变能	密度	存储的能量
	%	psi	MN/m²	×10⁶ 焦耳/立方米	千克/立方米	焦耳/千克
古代铁	0.03	10 000	70	0.01	7 800	1.3
现代弹簧钢	0.3	100 000	700	1.0	7 800	130
青铜	0.3	60 000	400	0.6	8 700	70
紫杉木	0.9	18 000	120	0.5	600	900
肌腱	8.0	10 000	70	2.8	1 100	2 500
角质	4.0	13 000	90	1.8	1 200	1 500
橡胶	300	1 000	7	10.0	1 200	8 000

像袋鼠这样的动物借助跳跃前进，每次着地，能量就会存储在生物肌腱中。一位澳大利亚记者曾告诉我，袋鼠肌腱的应变能性能特别优越；遗憾的是，我没法引用任何准确的数据。但是，我灵机一动，想到如果任何人想要更有效地恢复弹簧单高跷的流行，用袋鼠肌腱或其他肌腱来制作弹簧可以说是一个好的选择。轻型飞机的设计需要考虑在崎岖地面上着陆的问题，其起落架的安置通常要借助橡胶绳，尽管不怎么耐用，但橡胶绳的应变能性能远高于钢制弹簧和肌腱。

除了在汽车减震悬架、飞机和动物中的作用，应变能在各种结构的强度和断裂现象中都扮演了很重要的角色。但是，在我们转入断裂力学这门学问之前，花点儿时间探讨应变能的另一些应用可能也是值得的，比如像弓和投石机这类武器中的应变能。

弓

我会把神圣的奥德修斯的大弓给你，无论是谁，只要能赤手为此弓上弦，射穿全部 12 个斧头，我就同他远走，舍弃这宫殿。我守护着婚姻的宫殿，它如此美丽，满室珍宝，我想我还是会记得它，是的，在梦里。

——荷马，《奥德修纪》（第 21 卷），珀涅罗珀

弓是储存人体肌肉能量并释放该能量以驱动可投掷武器的最有效方式之一。英格兰长弓曾在克雷西战役（1346 年）和阿金库尔战役（1415 年）中杀敌无数，它主要是用紫杉木制成的。因为紫杉木料今天已没有多少商业价值了，所以之前对它的科学研究还寥寥无几。然而，我的同事亨利·布莱斯博士正在研究古代兵器，他发现紫杉木具有与众不同的精细的形态学结构，似乎特别适合存储应变能。因此，紫杉木可能的确比其他木材更适合用来制作弓。

与大众的印象相反，英格兰长弓通常并不是用在教堂墓地或别处生长的英格兰紫杉制作的。大部分英格兰长弓使用的是西班牙紫杉，西班牙制弓木料随西班牙葡萄酒进口是一种法定义务。事实上，优质的紫杉树不只生长在西班牙，整个地中海沿岸都遍布这种植物。例如，在今日庞贝古城的废墟中，紫杉正肆意生长着。但无论是在中世纪还是古典时代，几乎没听说过西班牙或地中海沿岸国家使用紫杉木弓。这种弓的使用几乎仅限于英国和法国，在某种程度上，还包括德国和一些低地国家。英国人的劫掠范围通常止于勃艮第附近，几乎从未延伸到阿尔卑斯山或比利牛斯山以南地区。

虽然这些事实乍看之下似乎令人惊讶，但亨利·布莱斯指出，因其相当特殊的构造，随着温度的升高，紫杉的机械性能比其他木材的机械性能退化得更快。一张紫杉木弓在35摄氏度以上就无法保持其可靠性了。因此，作为一种武器，它仅适用于气候凉爽的环境，而不适宜在地中海地区的夏季使用。所以，紫杉木在地中海沿岸国家只会被用作箭杆，而罕被用作弓。

于是，复合弓便在这些国家发展起来。这种弓有一个木芯，位于弓最粗的中间部分，应力较小。木芯的外侧和内侧分别粘着一个由干燥肌腱制成的承张面和一个用角质做的承压面。这两种材料比紫杉更擅长储存能量。此外，在炎热的天气里，它们也能比紫杉更好地保持机械性能。毕竟，动物正常活动时的温度就在37摄氏度左右。在实践中，肌腱性能在55摄氏度以下都不会有明显的退化。相反，干燥肌腱在潮湿天气里会变得松弛，表现糟糕。

这种复合弓在土耳其和其他地方一直用到了相对晚近的时代。阿伯丁勋爵（Lord Aberdeen）出席维也纳会议时，曾记录过鞑靼军团装备了复合弓用以对抗经东欧撤退的拿破仑军队。大量证据表明，复合弓在很多方面皆优于英格兰长弓。但是，长弓本质上是一种廉价且做工简单的武器，而复合弓做起来则要复杂得多，想必价格不菲。希腊弓属于复合弓，而奥德修斯之弓就像菲罗克忒忒斯的弓一样，似乎是鬼斧神工之作。

让我们回到不幸的珀涅罗珀以及她为求亲者设置的为奥德修斯之弓上弦的挑战上来。众所周知，所有人都无能为力，即便是工于巧思的欧律马库斯："现在欧律马库斯手握着弓，在火盆前反复烘烤它；但纵然如此，他也无法为之上弦，不免由衷叹息。"但是，何苦这么麻烦呢？这些求亲者、奥德修斯或其他人，为什么不找条更长的弓弦？

答案是"因为一个绝佳的科学理由"，如下所述。一个人能用于引弓的能量受制于其肌体特征。在实践中，人可以把箭矢朝后拉约0.6米，即便是一个壮汉来拉弓弦，也没法使出超过350牛顿的力。由此可知，可用的肌肉能量一定约是0.6米×350牛顿，约为210焦耳。这是可用能量的最大值，我们要尽可能多地将之储存于弓的应变能中。

我们假定弓最初是无应力的，弓弦开始几乎是松弛的，然后弓箭手用初始值几乎为零的力拉弓搭箭，只有当弓弦达到最大的伸长量时，他的拉力才会达到最大。图 5–2 形象地展示了这一点。在这种情境中，施加于弓的能量为三角形 ABC 的面积，不超过可用能量的一半，即 105 焦耳。

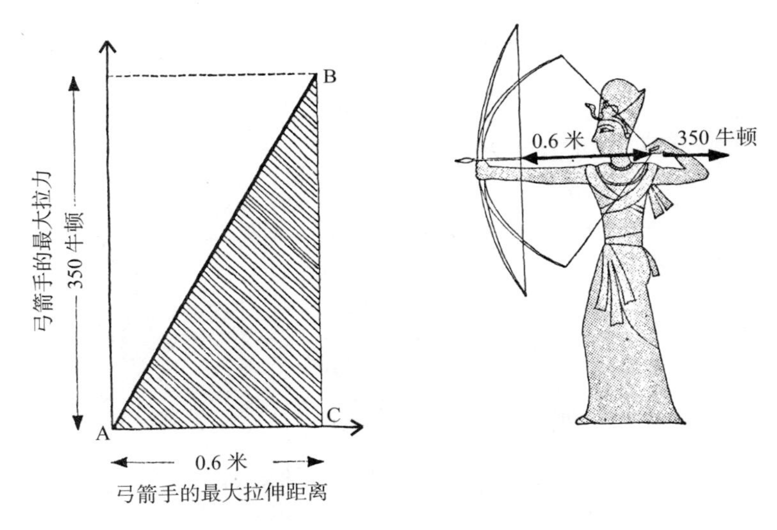

图 5–2　弓中储存的能 $=\frac{1}{2}\times 0.6\times 350=105$ 焦耳[①]

图 5–3　希腊人给弓上弦（古希腊瓶饰画）

在实践中，储存在英格兰长弓中的实测能量比图中的能量略低。但是，荷马曾说过，奥德修斯之弓是“向后弯曲或伸展的”。换言之，这种弓最初是朝相反的方向弯曲的，以至于必须施加相当大的力才能给它上弦。

用这种方法给弓上弦时，弓箭手不再从应力和应变为零的初始状态开始拉弓。借助这种高明的设计，现在可以把力的拉伸图画成如图 5–4 所示的样子；图中 ABCD 区域的面积占总可用能量的比例要更高，可能会达到 80% 左右。所以，现在可能有约 170 焦耳的能量被存储在弓中，而不只是非反曲弓的 105 焦耳。这对弓箭手来说显然是一个重大改进，更不用说对珀涅罗珀的好处了。

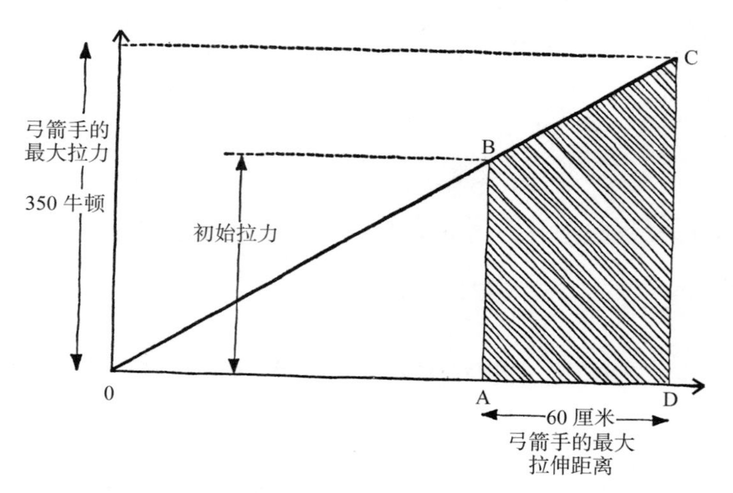

图 5–4 一张弓为什么要“向后伸展”。储存在弓中的能量为 ABCD 区域的面积，约为 170 焦耳

事实上，所有弓或多或少都是有预应力的，也就是需要费些劲儿才能给它们上弦。但是，长弓属于“单弓”，即它是用一块制弓木料做成

---

① 当然，图 5–2 和图 5–4 只是示意图。拉力图一般不会是直线，但适用的原理都一样。

的；制弓木料是从一根原木上切割下来的，最初几乎是直的，在这种情况下预应力的效应会很小。用复合弓来设置最佳初始形状要容易得多，它们通常有非常独特的形状，“丘比特弓”（图 5–5）的形状就由此而来。

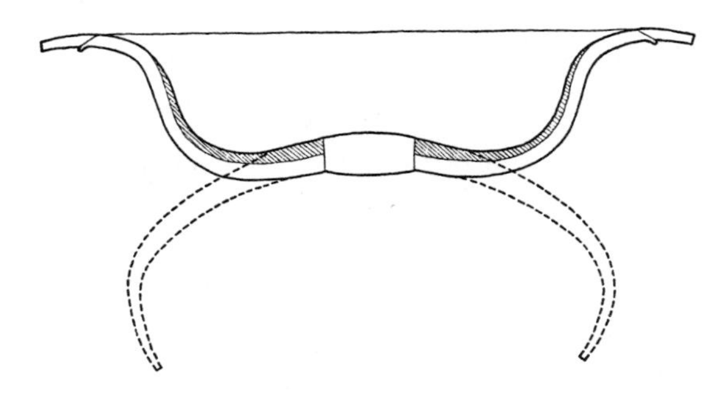

图 5–5　未上弦和已上弦的复合弓

因为角质和肌腱材料的应变能存储性能要优于紫杉木，所以复合弓比纯木制弓做得更短，也更轻。正因如此，我们把纯木制弓叫作长弓。复合弓可以小到便于人们在马背上使用，比如帕提亚人和鞑靼人做的弓。帕提亚弓很方便，可使骑兵在撤退时向后射击罗马追兵，“帕提亚射法”这个习语便由此而来。

投石机

古希腊最伟大的古典时代随着公元前 404 年雅典的陷落而结束，公元前 4 世纪，雅典民选政府衰落，渐被独裁政权或“僭主暴政”所取代，后者在军事、政治和经济上或许更有效率。陆上和海上的作战技术也随之发生变化，新的统治者认为需要更新式和更机械化的武器。此外，作为日益富庶的城邦的绝对权威，独裁者完全负担得起这些开销。

希腊化的西西里开始崛起。狄奥尼修一世（Dionysius I）是个非凡之人，他从一个政府机构的小职员跃升为叙拉古的僭主。在其统治的大部分时间（前405年—前367年）里，他将自己的国家打造为欧洲的霸主。作为他军事计划的一部分，他创立了可能是世界上第一个官办的武器研究室，并为此从整个希腊化世界招募来最好的学者和工匠。

对狄奥尼修的专家来说，传统的复合手弓是天然的起点。如果有人把这样的弓安在某种木制主干上，设法用机械传动装置或杠杆来拉弓弦，弓就会变得更强并因此储存和传递数倍之多的能量。由此我们得到了弩，其发射的弩箭一般能穿透任何实用护甲的厚度。[①]直到现在，弩仍在使用，只是有些微小的变化。据说，如今乌尔斯特地区还在用它。但令人好奇的是，作为一种武器，它似乎从未真正起到任何决定性的军事作用。

此外，虽然弩本质上是一种步兵武器或杀伤性武器，但它从未对船体或固定防御工事造成有价值的伤害。虽然叙拉古人造出了弓弩型投石机并把它像火炮一样架设起来，但是这条发展路线似乎受到了某些物理限制，它似乎并未强大到足以攻破坚固的砌筑堡垒的程度。[②]

因此，下一步是放弃弓弩型构造并将应变能存储于缠绕的腱绳束中，[③]后者很像用于驱动飞机模型的橡皮绳束。这样一束绳条，即整个腱绳束，在缠绕状态下被拉伸，使得它作为一种能量储存装置的确非常有效。

腱绳束在武器中有多种使用方式，但截至目前的最优方式是希腊投石机（palintonon，罗马人称其为ballista）。在这种非常致命的弩炮上，有两块竖立的筋腱弹簧，各自借助刚性臂或杠杆缠绕，有点儿像绞盘杆

---

① 但弩的射速比不上手弓。例如，英格兰长弓每分钟可以射出14支箭，若集体使用，可形成非常可怕的箭云或箭幕。据计算，在阿金库尔战役中，约有600万支箭被射出。

② 最近在塞浦路斯库克里亚的发现表明，5世纪时军用投石机就已存在，尽管关于它们的一切尚属未知。不管怎样，狄奥尼修的办法似乎是应对该难题的第一个“科学”途径。

③ 这可能源自古代船舶使用的“西班牙绞盘”，见第11章。

(图 5–6)。两臂的末端由一条重弓弦连在一起，整个装置的工作原理在很大程度上与弓一致。的确，其希腊名称来源于这一事实：在松弛状态下，两臂向前，就像复合弓的弓臂；这种投石机上弦的方式（借助强大的绞车）也和弓差不多。其投射物通常是一枚沿轨道推送的石制弹丸，操作武器所需的绞盘也安装在轨道上，其拉力可达 100 吨力（约为 9 800 牛）。

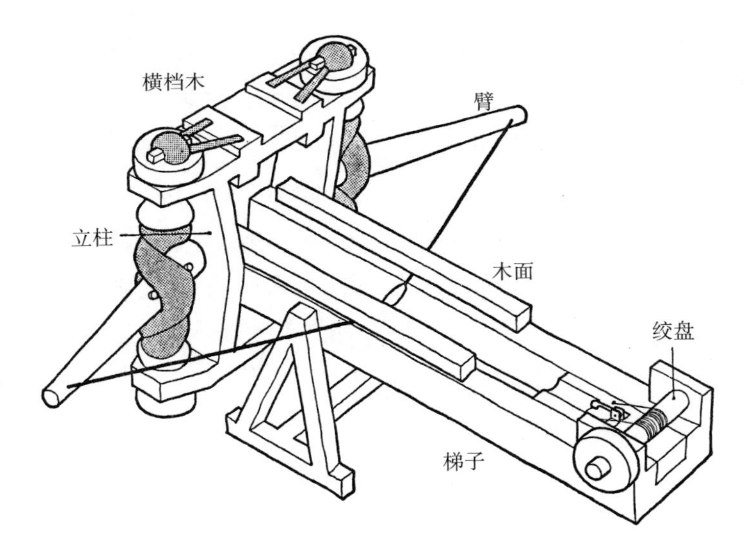

图 5–6　古希腊投石机简图

罗马人仿制了希腊投石机，尤利乌斯 · 恺撒麾下的炮兵军官维特鲁威为我们留下了一本读起来很有趣的弩炮手册。这些武器制造规格的范围从每次投掷 5 磅弹丸到每次投掷 360 磅弹丸不等，所有规格的有效射程约为 1/4 英里[①]。标准的罗马攻城弩炮似乎可达到每次投掷 90 磅弹丸的水平。

公元前 146 年，在戏剧性的最后一次迦太基之围中，罗马人填平了

① 1 英里≈1.61 千米。——编者注

部分紧靠城墙的浅滩潟湖，继而用投石机突破了城防。考古学家在遗址中找到 6 000 多枚石制弹丸，每个重达 90 磅。

虽然架设在军舰上的投石机被恺撒和尼禄在登陆作战时用于清理古代不列颠人的海滩布防，但是投石机从未成为一种真正危险的舰对舰武器。这很可能是因为，大到足以一次击沉一艘船的弩炮射速太慢，以至于无法命中一艘移动中的船。

投石机有时会投掷燃烧弹，但在满载乘员的简易船舶上，火势一般很容易被扑灭。一位高明的海军将领靠向敌人投射装满毒蛇的易碎陶罐，打赢了公元前 184 年的一场海战，但是这种战术似乎没有被推广。大体上讲，投石机并不适用于海战。

尽管如此，投石机仍是陆战最有效的装置，只是其建造和维护实际上是一项非常复杂的任务，而幸运的是，罗马炮兵军官和军士中肯定不乏高人。然而，随着罗马帝国和罗马技艺的逝去，这些武器变得不再实用，逐渐被遗忘。[①] 中世纪的围城战降格为使用配重式投石机或抛石机。

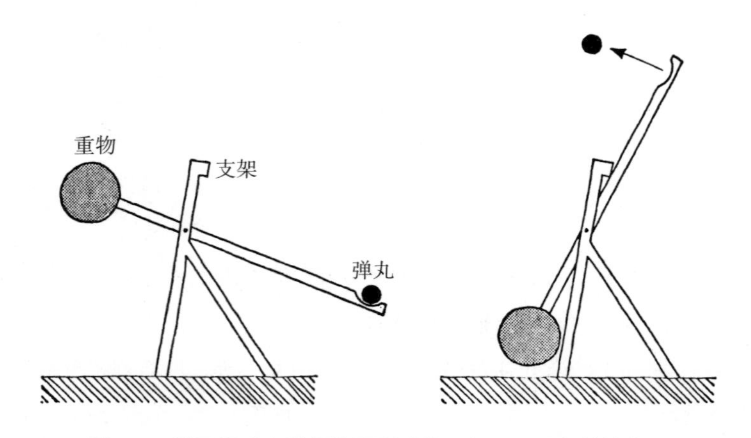

图 5–7 抛石机或中世纪的配重式投石机——最低效的发明

① 在 1940 年的纳粹入侵恐慌中，英国的本土志愿军制造了两种罗马弩炮，旨在向德国坦克发射汽油弹。但是，这两种投石机的射程大约只有其古典原型的 1/4，它们的设计者很可能并没有仔细地研读维特鲁威的手册。

这种类似钟摆的装置，利用了重物被提升后具有的势能。即便是一台大型抛石机，也不太可能将超过 1 吨（相当于 10 000 牛顿）的弹丸提升约 10 英尺。因此，储存的最大势能不可能超过 30 000 焦耳。等量的应变能可被储存在 10 千克或 12 千克的肌腱中，因而即使是一台大型抛石机，可能也只应付得了希腊投石机能量的 1/10 左右。此外，其能量转化效率似乎也低得多。抛石机即使调整到最佳状态，也只在将巨石抛过要塞城墙时，才会给敌人造成点儿麻烦，其对坚固砖石建筑的任何攻击都是无效的。

以能量转化机器视之，弓和希腊投石机都按照相似的原理运作；一般情况下，我们不会意识到一种能量转化机制的效率是多少。像抛石机这样的简陋机械，在武器发射时其大部分可用能量都被用来给该装置的配重杠杆或抛臂加速，最终耗散于终止或制动系统。

对于一张弓或一架希腊投石机，当弓弦第一次释放时，其存储的一些应变能直接转化为弹丸的动能。但是，更多的可用能量则被用来加速弓臂或投石机臂，暂时储存为动能，就像在抛石机里一样。在这种情况下，虽然随发射机制的运作，运动的臂慢下来了，但不是靠固定的终止系统，而是借助拉直和绷紧的弓弦自身。这进一步增加了弦上张力，使之更努力地推送弹丸，令它加速并飞出。因此，大量存储于臂上的动能都被回收了。

给出弓和投石机的数理解释很难，即便写下运动方程，也没法算出解析解。但幸运的是，我的另一位同事托尼·普雷特拉夫（Tony Pretlove）博士对这个难题很感兴趣，将之全部输入计算机。结果相当令人惊讶，理论上其能量转化过程的效率几乎可达到 100%。换言之，存储于装置中的全部应变能几乎都可转化为弹丸的动能。因此，几乎没有能量被浪费或遗留，以产生后坐力或损坏武器。至少就这个方面而言，弓和投石机是枪炮史上的重大进步。

我认为，从这些事实中得出的一个结论，至少在实践意义上对大

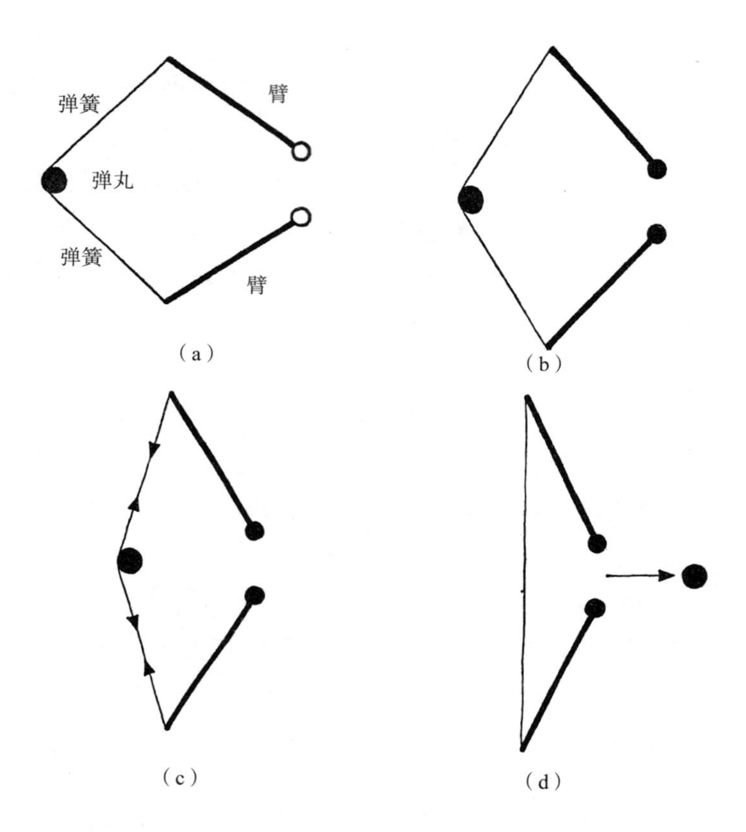

（a）射击准备：所有能量储存于筋腱弹簧中。
（b）射击操作前期：重臂被加速，从而自弹簧中获取大量能量。
（c）射击操作后期：重臂因增加的弦上张力减速，其动能传递给了弹丸。
（d）弹丸飞出，携带着储存在系统中的几乎所有能量。

图 5–8 希腊投石机工作机制示意图

部分弓箭手来说是熟知的。那就是，若没有适当的箭矢或其他合适的弹丸，你绝对不要“发射”一张弓或一架投石机，绝对不能。如果这么干，就无法安全消除存储的应变能，这样一来，不仅弓可能会损坏，弓箭手也极容易受伤。

回弹性

湿漉漉的帆绳，流动的海，
海风刮得快，
鼓起白帆沙沙作响，
巨大的船桅被吹弯。

——艾伦·库宁汉姆，《湿漉漉的帆绳，流动的海》

1633 年，当定居阿切特里的伽利略研究弹性时，他首先问自己的一个问题是："绳或杆被拉扯时，影响其强度的因素有哪些？其强度是否取决于绳长等因素？"简单实验表明，平稳地拉断一条均质绳索需要的力或重量与绳索的长度无关。这应该是我们基于常识的预期结果，但这个结果过了相当一段时间才流传开来，而且如今仍然有相当多的人深信长绳子比短绳子"更结实"。

当然，这些人并非愚蠢，因为一切都取决于你所谓的"更结实"是什么意思。拉断长绳所需的平稳的拉力的确和拉断短绳一样，但长绳在断裂前会伸展得更长，因此需要更多的能量（施加的外力与材料的应力保持不变）。从一个稍微不同的角度考虑，长绳会借助载荷作用下的弹性拉伸来缓冲受力突变，这样一来，其产生的瞬态外力和瞬态应力会变弱。换言之，它的作用有点儿像汽车的减震悬架。

在负载不稳定的情况下，长绳可能比短绳"更结实"。因此，18 世纪的马车车体常常用很长的皮带拴在底盘架上，长皮带比短皮带更能抵御 18 世纪道路上的颠簸。此外，锚索和纤绳常见的断裂不是来自稳定负载，而是源于猛然拉动，所以通常最好把它们设置得长一些。那些在夜间或恶劣天气容易碰上大型干船坞或海上拖曳式石油钻台的人务必牢记，每一艘拖船都可能携带着近 1 英里长的钢缆。因此，这些海上船队列往往会覆盖庞大的海域，这对偶尔出海的人来说是很恐怖的。[①]

这种能存储应变能并在载荷作用下做弹性挠度变形而不断裂的性质被称作“回弹性”，这是结构的一个非常有价值的特征。回弹性的定义是，“可被储存于结构中而不对其造成永久损伤的应变能值”。

当然，为了获得回弹性，未必要用像钢缆这样的长绳索。用短的往往更方便些，比如用于铁道列车缓冲器的螺旋式弹簧，或者用于船舶护舷的软材料衬垫，或者常用于包装精密仪器的低弹性模量材料，如泡沫橡胶或泡沫塑料等。这类材料往往能相对于其自身长度伸长或缩短更多，从而使单位体积存储更多的应变能。滑雪者和动物减震机制的优势部分应该归功于肌腱等组织相对低的弹性模量和相对大的伸展。

虽然低刚度和高延展性有助于能量吸收，从而使突变引发的结构破坏更不容易发生，但这很容易让结构过于松软，无法实现其功能。这常常限制了一个结构的设计回弹性。诸如飞机、建筑物、工具和武器等，为了发挥它们的作用，必须具备很大的刚性。就此而论，大部分结构不得不在刚度、强度和回弹性之间寻求折中，而达成最佳的平衡可能对设计师的技能要求颇高。

最佳条件可能各不相同，这种差异不仅存在于结构的不同类型和分级之间，也存在于同一结构的不同部分之间。就这一方面而言，大自然颇有优势，因为它可以自由使用不同生物组织中的各种弹性。一个简单而有意思的例子就是普通的蜘蛛网。蜘蛛网受到误闯入苍蝇的载荷冲击，这些冲击的能量一定会被蛛丝的回弹吸收。结果是，构成该结构主要负载部分的放射状长蛛丝，其刚度是用于捕获苍蝇的更短的环状蛛丝的三倍。

当然，除了用绳索或蛛丝这样的承张构件或铁道缓冲器和船舶护舷这样的承压构件，还有很多其他方法可用来存储应变能和获得回弹性。

---

① 实际上，锚索和纤绳的大部分回弹性都来自使它们下垂的自身重量。这是选择重缆或重链而非轻得多的有机绳索的原因之一。

所有可发生弹性挠度变形的结构，都会产生几乎一样的效应。或许最常见的办法就是通过弯曲吸收能量，比如弓和巨大的船桅。这就是在作物、树木和大部分车辆弹簧中发生的事情。那种弯曲到令剑尖触及剑柄后能弹性复原的剑，才称得上好剑。

导致拉伸断裂的应变能

像一张断弓那样跳开。

——《圣经·旧约全书·诗篇》78

合理的回弹性是任意结构的一个基本必备性质，如果缺少了这种性质，它就无法吸收突变作用的能量。在一定程度上，回弹性越好，结构越优良。维京战船和美式单驾马车等高度复杂的设备确实非常柔韧且回弹性好。只要没有严重超负荷，这类结构在卸下载荷后就会恢复原状且一切良好。但是，如果我们使其超负荷，它们迟早会被损坏。

现在要想破坏任何受拉伸作用的材料，一定要有条裂缝正好穿过它。但是，要生成新的裂缝需要能量的补充（我们马上就会看到），而且该能量必须有个来源。就像前文所说，在不搭箭的情况下“射击”，很可能会损坏一张弓。原因是，存储在弓中的应变能将不会安全地转化为箭矢的动能，以致其中一些作用在弓的材料内形成了裂缝。换句话说，弓用自己的应变能破坏了自身。然而，断弓只是各种断裂现象的一个特例。

所有负载的弹性材质都或多或少包含一些应变能，这种潜在的应变能总有可能用于“断裂”这个自毁过程。换言之，存储的应变能或回弹性可被用来偿付能量的代价，以扩展出贯通并损坏结构的裂缝。在具有回弹性的结构中，可能遍布很多应变能，罗马人用来摧毁迦太基巨大城墙的那种能量同样可被用来将一艘超级油轮断成两截。

根据这门学问的现代观点，当用拉伸负载破坏结构时，我们不应该将断裂视为外加载荷作用于拉伸材料中的原子间化学键直接造成的，即它并非如经典教科书的解释所说，是拉应力简单作用的后果。[①]事实上，增加结构负载的直接后果只是让更多的应变能存储于材料中。真正价值64 000美元[②]的问题是，结构是否真的会在任一特定时刻断裂，这取决于应变能是否可以转化为断裂能并产生新的裂缝。

因此，现代断裂力学对外力和应力的关注程度要低于应变能如何、为何、在何处及何时能转化为断裂能。当然，在绳和杆这样的简单情境中，临界断裂应力的经典概念通常可以作为一种合适的指导，但在桥梁、船舶或压力容器这样巨大或复杂的结构中，如我们所见，它被证实是一种危险的过度简化的方法。从新近理论得出的结论是，外力突变或稳定负载下的结构是否发生拉伸断裂主要取决于以下三个因素：

1. 为了产生新裂缝必须付出的能量代价。
2. 有可能付出该代价的应变能值。
3. 结构中最严重的孔洞、裂缝或缺陷的尺寸与形状。

对于不同的固体，破坏给定材料截面所需的能量值的差别很大。这个事实很容易得到确认，比如，用榔头先敲打一个玻璃瓶，再击打一个锡罐，结果差别就很大。韧度指破坏给定材料截面所需的能量值，现在常被称作断裂能或断裂功。这种特性同材料的抗拉强度存在很大的差异和区别，抗拉强度是指破坏固体所需的应力（不是能量）。材料的韧度或断裂功对于一个结构的实际强度有非常重大的影响，尤其是对大型结构而言。因此，我们必须花点儿时间来谈谈各种固体的断裂功。

---

① 拉开原子实际所需的“真实”或理论最大拉应力的确非常强，远大于借助普通抗拉测试确定的“实际”强度。

② 1955年，美国哥伦比亚广播公司（CBS）推出了一档知识竞赛节目，名为《64 000美元的问题》。——编者注

断裂能或断裂功

当一个固体在拉伸作用下断裂时，它必须至少产生一条裂缝且贯穿材料以将其一分为二，这样至少会创造出两个在断裂前并不存在的新表面。为了通过这种方式将材料撕开并生成这些新表面，需要破坏此前将两个表面结合在一起的全部化学键。

破坏大多数类型的化学键所需的能量值是众所周知的，至少对化学家来说如此。对于我们在技术上关心的大部分组成结构的固体，破坏任一平面或截面的所有化学键所需的总能量①大同小异，约为 1 焦耳/平方米（J/m^2）。

当我们处理的材料属于名字相当直观的所谓“脆性固体”（包括石头、砖块、玻璃和陶）时，该数值近似等于使这些材料断裂所需的能量值。事实上，1 J/m^2 的确是一个非常小的能量值。这是个发人深省的想法，基于最简单的理论，存储于 1 千克肌腱中的应变能足以为 2 500 平方米（超过半英亩）碎玻璃表面的生成“买单”，这充分说明了蛮牛冲进瓷器店的后果。正因如此，砖匠用他的瓦刀轻轻一敲就能利索地把砖块一分为二，而我们只要稍不小心就会磕破盘子或玻璃杯。

当然，这也是我们要尽可能避免在拉伸状况下使用“脆性固体”的原因。这些材料是脆的，并不是因为它们的抗拉强度很低（它们破坏自身只需要很小的力），而是因为它们破坏自身只需要很小的能量。

现实中，在拉伸情况下可相对安全使用的工艺材料和生物材料，全都需要更多的能量才能生成新的断面。换言之，其断裂功要比脆性固体的断裂功大得多。对实用的韧性材料而言，断裂功常常介于 10^3 J/m^2 到 10^6 J/m^2 之间。因此，在锻铁或低碳钢中导致断裂所需的能量，可以达到形成玻璃或陶的等大断裂截面所需能量的 100 万倍左右，尽管这两类材

① 这通常和“自由表面能”是一样的，它与液体和固体的表面张力紧密相关，而且在材料科学方面的探讨中经常被提及。

料的静态抗拉强度没多大差别。这就是为什么如表 5–2 所示的“抗拉强度”在涉及为特定用途选择材料时便颇具误导性，这也是为什么主要基于外力和应力的经典弹性理论，虽历经数百年的艰辛演化和教学实践的检验，我们却不能只靠它来预测真实材料和结构的行为。

表 5–2 一些常见固体的断裂功和抗拉强度的近似值

材料种类	断裂功近似值，J/m^2	抗拉强度近似值（理论上），MN/m^2
玻璃、陶	1~10	170
水泥、砖、石	3~40	4
聚酯和环氧树脂	100	50
尼龙、聚乙烯	1 000	150~600
骨骼、牙齿	1 000	200
木材	10 000	100
低碳钢	100 000~1 000 000	400
高抗拉钢	10 000	1 000

如此巨大的能量值可被坚韧材料吸收而成为“断裂功”，虽然其详细机制往往是微妙而复杂的，但其大致原理却非常简单。脆性固体在断裂过程中所做的功，实质上仅出于破坏新断面或相邻区域化学键的需要。如我们所见，该能量很小，仅为 1 J/m^2 左右。而在韧性材料中，即使任意单独化学键的强度和能量与脆性固体一样，在断裂过程中，扰动也会波及材料精细结构的极深处。事实上，扰动的深度可达 1 厘米以上，即可见断面以下约 5 000 万个原子的深度。因此，若只有 1/50 的原子间化学键在扰动过程中被破坏，那么断裂功——产生新断面所需的能量——也会增加到百万倍，如我们所见，这正是真实发生的事情。材料内部深处的分子就是以这种方式吸收能量，并在抵抗断裂的过程中发挥作用的。

软金属的断裂功如此之大主要归因于这些材料的可延展性。这意味着，当它们被拉伸时，其应力–应变曲线在较适中应力的作用下偏离了胡克定律，随后金属发生塑性形变，有点儿像橡皮泥（见图 5–9）。当这样的金属杆或金属片在拉伸作用下断裂时，材料在断裂之前会像糖浆或口香糖那样被拉开；其断裂末端会逐渐变尖或呈锥状，如图 5–10 中所示。这种断裂形式常被称作“颈缩”。

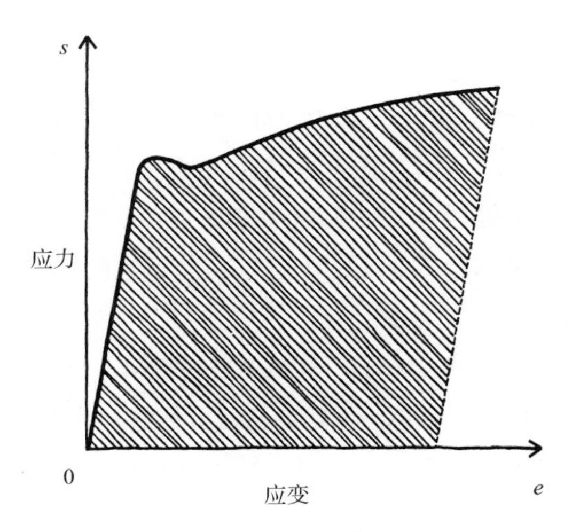

图 5–9 低碳钢等可延展金属的典型应力–应变曲线。阴影区域的面积大小与金属断裂功有关

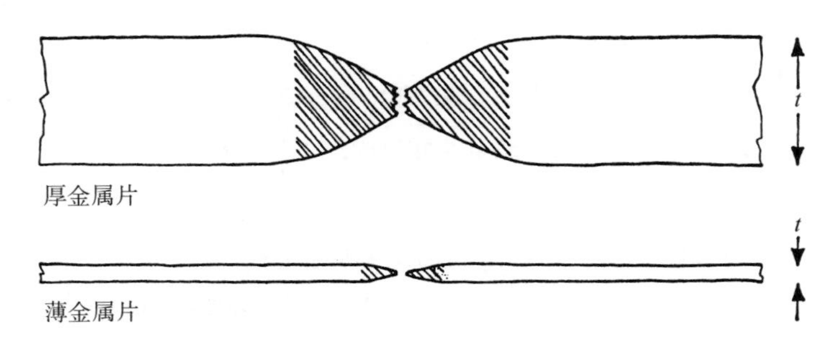

图 5–10 断裂功与金属发生塑性形变的体积（阴影区域）成正比，即大致与t^2成正比。因此，薄金属片的断裂功可能非常小

颈缩及类似的延展性断裂之所以发生，是因为金属晶体中的大量原子层可借助“位错排列”相对滑动。位错不仅能让原子层像一副纸牌那样相对滑动，还能吸收相当多的能量。在晶体中，所有这些松动、滑动和拉伸的结果都是使金属变形并消耗大量能量。

位错排列最初是由杰弗里·泰勒爵士（Sir Geoffrey Taylor）于 1934 年提出的，近 30 年来一直是学术研究的热门课题。结果表明，这是个极其微妙而复杂的过程。像一块金属这样看似简单的东西内部发生的事情，似乎与活体生物组织中的很多机制一样巧妙。有趣的是，这种巧妙的机制不可能是有意为之；可以说大自然从中一无所获，它从未在任何结构上使用过金属，金属在任何天然情况下也极少以单质形态出现。不管怎样，金属中的位错对工程师大有裨益，而且可能就是因其好处才被创造出来，它们不仅会使金属变得坚韧，还能使它们可被锻造、加工和硬化。

人造塑料和纤维复合材料有其他断裂功机制，与金属存在很大不同，但相当有效。生物材料似乎已经演化出获得高断裂功的巧妙方法，比如，在木材中就格外有效。木头的断裂功在重量相同的条件下，要优于大部分钢材。

现在，让我们继续探讨回弹性结构中的应变能如何转化为断裂功。如果你乐意，也可以说成，让我们讨论一下东西损坏的真正原因是什么。

格里菲斯理论

对船尾推进轴来说，晃晃荡荡总比表面有裂缝好。

——鲁德亚德·吉卜林，《施面包于水上》（1895）

我在本章开头说过，所有工艺结构都包含裂缝、划痕、孔洞等缺陷，船舶、桥梁和机翼上容易产生各种各样的意外凹痕和磨损，而我们必须学会尽可能安全地与之共存。但是按英格利斯的说法，其中很多缺陷处的局部应力可能已远超材料公认的断裂应力。

就在吉卜林讲述那个有关裂缝的精彩故事的25年后，格里菲斯（A. A. Griffith）在他于 1920 年发表的一篇论文中提出了一个问题：我们通常如何以及为何能与这些高应力在无灾变的情况下共存？因为格里菲斯当年只是个年轻人，所以几乎没人注意到他的研究。不管怎么说，格里菲斯处理断裂问题时用的是能量，而非外力和应力，这不仅在当时是新颖的，而且在此后多年间对工程领域来说也相当陌生。即便到今天，还有很多工程师不太明白格里菲斯的理论到底说了些什么。

格里菲斯说的是这样一件事。从能量的观点来看，英格利斯的应力集中不过是一种将应变能转化为断裂能的机制（好似一条拉链），就好比电动机不过是一台将电能转化为机械功的机器，或者罐头刀不过是用肌肉能量切开罐头的器械。这些机制只有持续获得合适的能量供应才会起作用。应力集中发挥了很好的作用，但若要持续将材料中的原子分开，则需要应变能来维持。如果应变能的供应枯竭，断裂过程就会终止。

现在假设有一块弹性材料，我们拉伸它并夹住它的两端，使其暂时没有机械能输入或输出。于是，我们便有了一个包含大量应变能的封闭系统。

如果要让一条裂缝扩展并贯穿被拉伸的材料，我们就需要付出断裂功这种能量的代价，且仅限于现成的能量。为方便计算，假设我们的样品是一块单位厚度的材料板，那么要付出的能量为 WL，其中 W 为断裂功，L 为裂缝长度。注意，这是一个能量的负债，一项需记在借方的能量值，尽管事实上概不赊欠。这个借方额度的增长是线性的，或随裂缝长度 L 的一次幂的增加而增加。

这个能量需要立即从内部资源中获得，因为我们处理的是一个封闭的系统，它只能来源于系统内的应变能的释放。换言之，样品中某处的应力必须减小。

这种情况得以发生，是因为缝隙在应力的作用下会裂开一点儿，所以紧邻裂缝表面的材料是松弛的（见图 5–11）。大致说来，两个三角区域（图中阴影部分）会释放应变能。不出所料，不论裂缝长度L是多少，这些三角区域会大致保持同样的占比，其面积会随裂缝长度平方（L^2）的增加而增加。因此，应变能的释放会随L^2的增加而增加。

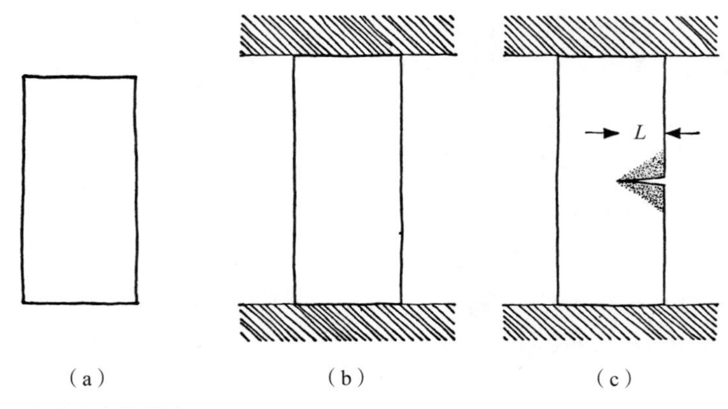

（a）未应变的材料。

（b）材料产生应变并被紧紧夹住。该系统没有能量的输入或输出。

（c）被夹住的材料发生开裂。阴影区域变得松弛并释放应变能，可就此进一步扩展裂缝。

图 5–11

因此，格里菲斯理论的核心是，裂缝的能量负债只随L的增加而增加，而其能量的贷方额度随L^2的增加而增加。这样的结果可由图 5–12 形象地表示出来。OA 表示随裂缝扩展而增加的能量需求，它是一条直线。OB 表示随裂缝扩展而产生的能量释放，它是一条抛物线。净能量衡算为这两种效应之和，用OC代表。

在到达X点之前，整个系统都在消耗能量；过了X点，能量开始被释放出来。由此可知，存在一个临界裂缝长度，我们把它记为L_g，即“临界格里菲斯裂缝长度”。比这个长度短的裂缝是安全稳定的，且一般

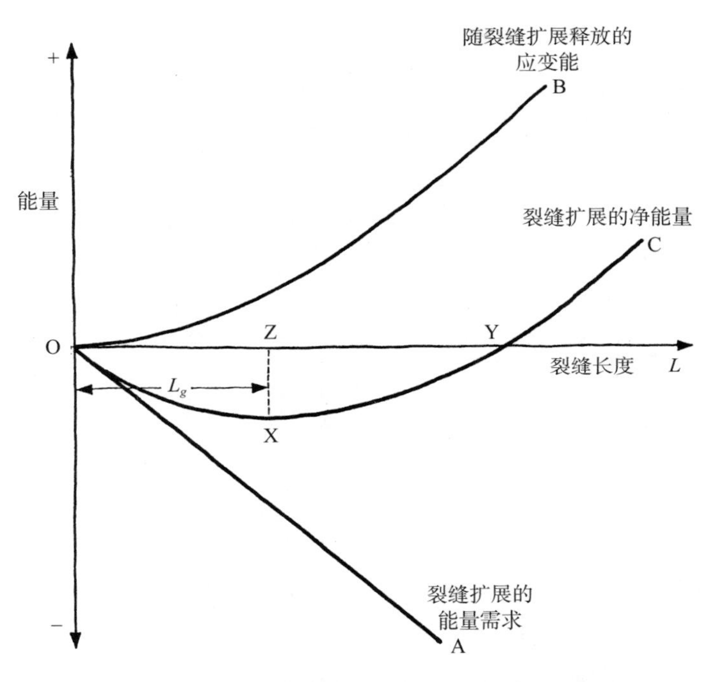

图 5–12　格里菲斯能量释放，或者东西爆裂的原因

不会扩展；而比L_g长的裂缝则会自我扩展，且非常危险。[①]这种裂缝在材料中会扩展得越来越快，不可避免地引发“爆炸性的”、吵闹的且令人惊慌的故障。这个结构的终结会伴随着一声巨响，而非一阵呜咽，而且很可能还有葬礼。

这一切最重要的后果是，即使裂缝尖端的局部应力非常高，远高于材料“公认”的抗拉强度，该结构仍然是安全的，只要没有长于临界长度L_g的裂缝或其他开口，它就不会断裂。正是这个原理使我们不致陷入对英格利斯应力集中的过度恐慌和沮丧中，也使孔洞、裂缝和划痕并不像它们看起来的那么危险。

---

① 也许有人认为L_g对应于图上的OY，但稍想一下就会发现情况并非如此。我们需要将负的能量值ZX注入该系统以使裂缝继续扩展，它代表了安全边际或能量阈值（事实上，它才是真正的“安全系数”）。

当然，我们仍希望算出L_g的数值。结果表明，在一目了然的情况下，这比我们的任何合理预期都简单得多。虽然格里菲斯的数学推导过程可能看起来有点儿吓人，但他实际得出的结论却非常简单，即

$$L_g=\frac{1}{\pi}\times\frac{\text{裂缝表面单位面积的断裂功}}{\text{材料单位体积存储的应变能}}$$

或者，用代数方法表示为，

$$L_g=\frac{2WE}{\pi s^2}$$①

其中，W是以J/m^2为单位的裂缝表面断裂功，E是以N/m^2为单位的弹性模量，s是以N/m^2为单位的裂缝附近材料的平均拉应力（不计应力集中），L_g是以m为单位的临界裂缝长度。（注意，这时涉及的单位是牛顿，不是兆牛顿。）

所以，裂缝的安全长度仅取决于断裂功与材料中存储的应变能的比值。换言之，它与“回弹性”成反比。一般说来，回弹性越强，材料能承受的裂缝长度就越短。这是鱼与熊掌不可兼得的又一个例子。

如我们所见，橡胶会存储大量的应变能。然而，其断裂功相当低，因此对被拉伸的橡胶而言，其临界裂缝长度L_g也相当短，通常不超过1毫米。这就是为什么当我们拿一根针戳一个鼓胀的气球时，它会砰的一声爆炸。因此，虽然橡胶的回弹性很强且在破裂前会伸展得很长，但它在破裂之时，仍像玻璃那样脆弱。

如何使回弹性与坚韧兼得？解决这个难题的一个办法是求助于纺织物、编织物、木制船舶和马拉车辆。这些东西的接合处或多或少是松动且柔韧的，故而能量可被摩擦吸收，这也是所有咯吱咯吱声的由来。但是，纵然篱笆和鸟巢的抗攻击性较强，这种方式也不常为现代工程师所

---

① 因为应变能为$\frac{1}{2}se$，且$E=s/e$，所以应变能也可写成$s^2/2E$。

用。汽车轮胎或许是一种例外情况，在原材料中加入了帆布和线绳，可使轮胎的橡胶不至于太脆。

显然，随应力 s 的增长，L_g 会迅速缩短。因此，如果想在相当大的应力下安全地容纳一条长裂缝，那么在刚度良好（高 E）的材料中，我们需要尽可能大的断裂功 W。低碳钢因为兼具良好的断裂功和较高的刚度，并且相当廉价，所以获得了广泛的应用，具有很重要的经济和政治意义。

我们将会看到，虽然应用前文介绍的格里菲斯方程有许多障碍，我们也不应该视之为一种解决所有设计难题的答案，但它确实为澄清曾经非常模糊且充斥着胡言乱语的各种结构状况做了很多贡献。

例如，今天的人不用再摆弄虚假的“安全系数”，就能简单地设计出一个结构，使其容纳预设长度的裂缝而不断裂。选定的裂缝长度必须与结构的尺寸、可能的用途和检验环境相关。在关乎生命安全的地方，“安全”的裂缝显然要足够长，能让在周五下午的昏暗光线下心不在焉地工作的检验员看到。

在一个巨大的结构（譬如船舶或桥梁）中，为确保安全，我们可能需要它至少能承受 1~2 米长的裂缝。如果裂缝为 1 米长，我们保守地假设钢的断裂功是 $10^5\ J/m^2$，那么这样一条裂缝会一直保持稳定，直到应力达到约 110 MN/m^2 或 15 000 psi。然而，如果我们想要更安全，即裂缝为 2 米长，那么我们必须将应力减小到约 80 MN/m^2 或 11 000 psi 左右。

事实上，11 000 psi 只是大型结构通常的设计承受应力，而在低碳钢中，这个应力提供的安全系数（严格地讲，即所谓的“应力系数”）为 5~6。作为在现实中解决问题的办法，在一次对码头进行的例行检查中，4 694 艘船中有 1 289 艘，即略多于 1/4 的船，其主体结构存在严重的裂缝——当然，事后已做补救。而实际上，大约每 500 艘船中有一艘船会在海上断成两截，这已是相当小的比例了，但仍旧损失惨重。如果这些船的设计承受应力更大，或者用更脆的材料制造，那么在大多数情况下，直到船舶在海上出事，裂缝都不会被发现。

按照纯粹且简单的格里菲斯理论，比临界长度短的裂缝根本无法扩展，而由于所有裂缝肯定都是从短的情况开始，所以断裂应该不会发生。事实上，源于冶金学家和材料学家想出的各种好理由，小于临界长度的裂缝仍可继续扩展，如我们将在第 15 章看到的那样。但是，重点在于它们通常扩展得非常慢，所以我们应该有足够的时间找出它们并做出补救。

不幸的是，事情并非一直如此。格拉斯哥的船舶工程教授康恩（J. F. C. Conn）最近给我讲述了一位厨师在一艘大货轮上被吓了一跳的故事。一天早上，这位厨师走进厨舱准备做早餐，却在地板中间发现了一条巨大的裂缝。

这位厨师唤来客运主任，客运主任看后叫来了大副，大副看后又请来了船长。船长看了看裂缝说："哦，没什么大不了的。现在我能吃早餐了吗？"

但是，厨师是个有科学家潜质的人，他吃完早餐后，便找来一些涂料在裂缝的末端做了标记，并在标记上写下了日期。下一次，当这艘船遇到坏天气时，裂缝又扩展了几英寸①，厨师便涂上新标记，写下了新日期。作为一个有责任心的人，他如此做了几次。

当船最终断成两截后，厨师记录日期的那一半船体正好被打捞出水并拖回港口。康恩教授告诉我，这是对巨大裂缝的亚临界长度的扩展过程的最好和最可靠的记录。

低碳钢与高强度钢

当结构失效或看起来有失效的危险时，工程师的天然本能可能会

① 1 英寸 = 2.54 厘米。——编者注

促使他们使用“更强”的材料。对钢材来说，就是指高强度钢。但对大型结构来说，这通常是种错误的办法，因为很显然，大部分强度，甚至是低碳钢的强度，并没有真的被用上。正如我们所见，要控制结构的失效，靠的不是强度，而是材料的脆度。

虽然断裂功的测量值取决于测试的方式，而且很难得到一致的数值，但是随着抗拉强度的提升，大部分金属的韧度无疑会急剧下降。图 5–13 给出了室温条件下普通碳素钢的断裂功和抗拉强度之间的关系。

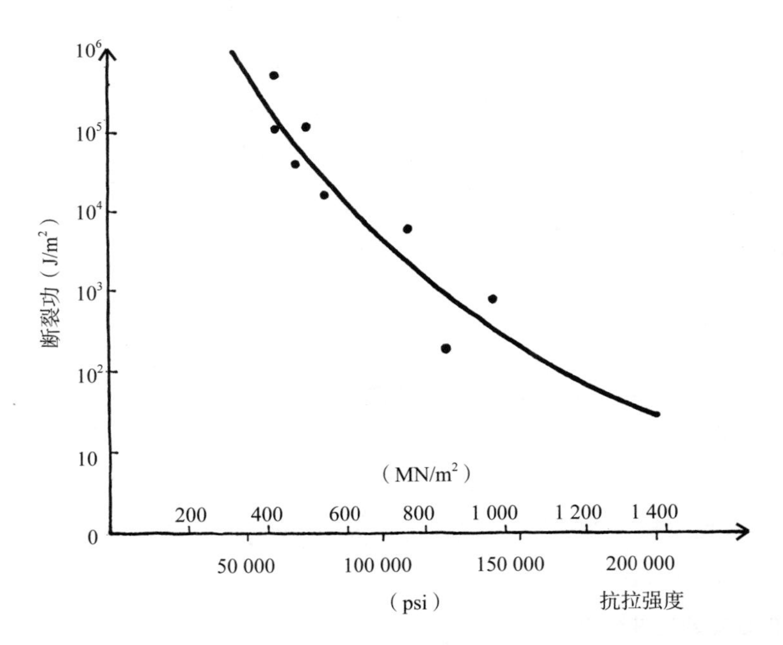

图 5–13　某些普通碳素钢中抗拉强度和断裂功之间的近似关系（感谢 W. D. 比格斯教授供图）

通过增加碳含量来让低碳钢的强度翻倍，既简单又不贵。然而，若这么做，我们可能要将断裂功降为大约原来的 1/15。这种情况下，相同应力条件下临界裂缝长度也会按同样的比例降低，即从 1 米缩短至 6 厘米。然而，如果我们把工作应力加倍，大概是出于实际的需要，临界裂缝长度会缩短为原来的 1/60。所以，一条安全裂缝起初若有 1 米长，现在就只有 1.5 厘米，这在大型结构中是非常危险的。

带螺栓和曲轴等小零件的情况则有所不同，考虑 1 米长裂缝的设计就变得没有意义了。如果允许的裂缝长度为 1 厘米，这样一条裂缝在应力接近 40 000 psi（280 MN/m^2）之前都是安全的，所以使用高抗拉强度的材料是有益的。格里菲斯的一个推论是，大体上，我们在小型结构中使用高强度金属和大工作应力要比在大型结构中更安全。结构越大，为安全起见，可承受的应力就越小。这也是限制大型船舶和桥梁尺寸的因素之一。

图 5–13 所示的断裂功和抗拉强度之间的关系，对普通的工业碳素钢而言大致是正确的。要获得更好的强度与韧度组合，可能得使用合金钢，即熔铸了非碳元素的钢，但这对大尺寸结构来说可能太贵了。正是基于这些原因，所有钢材中大约有 98% 是低碳钢，即抗拉强度约为 60 000~70 000 psi 或 450 MN/m^2 的软金属或可延展金属。

骨骼的脆度

孩子们，小小的个儿，
脆脆的骨骼；
若要长得壮些，
务必走得慢些。

——史蒂文森，《童诗园》

当然，儿童的骨骼也没那么脆，[①]史蒂文森不过是在文绉绉地胡扯。在胚胎阶段，骨骼一开始是胶原蛋白或软骨，强韧但刚度不太高（弹

① 在有些医疗状况下，年轻人的骨骼会变得非常脆，但这种情况很罕见。一位骨外科医生告诉我原因尚未知。

性模量约为 600 MN/m^2)。随着胎儿的发育，胶原蛋白靠骨单位这种精细的无机纤维加固。骨单位主要是由石灰和磷形成的，化学式近似为 $3Ca_3(PO_4)_2 \cdot Ca(OH)_2$。在完全加固的骨骼中，弹性模量增长为原来的 30 倍左右，约为 20 000 MN/m^2。但是，我们的骨骼在出生后的相当长时间里才会完全钙化。虽然年幼的孩子易受机械创伤，但大体上他们的骨骼更倾向于回弹而非像在滑雪坡上看到的断裂。

同软组织相比，所有骨头都比较脆，它们的断裂功似乎比木材的还小。这种脆度限制了大型动物能承受的结构性风险。我们在探讨船舶和机械的相关方面时已经指出，临界格里菲斯裂缝长度是一个绝对而非相对的距离，也就是说，对老鼠和对大象来说它都是一样的。此外，所有动物骨骼的强度和刚度都差不多。如此看来，能被视为适度安全的最大动物体形似乎与人或狮子比较接近。老鼠、猫或健壮的人都能安然无恙地跳下桌子；但如果说一头大象也可以，显然很可疑。事实上，大象必须非常小心，很难见到它们像羔羊或小狗那样跳过篱笆。巨大的动物，像鲸，则始终待在海里。马似乎是个有趣的例子：据推测，原始的小型野马不常骨折，但现在人类驯养的马已经大到足以驮人而不知疲倦，这些可怜的动物似乎经常折断腿。

众所周知，老人特别容易骨折，这常常被归因于年龄增长带来的骨骼脆化。骨骼脆化无疑对骨折起到了推波助澜的作用，但它并不总是最重要的因素。据我所知，没有可靠的数据支持骨骼的断裂功随年龄变化的说法，而抗拉强度从 25 岁到 75 岁只下降了约 22%，看起来幅度并不大。思克莱德大学的保罗（J. P. Paul）教授告诉我，他的研究表明，老人骨折的一个更重要的诱因是逐渐失去了对肌肉拉伸的神经控制。比如，突发的惊吓可能导致肌肉收缩。当这种情况发生时，病人会倒在地上或者某些障碍物上，以至于骨折被错误地归咎于跌倒而不是肌肉痉挛。据说某些非洲的鹿被狮子吓一跳时，它们的后腿也会发生类似的骨折。

插图 1 第 2 章　4 根柱子支撑着 400 英尺高的索尔兹伯里大教堂的塔楼，其中每一根都发生了明显的弯曲。砖石建筑的弹性比我们通常预期的要大得多

插图 2

第 4 章

一条裂缝尖端处的应力集中。透明材料中的剪切应力借助偏振光显示出来。这张照片上的光带实际上是由剪切应力相等的位置构成的等位面

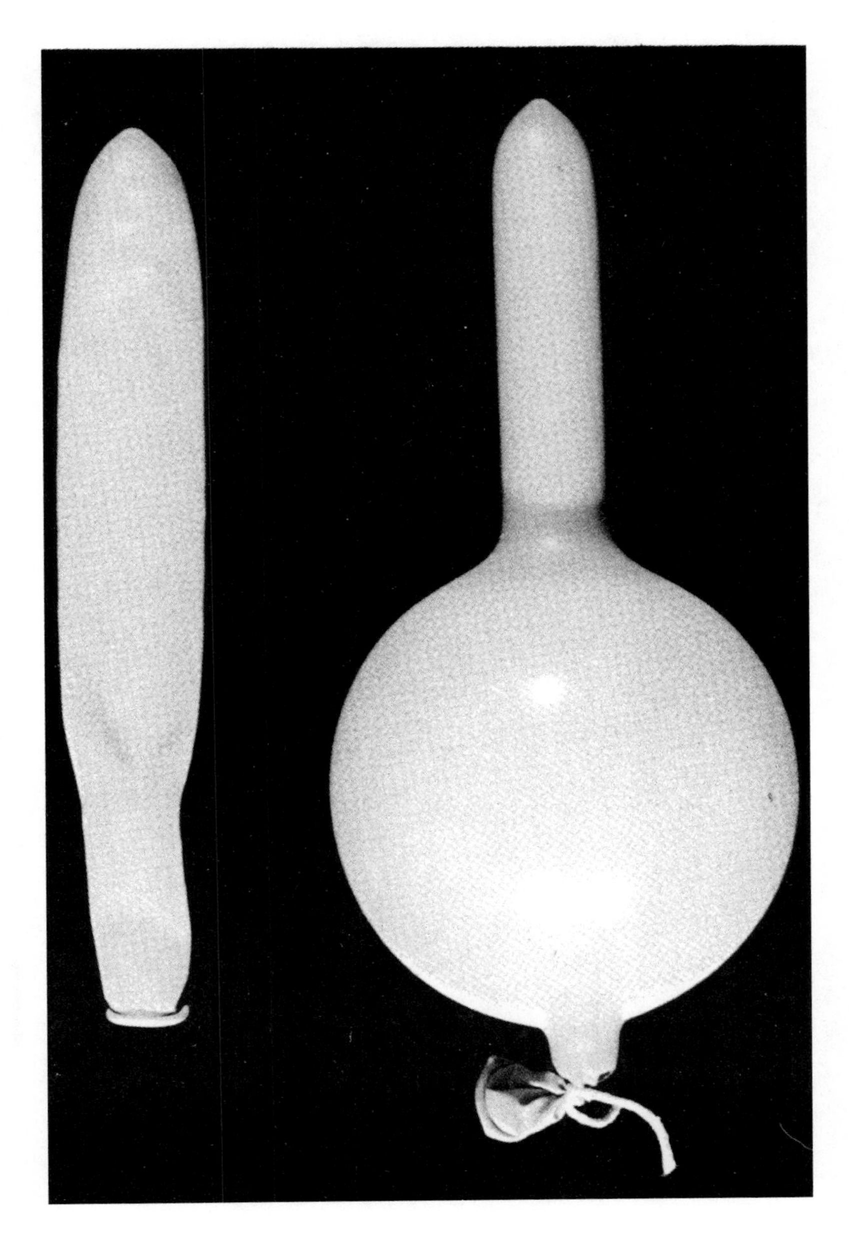

插图 3
第 8 章

橡胶的“S”形应力–应变曲线如第 8 章图 8–4 所示。这种材料制成的管子在压力作用下不会均匀膨胀，而是会鼓成一个“动脉瘤”。这就是动脉壁不具备橡胶式弹性的原因

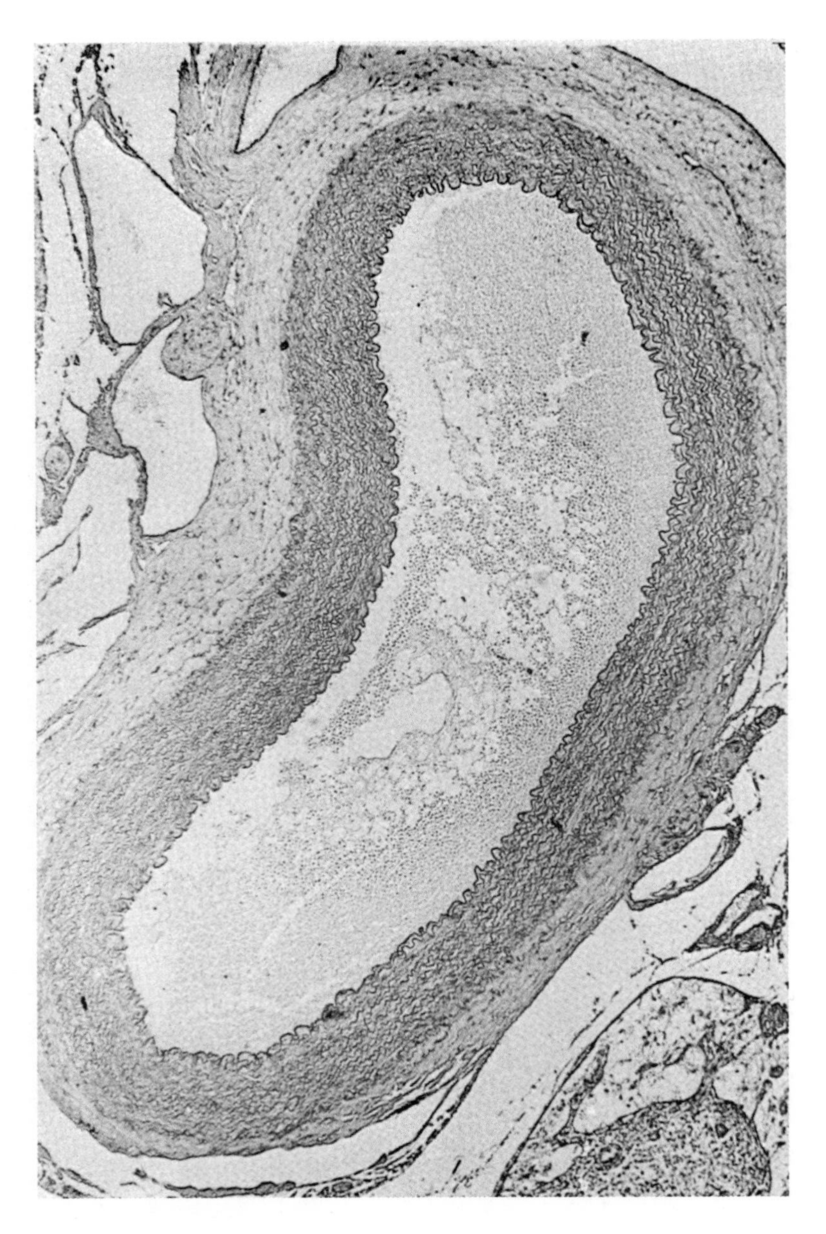

插图 4
第 8 章

动脉壁和其他活体软组织具有一种特殊的弹性，如第 8 章图 8–5 所示。动脉壁部分由弹性蛋白构成，这种弹性蛋白靠扭结的胶原蛋白纤维强化。这有助于形成所需的“安全”型弹性（死后血液流干，动脉趋于扁平化）

插图 5
第 9 章

位于梯林斯的挑砖拱顶（建于约公元前 1800 年）。挑砖拱与挑砖拱顶出现在纯拱之前

插图 6　　梯林斯的半挑砖后门。当荷马对之发出惊叹时，它们已成古迹了

第 9 章

插图 7
第 9 章

要让一个纯拱结构倒塌是非常困难的。尽管剑桥克莱尔桥的拱已变形，但它的桥基仍是绝对安全的

插图 8
第 9 章

雅典宏大的奥林匹亚宙斯神庙的局部。这座神庙是罗马皇帝哈德良于公元 138 年左右按科林斯柱式建造的。可以看到，柱顶过梁已出现裂痕。注意看卫城的城墙，它们远高于哈德良建造的神庙

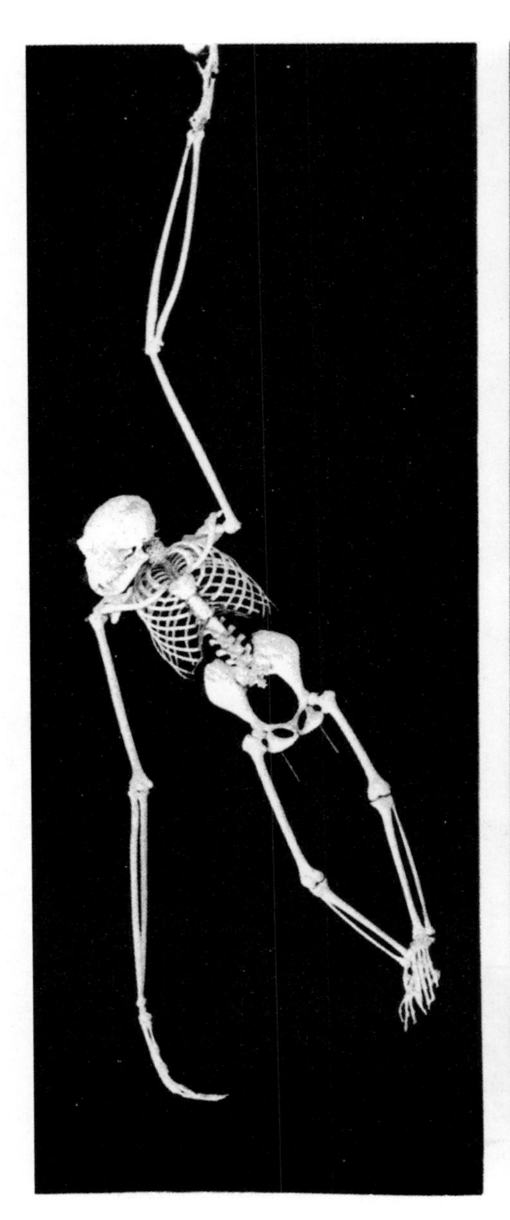

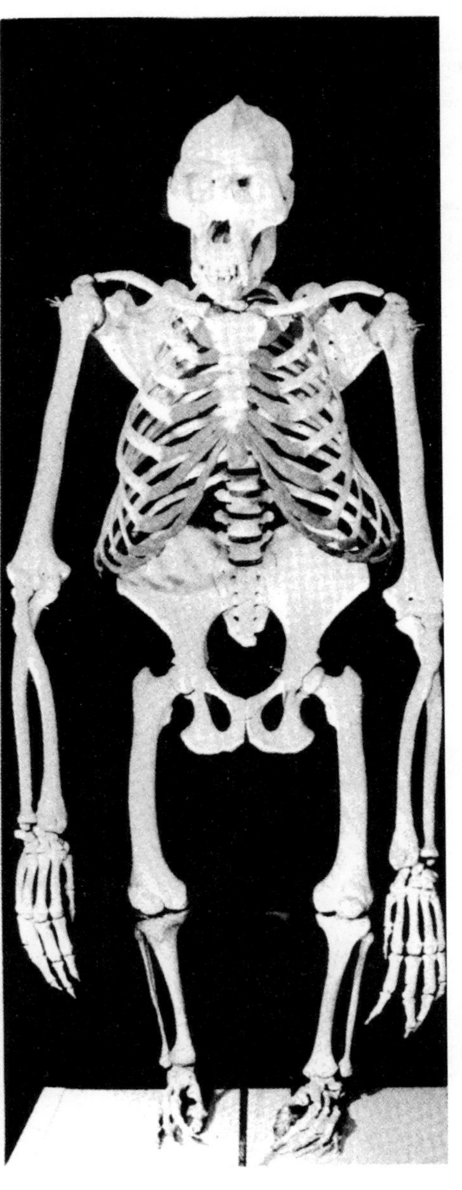

插图 9
第 9 章

长臂猿的骨架（左）与大猩猩的骨架（右）。“平方–立方律”更适用于梁而非柱。因此，随着动物体形的增大，其肋骨和肢骨的变粗比例会大于椎骨

插图 10
第 10 章

布鲁内尔设计的梅登黑德桥（建于 1837 年）拥有世界上最长和最平的砖拱结构。许多人曾预言，这种拱不可能立住，但时至今日，它仍矗立在那里，其承载的列车重量大约是布鲁内尔预计的 10 倍

插图 11 特尔福德设计的梅奈悬索桥（始建于 1819 年）。其 550 英尺的跨度逼近锻铁链的极限

第 10 章

插图 12
第 10 章

赛文悬索桥。高抗拉钢缆的抗拉强度是锻铁的 10 倍，这使得长度接近梅奈悬索桥 10 倍的桥梁能够屹立不倒

插图 13
第 11 章

像剑桥大学国王学院礼拜堂这种没有侧廊的建筑，扶壁足以支撑其直立而不致使结构进一步复杂化

插图 14
第 11 章
英国皇家海军胜利号。其桅杆为极大尺寸的桁架式悬臂结构提供了一个极好的实例

插图 15
第 11 章

美国铁路得以迅速和廉价地铺设，得益于木制栈桥的广泛运用，节约了土方作业的成本（约 1875 年）

插图 16

第 11 章与
第 13 章

史蒂芬孙设计的布列坦尼亚桥（建于 1850 年）运用了锻铁箱式梁。列车在梁的内部运行。许多麻烦出现在防止薄铁板屈曲上。桥的前方聚集了一批同时代的工程师，罗伯特·史蒂芬孙坐在中间偏左的位置，伊桑巴德·布鲁内尔坐在最右边

插图 17
第 12 章

薇欧奈女士发明的斜向裁剪法利用了某些方格布料在 45°方向上的低剪切模量和高泊松比。这是最早的薇欧奈式斜裁连衣裙之一（1926 年）

插图 18
第 12 章

同一时期的方裁连衣裙（也是薇欧奈的作品）。注意其泊松比较低，缺乏紧身效果。竖直的褶皱源于瓦格纳张力场的存在

插图 19　费尔雷旋翼机机身蒙皮上的瓦格纳张力场

第 12 章

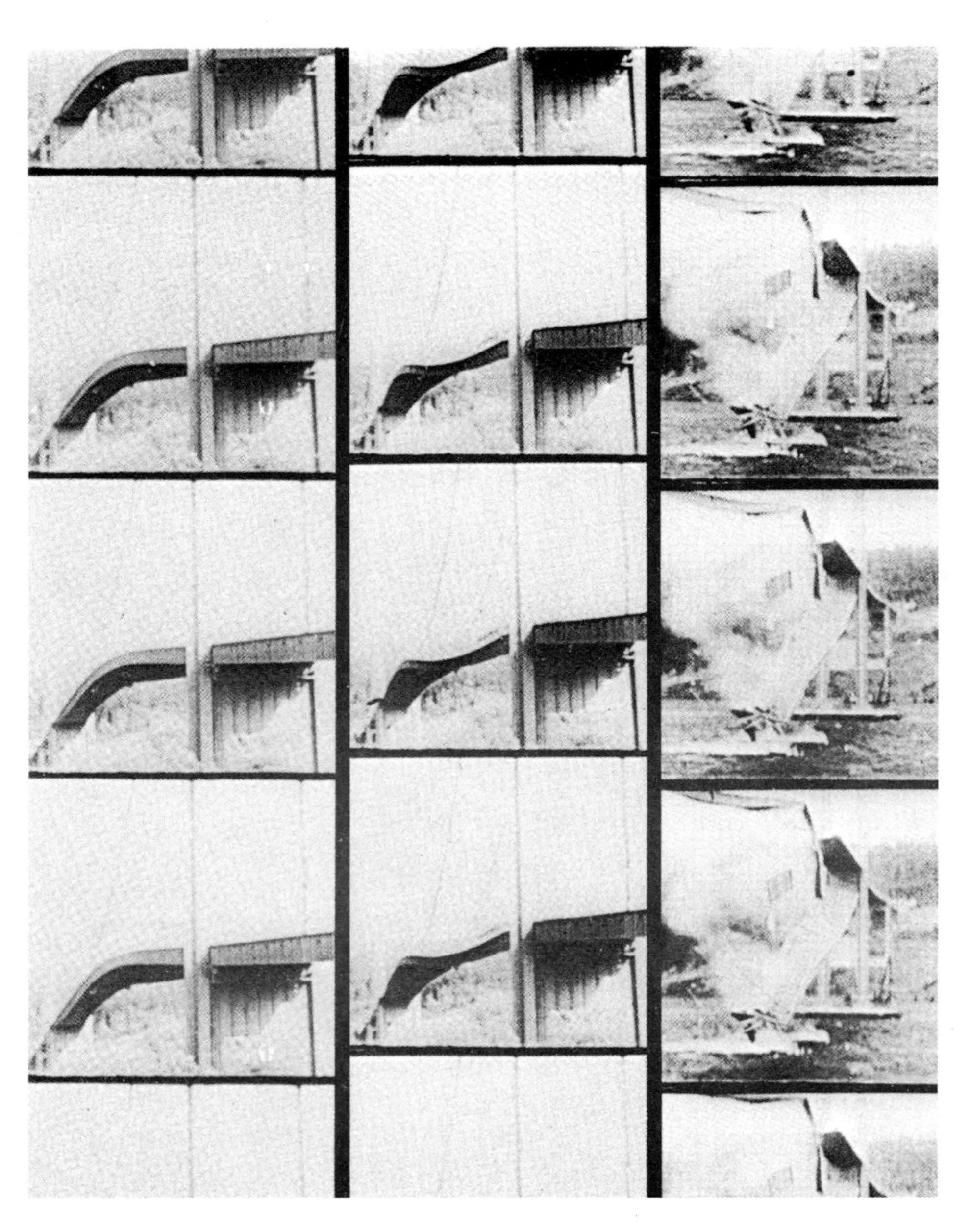

插图 20
第 15 章

塔科马海峡大桥是悬索桥抗扭刚度不充分的一个经典实例。它以“舞动的格蒂”之名而广为人知，它在四级风中便产生了严重的振荡，顷刻间扭动变形以致坍塌，而风速只有 42 英里/小时

插图 21
第 16 章

第一个真正投入使用的规模化生产机器是普茨茅斯造船厂的滑轮制造设备。不论是这台机器还是滑轮本身，都堪称悦目和美丽之物

插图 22
第 16 章

蒸汽艇的经典样式是由乔治·伦诺克斯·沃森设计出来的，它是所有船舶中最漂亮的范例之一。但是，它在很大程度上是不实用的。船身两端，尤其是船首斜桅，仍遵循着帆船的设计惯例

插图 23
第 9 章和
第 16 章

一张照片确实不能恰如其分地呈现出帕提侬神庙的全貌，但这张表现其西南角局部的照片仍能给我们留下些许印象（注意，左边的门楣开裂了。因此，图上的柱顶过梁被分成了三段）

插图 24
第 16 章

不同于 1 000 年后古典时代的希腊人，迈锡尼时代的希腊人（约公元前 1500 年）在设计建筑物时，会考虑石材的低抗拉强度。迈锡尼城狮门的门楣配有一个三角形的石块来缓解拉伸载荷。这个柱顶过梁是单一的一块，承受的应力微乎其微

第二部分——张拉结构

第 6 章

张拉结构与压力容器——锅炉、蝙蝠和中式平底帆船

能更好地兜住风的船在水上跑得更快，这是必然的；但就在我们抵达终点前，风力增强了。“如果说有什么问题，那就是我们迷失了航向，先生。”中尉再次报告说。

“我完全清楚。”舰长语气平静地答道，“但是，像我之前说的那样，你现在必须意识到，这是我们唯一的机会。在安装和固定帆索方面，任何粗心或疏忽的后果现在都会显现出来；如果我们玩忽职守，或者逃避问题，这次危险会提醒我们必须承担多少责任。”

——海军上校马里亚特，《彼得 · 辛普》

最容易琢磨的结构通常是指那些只需对抗拉伸作用——是拉力而不是推力——的结构，它们中最简单的是那些只能对抗单一拉力——单向的拉伸，比如绳或杆等——的结构。简单的单向拉伸有时会出现在植物身上，尤其是在它们的根部，动物的肌肉和肌腱则提供了更好的生物学案例，声带和蜘蛛网也是这样。

肌肉属于软组织，当它接收到适当的神经信号时，它能自我缩短，主动地产生拉伸作用。[①]然而，虽然肌肉比任何将化学能转化为机械功

---

① 人们近来搞清楚了肌肉的生理机制，即将能量注入边缘的位错，这些位错在某种程度上以相反的方式运作。

的人造发动机都更有效，但它并不是很强壮。所以，为了产生和维持足够的机械拉力，肌肉需要长得既厚实又大块。部分出于这个原因，肌肉常常附着在骨骼上，必须依靠介于其间的肌腱来牵引。虽然肌腱无法收缩自身，但它比肌肉强劲许多倍，其横截面的一小部分就可以承受给定的拉力。因此，肌腱的部分功能是起到绳索或丝线的作用，它也能扮演弹簧的角色，就像我们在上一章看到的那样。

虽然有些肌腱相当短，但人类四肢的大部分肌腱都很长，它们连接整个人体，就像一台老式维多利亚机械钟系统里的金属丝一样复杂。我们的腿部肌肉不仅块大而且笨重，其目的似乎是将腿部的重心尽量偏向身体的高处。因为人在正常的行走过程中，腿部的运动就像一个按固有周期摆动的摆锤，以便消耗较少的能量。而跑动之所以让我们如此疲惫，则是因为我们不得不让腿摆动得比固有频率更快。肢体重心越靠近大腿关节，腿部摆动的固有周期就越快。这就是为什么我们的小腿和大腿更粗一些，而足和脚踝更细一些。

但是，大脚通常不像大手那样会成为人生奋斗路上的一个障碍。当然，人们对警察这个职业可能会有不同的看法。我们的手臂是从前腿进化而来的，它们似乎采取了更长距离的远端控制程序。因此，手臂的肌腱比腿部的更长、更细，我们的手掌和手指正是通过位于手臂上部的肌肉来操纵的。所以，相较需容纳全部肌肉的情况，手的实际比例纤细得多。这种安排的优点在机械意义或审美意义上都是显而易见的。

在人造结构中，也有一些单向拉伸的简单例子，比如渔线和起重机的悬吊载荷。这些情况跟我们在第 3 章探讨的砖块和绳子相比，大同小异。但是，许多更有趣的案例，比如给船舶装配帆索或空中索道的设计，则容易受到不确定和复杂因素的干扰。

在给船舶装配帆索的过程中，确定每条绳索的安全粗度当然不难，前提是弄清楚它们必须承受的载荷是多少。真正困难的是，预测各种作用于像帆船这样复杂的装置的力的大小。虽然有几种方式可以处理此事，但我强烈怀疑大部分帆船设计者更倾向于依赖经验做出猜测。最好能猜对，一旦要命的帆索出问题，就很可能损坏桅杆。如果事故发生时船舶被困于危险的下风岸，就像马里亚特小说里描写的护卫舰那样，那么后果将不堪设想。

如今，滑雪是一个庞大的国际产业，它依赖于千千万万个缆车车厢和座椅的可靠性。我猜测大多数人在头晕目眩的时刻会暗暗担心支撑吊椅和吊厢的钢缆强度，它们上面似乎有吓人的裂口。实际上，即便其中一根牵拉的钢缆出问题，也极少会直接导致安全事故的发生。这是因为在这种情况下我们可以相当精确地获知静载荷，计算并确保一个足够高的安全系数不是一件难事。更严重的风险来自钢缆在风中过度摆动等情况，这可能会导致缆车车厢在经过彼此时互相碰撞或者撞上支撑塔。再说一次，设计师主要靠的是经验和猜测。

关于单向拉伸理论的一个完全不同的应用是乐器的弦。拉伸的琴弦的发音频率[①]不仅取决于其长度，还决定于它的拉应力。在弦乐器中，适当的应力源自将琴弦——由强劲材料制成，比如钢丝或肠线——拉紧固定在适当的构架上，这些构架可能是小提琴的木架，也可能是钢琴的铸铁架。因为弦和架都很强劲，所以即便是非常小的拉伸，也会强烈影响琴弦的应力和发音频率。这就是为什么这类乐器需要"调音"，这也是为什么人能将"拨动"绳子发出的音符作为材料中应力的指标。罗马军队曾要求负责军用投石机的军官要精于辨别乐音，以便在设置和调试武器时准确评估腱绳上的张力。

虽然人类的声音在诸多方面都不同于弦乐器的声音，但在某种程度上，也可以用类似的方法考量它。人类声音的形成机制相当复杂，我们的喉在歌唱和说话的过程中都起到了重要作用。有意思的是，喉的各种组织属于人体内大致遵循胡克定律的少数软组织之一；其他大多数人体

---

① 拉伸的琴弦的每秒振动次数（即频率）n可被写作：

$$n=\frac{1}{2l}\sqrt{\frac{s}{\rho}}$$

其中，l是弦长，单位为m；ρ是弦的制作材料密度，单位为kg/m^3；s是弦的拉应力，单位为N/m^2。

组织在拉伸情况下各自遵循完全不同且相当怪异的规律，我们将在第 8 章做详细介绍。

喉包含了“声带”，这是一种带状组织或褶皱组织，其拉应力随肌肉紧张程度的不同而变化，从而控制其振动频率。因为声带褶皱的弹性模量相当低，所以有时需要施加巨大的应变才能引发必要的应力：事实上，当我们想飙到最高音时，声带会拉伸 50%。

顺便说一下，女声和童声的频率更高，这并不是因为他们的声带张力更强，而仅仅是因为他们的喉更小、声带更短。在这方面，成年男女之间差异惊人。有关喉的尺寸测量显示，男性的喉约为 36 毫米，而女性的喉约为 26 毫米。但是，在青春期之前，男孩和女孩的喉的大小差不多。青春期的男孩之所以会变声，不是因为他们声带的张力有任何变化，而是由于他们的喉在 14 岁左右时骤然增大。

管道与压力容器

植物和动物在很大程度上可被视为由许多管和囊组成的系统，这些管和囊的功能是存储和输送各种液体和气体。生物系统内部的压力通常不是很高，但也不能对其视而不见，活体的脉管和膜确实偶尔会爆裂，且一旦发生爆裂，常常会造成致命的后果。

在技术层面，可靠的压力容器的诞生是晚近的成就，而我们极少会停下来想一想如果不使用管道会怎么样。由于缺乏能在压力作用下输送液体的管道，罗马人不得不付出巨大的代价在高拱上用砖石砌筑沟渠，以达到在山区用明渠横跨数英里送水的目的。最早出现的近似耐压密闭容器是枪管，在历史上，这些枪管从不让人省心，经常炸膛。因枪管炸膛而丧生的人员名单长到触目惊心的程度，最早可追溯至苏格兰国王詹姆斯二世。尽管如此，1800 年后不久，当伦敦开始安装煤气灯时，煤气管道仍不得不由伯明翰的枪械工匠来制造。事实上，最早的煤气管道确实是用步枪枪管一节接一节地焊接起来制成的。

虽然关于蒸汽机的历史记载多到数不清，但关于管道和锅炉发展的记述则比较少，它们是蒸汽机的基础，在现实中制造它们比制造机器本身更困难。最早的蒸汽机既笨重又庞大，还要耗费大量燃料，这主要是因为它们需在非常低的蒸汽压力下工作——鉴于当代锅炉的性质，这或许不成问题。

制造轻便、结实或者说经济实惠的蒸汽机完全取决于对较高工作压力的应用。在19世纪20年代的蒸汽轮船上，蒸汽压力约为10 psi（由四四方方的“草垛形”锅炉提供），煤炭消耗量约为15磅/马力小时（1马力小时≈ 2.7×10^6 焦）。19世纪50年代，工程师谈论的仍是20 psi大小的压力和约9磅/马力小时的消耗量。到1900年，压力已增加到200 psi以上，而煤炭消耗量已降至1.5磅/马力小时，是80年前的1/10。这样看来，让帆船驶出外海的不是蒸汽轮船，而是高压蒸汽轮船，它装有三胀式蒸汽机、“苏格兰式”锅炉，具备燃料成本低和航程长的性能。

高压锅炉的开发不是一帆风顺的。在19世纪的大部分时间里，锅炉爆炸比较频繁，后果有时非常可怕，尤其是美式内河蒸汽轮船，成为高压条件下运行的先驱。19世纪中叶，密西西比河上的蒸汽艇常常在数千英里的河面上你追我赶。这些轮船的压力容器的设计者都不惜一切代价来提速和减重，他们对锅炉采取了一种堪称乐观的设计办法。结果，1859—1860年，有27艘船因锅炉爆炸而报废。①

虽然其中有些事故可归因于像锁死安全阀这样的犯罪行为，但大部分主要是由于缺乏适当的计算。这很令人遗憾，因为要确定简单压力容器内的应力，所需的基本计算其实非常简单。但据我所知，从来没有人劳神去追索它们的优先权问题，而运算只需要最基础的代数知识。②

---

① 但在同一时期，83艘蒸汽艇毁于失火，88艘撞上河中沉树，还有70艘是由于“别的原因”被毁。看起来，密西西比河上的人生并非风平浪静。

② 1680年左右，马略特给出了部分解决方案，但是他显然还无法使用应力的概念。

球形压力容器

当我们开始考虑某种类型的压力容器或器具，包括气球、囊、胃、管道、锅炉和动脉等，我们需要处理同时在多个方向上起作用的拉应力。这听起来可能很复杂，但你不用担心。任何压力容器的外皮其实都具备两项功能。它必须依靠其水密性或气密性来容纳流体，还需要承受内压引起的应力。这些外皮或外壳几乎总在承受其所在平面上的双向作用的拉应力，即与其表面平行的拉应力。第三个方向上的应力垂直于其表面，通常极小，可以忽略不计。

为方便起见，让我们先看看球形压力容器。假设图 6–1 中囊状物体的外壁或外壳相当薄，比如不到其直径的 1/10。从球心到外壁的中间的距离为球壳半径，记为r。外壁或外壳的厚度为t，整体受内部流体压强为p（所有这些物理量的单位碰巧都是我们用过的）。

试想我们将这个东西像切葡萄柚一样切成两半，那么图 6–1、图 6–2 和图 6–3 相当清晰地展示了壳上的应力（在平行于其表面的全部方向上），就是：

$$s=\frac{rp}{2t}$$

这是一个有实用价值的结果，事实上也是一个标准的工程公式。

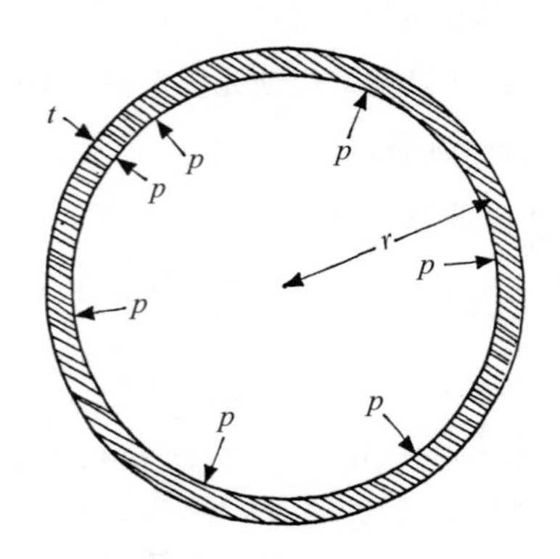

图 6–1　球形容器，其内部压强为p，平均半径为r，壁厚为t

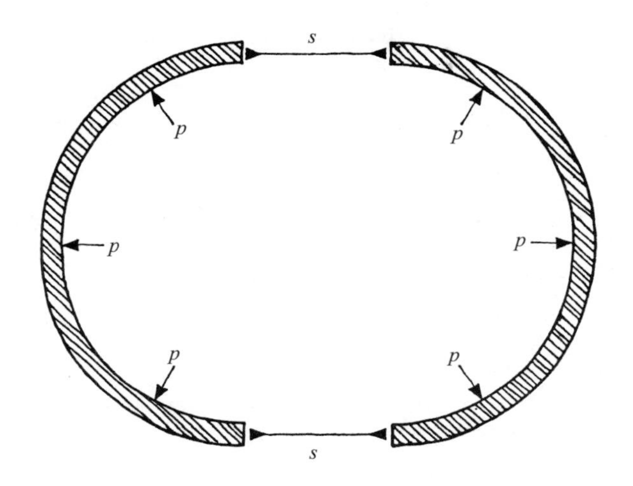

图 6–2　试想将该容器沿任一直径切成两半。作用在每个半球壳内部的所有压力的合力，一定等于作用在切面上的所有应力之和，切面面积为 $2\pi rt$

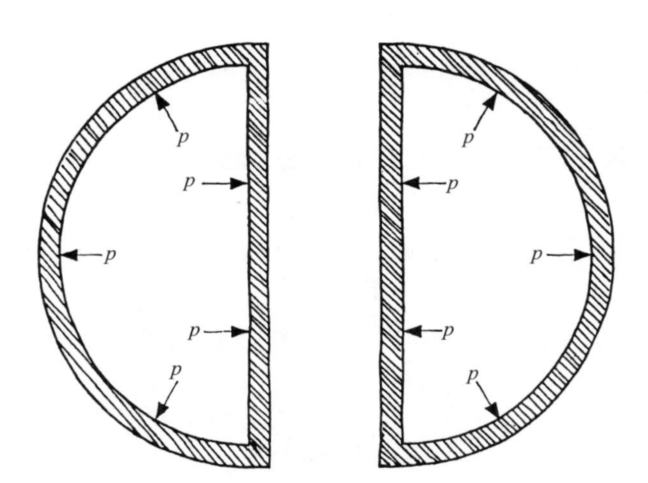

图 6–3　作用于半球曲面内部的所有压力的合力等于作用在等直径平面圆盘上的压力，该压力肯定为$\pi r^2 p$。因此有：应力$s=\frac{\text{载荷}}{\text{面积}}=\frac{\pi r^2 p}{2\pi rt}=\frac{rp}{2t}$

圆柱形压力容器

球形容器有其用途，但圆柱形容器显然应用更广泛，尤其是管和筒等。圆柱体的表面不像球体表面那样对称，故而我们不能假定圆柱壳的纵向应力与周向应力相同；事实上，它们的确不一样。我们设圆柱壳的纵向应力为s_1，周向应力为s_2。

由图 6–4 我们可以看到，圆柱壳的纵向应力s_1肯定和前文的球壳应力一样，也就是说：

$$s_1 = \frac{rp}{2t}$$

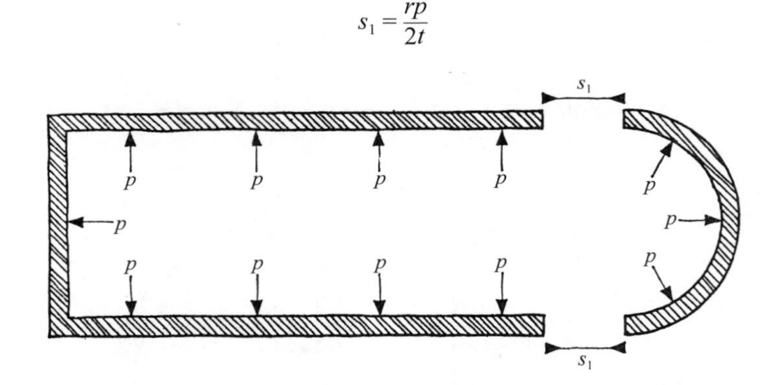

图 6–4 圆柱形压力容器外壳的纵向应力s_1同等效球形容器外壳的应力一样：$s_1 = \frac{rp}{2t}$

要得到s_2，即圆柱壳的周向应力，我们可以想象按图 6–5 所示沿另一平面切开圆柱。由此我们可知：

$$s_2 = \frac{rp}{t}$$

因此，圆柱形压力容器外壳的周向应力是其纵向应力的两倍，即$s_2 = 2s_1$（见图 6–6）。每一个煎炸过香肠的人肯定会观察到其中的一个后果：当香肠的内馅膨胀而肠衣爆裂时，裂缝总是纵向的。换言之，导致香肠肠衣破裂的是周向应力，而非纵向应力。

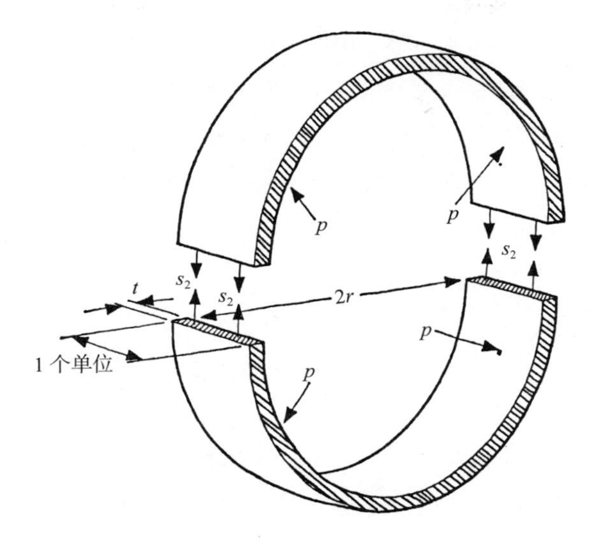

图 6–5　圆柱的周向应力 $s_2=\frac{rp}{t}$

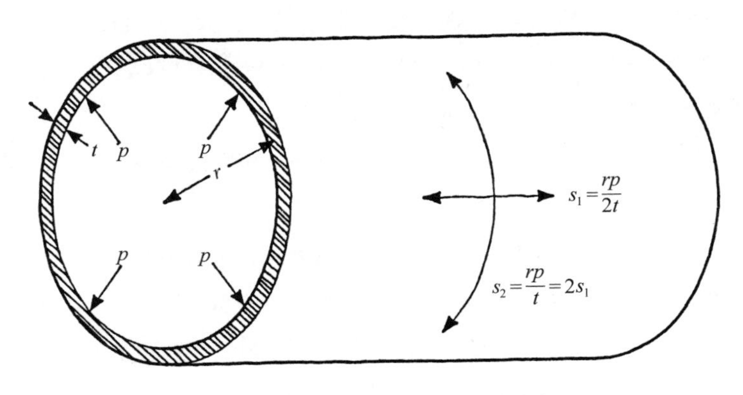

图 6–6　圆柱形压力容器外壳的应力

这些算术不断出现在工程学和生物学领域，它们常被用来计算管道、锅炉、气球、充气屋顶、火箭和太空飞船的强度。我们将在第 8 章看到，同样简单的理论也适用于从阿米巴虫式的生命形态发展到延展性更强且行动更自如的原始生物等一系列问题。

我们刚才做的代数运算的另一个结果是，要在给定压力下容纳给定体积的流体，用圆柱形容器比用球形容器所需的材料更重。在重量因素非常重要的情境下——像登山者在高海拔地区使用的氧气瓶以及飞机起动机瓶——球形容器是很常见的。对大多数其他用途来说，重量则不那么重要，而且圆柱形瓶更便宜，也更方便。医院和汽修厂里使用的高压气瓶就是个很好的例子。

中式工程学的智慧

每艘帆船的设计者都必须解决一个有趣的问题：防止船上桅杆折断落水的最好方法是什么？人们关于这个问题的看法是有分歧的，可分为两个流派：东方派和西方派。西方派认为让桅杆维持在船上的最好办法是用横桅索和支索组成的复杂系统来固定。东方派则认为这些都毫无意义，而且很贵；他们的做法是立一根摇摇晃晃的高大桅杆，上面挂上大块的麻布垫子、竹席或俯拾可得的其他东西，然后依靠信仰的力量维持桅杆的直立。反正在这样的奇迹里，我从未发现任何其他力量的加入。

——威斯顿·马特，《南太水手》

把我们刚才推导的压力容器理论稍做修正，也适用于密闭容器以外的其他东西，即“摊开”的膜和织物，它们需要承受风或水的自由流动带来的压力。这类东西可见于帐篷、风筝、帐幕、织物覆盖的飞机、降落伞、船帆、风车、耳膜、鱼鳍、蝙蝠和翼手龙的翅膀，以及葡萄牙战舰水母的帆状膜冠。

就所有这些用途而论，便利又经济的办法（见第 14 章）不是使用“刚性”的面板、外壳或单壳式构造，而是用柔韧的织物、外皮或膜覆盖住由杆、圆木或骨构成的强劲开放框架。这样的结构刚性不能太强，它需要实现下述功能，即一旦有来自风压或水压的任何侧向力作用于膜上，它就必须挠度变形或凹陷为弯曲的形状，在一阶近似下，可被视为球体或圆柱的一部分，因此膜上应力遵循的规律同压力容器外壳上的几乎一样。

由此我们可以很容易地揭示出单位宽度的膜上作用力或张力为pr，即风压（p）和覆膜曲率半径（r）的乘积。因此，膜弯曲得越厉害，膜上的作用力就越小，施于支撑框架的载荷也会减少。

当风吹起来时，风产生的压力随风速的平方而增加。在强风情况下，压力变得非常大，施于支撑结构的载荷也是一样。按西方工程学派的思维方式，我们对此无能为力，因为我们宁死也不愿让覆膜——不管是船帆或飞机的一部分，还是其他东西——在其支撑物之间明显鼓起来。当然，我们永远无法让织物保持完全平整，但我们能想方设法让它尽可能保持紧绷。实际上，我们可以做的事情就是使支撑框架变强、变重和变贵，并希望它不会断裂——当然，往往事与愿违。

例如，现代赛艇的帆桅装置通常是由管状金属桅杆和几乎不可伸展的涤纶帆组成的。这种空气动力的机械结构是靠许多绳和线来保持运作的，这些绳和线又被旋钮、摇柄和液压千斤顶拧得紧紧的，以应对船在微风中快速航行时作用在帆上的巨大载荷。这堪称工程"效率"的一个奇迹，但它也贵得吓人。这种类型的船舶给他们的乘坐者传递了一种绝非安逸的紧张感。

一种更简单也更廉价的方式是，让船帆在它的支撑物之间鼓起来。这样一来，随风压的增长，曲率半径会减小，无论风吹得多么猛烈，帆布上的张力也会大致保持不变。当然，人们必须确保这种有助于缓解结构性难题的变形不会导致空气动力方面的问题。

中国人想出了一种优雅且令人满意的解决办法，毕竟他们以较为舒适安全的方式在海上航行了数个世纪。传统中式平底帆船的帆桅装置在各地的样式有所不同，但大体上都如图 6–7 所示。横跨船帆的板条依附于桅杆上，因为整个帆桅装置都是由柔性材料制成的；随着风力的增强，板条间的船帆按图 6–8 所示的方式鼓起来而不会损失太多的空气动力效率。如果鼓起不足，放松帆绳便能轻而易举地办到。赫伯特·哈斯勒（Herbert Hasler）上校因"二战"期间领导波尔多突袭战而闻名，近来他采用中式四角纵帆取得了令人满意的结果，几艘装配这种帆桅装置的赛艇以比较轻松的方式完成了远洋航行。如今十分流行的“悬挂式滑翔机”也是基于几乎同样的原理设计的，虽然它们可能会让因循守旧者感到震惊，但它们既便宜又强劲，似乎还很有效。

图 6–7 中式平底帆船的帆桅装置

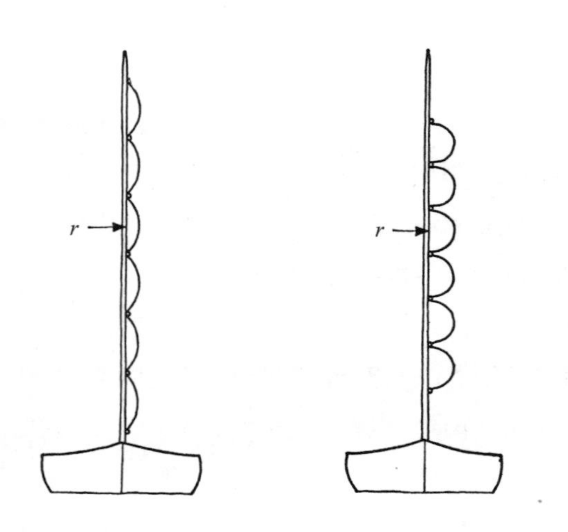

图 6–8 中式船帆放松帆绳时的侧视图

蝙蝠与翼手龙的结构

夺走精灵褶皱的脸，
拿走侏儒尖尖的耳；
借来矮妖精的鼻子，
偷偷把它带回家；
弯曲的手指缝到女妖的腕上；
薄薄的牛皮纸点缀其间；
叉开的腿，扭动的膝盖，
在棉绒身子上装起来。

——道格拉斯·英格利斯，引自《笨拙》杂志

蝙蝠和中式平底帆船的相似之处显而易见（见图6–9）。所有蝙蝠的翅膀都是由被拉伸的柔性皮肤膜覆盖细长骨骼组成的框架形成的，这些骨骼本质上就是手指。例如，像果蝠这种相当大的蝙蝠，它们的翼展超过1米。在其原产地印度，它们是一种有害的动物，能轻而易举地一夜奔袭三四十英里，去洗劫一处果园。它们能毫不费力地做到这一点，因此是一种高效的飞行机器。此外，为了节省重量和所谓的“代谢成本”，它们在削减翼骨粗度方面也做到了极致。

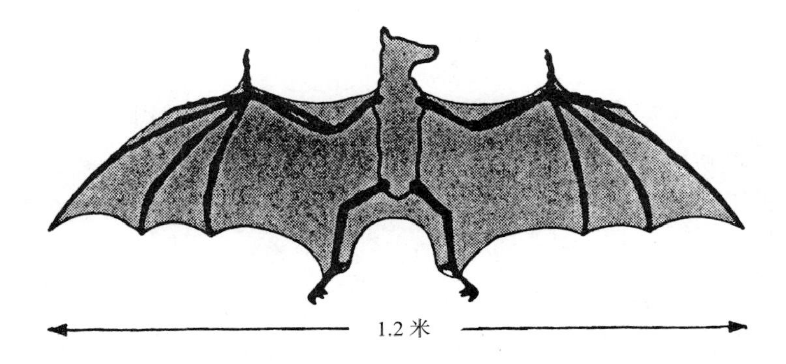

图6–9　果蝠

从一只正在飞行的果蝠的拍摄画面可以看出，在俯冲过程中，它的翅膀上的皮肤膜向上鼓起，呈大致的半球形状，从而将骨骼承受的机械载荷降到最低。显然，在实践中，这种形状改变极少甚至不会造成空气动力的损失。

大约 3 000 万年前，鸟类的地盘主要被翼手龙类飞行生物占据。其中许多长得很像蝙蝠，只不过只有一个指头——小指，发挥了整个结构的作用。所以，翼手龙的膜状翅膀有点儿像不带任何板条的百慕大式主帆。

这种动物中有一些体形巨大。例如，修复后的无齿翼龙化石表明这种野兽的翼展可达 8 米，甚至可能更大。它站立时约有 3 米高，但总重量可能仅为 20 千克左右。因此，骨架结构或飞行肌肉所占的重量极小。最近，据来自美国的报道，更大的翼龙化石被发现了，其翼展约为无齿翼龙的两倍。

图 6–10　无齿翼龙

无齿翼龙可能是一种海洋动物，也就是说，它所在的生态位跟今天的信天翁大致相同。像信天翁一样，它似乎主要在半空活动，贴着海洋的波涛翱翔，在飞行过程中捕鱼。从化石可以看出，无齿翼龙的翼骨几乎令人难以置信地既细又脆，甚于果蝠。当然，我们无法实测覆盖在这些巨大翅膀上的皮肤弹性，但似乎可以合理推测这种皮肤的表现肯定很像蝙蝠。整个系统的空气动力效率一定很高，可与现代的信天翁媲美。

为什么鸟类会有羽毛?

虽然蝙蝠存活至今且种群兴盛，但在很多年前，翼手龙就被长羽毛的鸟类取代了。当然，翼手龙的灭绝可能与结构性因素无关，但也有可能是因为羽毛有些特殊之处，让鸟类比其他飞行生物更具生存优势。我在英国皇家航空学会工作期间时常问我的上级，如果飞机有羽毛会不会更好，但我很少能得到理性甚至是耐心的回答。

但是，到底为什么鸟类会有羽毛呢？如果让现代工程师设计一种会飞行的动物，他们或许会制造出像蝙蝠一样的东西，也可能是某种会飞的昆虫。但我认为他们可能不会去发明羽毛，虽然羽毛的存在也有很好的理由。可以想象，蝙蝠和翼手龙都会通过它们的翅膀皮肤以热量的形式损失大量能量，但皮毛可以起到适当的隔热作用。

或许这就是鸟类进化早期发生的事情，因为羽毛像角和爪一样，都是从毛发发展而来。但是，毛发以软为宜，所以构成毛发的角蛋白具有相当低的弹性模量。而在羽毛中，角蛋白分子通过硫原子（这解释了羽毛烧焦散发的气味）形成交联的分子链，从而变得更强劲。

毫无疑问，羽毛会带来空气动力方面的优势，因为它们的使用扩展了动物外形的种类。一方面，厚的翼截面通常比膜构成的薄翼截面具备更好的空气动力效率。靠羽毛填充增加翼的轮廓，很容易得到一个高效的厚截面，而代价只是重量略微增加。另一方面，羽毛比皮肤和骨骼更适合提供“翼缝”“襟翼”等防失速装置。

然而，我倾向于认为，羽毛给动物带来的主要优势可能是结构性的。任何开过模型飞机的人都知道，所有小型飞行器都比较容易受损，比如，撞上乔木和灌木，乃至粗心的操作都会带来意外的损伤，这是他们不得不付出的代价。许多鸟类不断在树木、篱笆等障碍物间飞进飞出，其实是把它们当成躲避天敌的庇护所。对大部分鸟类来说，损伤适量的羽毛并不是十分严重的问题。而且，被猫扯掉些许羽毛总比被吃掉好。

与其他动物相比，羽毛不仅能帮助鸟类避免更多的局部擦伤和磨损，还能使鸟的躯体受到厚的回弹性盔甲的保护，从而避免更严重的损伤。我们在博物馆里看到的日式羽毛甲胄，并非如人们想象的那样，仅是一个不懂审美的原始民族华而不实的追求。其实，它对刀剑等武器起到了有效的防护作用。同理，在苏芬战争期间，芬兰的装甲列车用捆扎起来的纸作为防护；现代战斗机飞行员的防裂靴则是由多层玻璃纸制成的。当鹰在空中捕杀鸟时，鹰通常不会用喙或爪伤害鸟，因为鹰可能无法刺穿鸟的羽毛。鹰通常是伸出脚击打鸟的后背，导致鸟猛烈地加速，使脖子被折断，很像实施绞刑时发生的情况。

羽毛的整体构造和设计似乎极其巧妙。羽毛可能不需要特别强劲，但它们又确实需要有一定的刚度，还要有回弹性和很大的断裂功。羽毛的断裂功机制尚属未解之谜；在撰写本书时，我认为仍然没有人知道它是如何运作的。像很多断裂功机制一样，羽毛的断裂功对看似微小的变化很敏感。饲养和放飞过鹰的人都知道，这些聪明、难以对付又折磨人的鸟很容易掉毛。即便在被圈养时获得了适当的喂食和锻炼，鹰的羽毛仍然非常容易变脆，还会以过快的频率脱落。治愈或缓解该症状的方法是，以“拼接”的方式将羽毛的断裂部分再次连起来。具体办法是用双头“拼接针”蘸点儿胶水，插入羽轴断裂处的中空部位。对该过程的细节描述可参见 16 世纪的养鹰书籍。

考虑到如今汽车遭遇颠簸、碰撞和刮擦的频率惊人且代价昂贵，人们有时会想这是否源于他们没有从鸟类身上吸取经验教训。顺便说一下，我听说，由于美军的主要食物就是鸡肉，所以在美国的某处存有巨量无用的鸡毛。若它们有了用武之地，岂不美哉？

第 7 章

接合、铆接、焊接的应用分布——蠕变和战车轮子

现在，我想给你讲一个故事，关于一艘在战时建造的船。它是一艘蒸汽轮船，木质结构，而且用的是优质木材，设计它的人也是优秀又能干的工匠……

它前进的样子就像一个人背负了过于沉重的包袱，不久便开始跌跌撞撞（只有小小的涌浪），然后它像一个被人踩踏的破旧板条箱，分崩离析了。5 分钟后，除了煤渣儿浮尘、木料，以及少数几个劫后余生者，什么都没剩下。

这是一个真实的故事，但我希望你注意到，这艘船是由木匠——造房子的木匠或岸上的木匠——建造的，而不是由船舶木工建造的。

——威斯顿·马特，《南太水手》

威斯顿·马特故事里的那艘蒸汽轮船意外沉没了，因为那些本该将木料连接在一起的接合处太弱了，虽然建造它的房屋木匠——在他们自己的行当里都是老实人——想必对这些接合处很满意。事实上，当一个岸上的木匠建造房子或组装传统家具时，他构造的接合处在船舶建造师或工程师看来，不仅脆弱而且效率很低。这些接合处确实脆弱，但它们是否“低效”则取决于它们的用途。房屋建造者的目的可能和船舶或飞机制造者完全不同。

或许，工程师在绝大多数情况下会假定，“有效”的结构指的是它的每一个零件和每一个接合处都恰好强劲到足以应付它必须承受的载荷，而且对于给定的强度，材料的用量最小，重量也最小。理论上，这样一个结构在任一部位发生断裂的概率是均等的，它也可能像“单驾马车”那样，各处同时断裂。为了实现这种效率，工程师需要高度警惕，因为即便是设计或制造中的微小失误，也会带来危险的弱点。

当然，这种结构的近似物是存在的，尤其是在船舶、飞机等以减重为要务的机械中。然而，这代表了看待效率问题的一种过度专业化的方式，它没有考虑对刚性的需求，更不用说对经济性的需求了。单驾马车型结构有时是必要的，但对建造和维护来说，它们的费用总是很高昂。追求结构完美的减重措施，是导致太空旅行如此奢侈的因素之一。按寻常的标准考虑，一艘小船可能的可用空间成本（以每立方米计）约为一栋普通房子的 20 倍，而飞行器的空间成本还要更高。

相较于那些花哨的结构，建筑师和工匠更偏爱有实用意义的结构。毕竟房屋已经够贵了，而且这些人非常清楚，在绝大多数普遍或固定的生活设施中，影响结构设计的更多是刚度，而非强度。

的确，对强度和刚度的需求中哪一个相对更重要，这其实是关于结构的成本和效率问题的根源所在。当首要需求为刚度而非强度时，整个问题就变得更容易，成本也就更低了。这种情况常见于家具、地板、楼梯和建筑物，以及炉灶、冰箱、多种工具、重型机械和汽车的某些部件。这些东西不会经常发生断裂，但若我们把材料做得更薄些，其挠度、弯曲度和总的变形程度就会马上变得不可接受。因此，为了达到足够的刚度，各个部位通常要足够厚，才能使其应力足够小，这在工程师看来十分荒谬。

由此可知，在这种结构中，即便材料中遍布缺陷和应力集中，可能也没什么大不了。此外，接合处的强度不是特别重要；在多数情况下，几根钉子就完全够用了。当然，这是大部分直觉性设计方案的基础。很多人从未听过胡克定律或弹性模量，但他们凭借经验和常识差不多就能估算出桌子或鸡笼的刚度，而且若这类东西制作得足够结实，它们也不大可能在普通的日常载荷作用下发生断裂。

此外，在某些接合处做出一点儿“妥协”可能也没什么坏处，在传统结构（而非精细的结构）中这种情况可能更常见。原因之一是，一定量的柔性可使载荷以有益的方式均匀分布。家具确实不常发生断裂，但如果你试图弄坏座椅，一个好办法就是坐在椅子上，让椅子的三条腿落在地毯上，第四条腿则落在光秃秃的地板上。对传统家具而言，借助榫接合处的形变，可以将载荷分散到全部四条腿上；对于现代工厂用“高效”的胶接合方式制造的座椅，这些接合处可能会断裂，之后座椅也很难修复如初。

让接合处具有一定柔性的另一个原因是，木材（有时还有其他材料）会随天气改变其尺寸。木材横纹方向的收缩率和膨胀率可达5%，甚至10%。传统的细木工手艺借助“低效”的开口接合方式留出余地。我在剑桥大学的丘吉尔学院有一张崭新的上等宴会高桌，它是用最优质和最昂贵的木材制成的，木材也是以强劲、刚性的科学接合方式组合在一起的。几个月后，在用科学方法加热的大厅里，这张桌子因收缩从中间裂开了。那不是一条不起眼的细小裂纹，而是好几码[①]长的裂缝，能为一大堆正常直径的豌豆提供安身之处。

靠得住的接合方式与靠不住的人

许多挠度变形可控的农用结构在恰当的地方是完全没问题的，但一旦开始有减重、强度和机动性方面的要求，就可能会遭遇各种各样的困难，尤其是关乎不同部位间接合方式的可靠性的困难。历史上，这一直是建造船舶及风力和水力磨坊的工匠面临的最严重的问题。建造船舶和磨坊的传统工匠技艺高超，他们能够将足够安全的强度和为木料预留的些许柔性结合起来。更早时候的造船工匠在柔性方面吃过亏，尽管他们

① 1码≈0.91米。——编者注

造的船经常漏水严重，但却极少在海上破裂。生产可能会散架的木制船舶，是现代战时政府才能做到的事。

船舶和飞机的接合故障是两次世界大战的一个显著特征。“一战”期间，美国人建造了大量木制船舶，既有蒸汽动力船，也有风帆动力船，用的大多是非正统的制造方法，其中许多艘都破裂了。第二次世界大战期间，他们制造了更多的钢制焊接蒸汽轮船，其中破裂的比例更高，无论是航行在海上还是停泊在港口内时。两次世界大战期间，英国制造了大量的木制飞机，它们似乎总出现这种或那种接合故障。

飞机出现这种情况完全不足为奇，因为我在不同的场合，而且就在主体结构内性命攸关的胶接合处，有了以下发现：

1. 一把剪刀。
2. 一本急救手册（口袋本）。
3. 根本没有胶。

大体上，我认为这些事故中的大部分都不是由智力低下或不正常的人造成的：责任往往都在普通人身上，这才是麻烦所在。固然人们总有感到疲倦或厌烦的时候，但我认为问题的根源还要深得多。负责制造接合结构的人（不管是成功还是失败）当中，只有极少数会亲身经历这样一种情况，即接合故障导致人员伤亡事故；虽然他们全都在建造橱柜和园艺棚子等方面经验丰富，但其中的接合强度其实无关紧要。我们要尽一切努力说服他们，粗制滥造的接合方式在道德上等同于过失杀人；但从根深蒂固的民俗传统看来，我们这样纯属小题大做，况且强度本身就是个无聊的话题。因为认真检查所有的接合处在现实中几乎不可能，所以制造者的意识才如此重要。

近些年来，人们已开发出金属之间的高效黏合剂，它们有许多可靠的技术优点，前提是接合处要精工细作。不幸的是，它们在现代飞机上的应用受到一个已证实的事实的妨碍，即必须有专门的检验员来监督每个负责接合工作的工人的实际表现，还得有监督检验员的检验员。自然，这些安排都是非常昂贵的，但据说黏合剂在现代的金属制飞机上的应用与日俱增。

接合处的应力分布

因为接合处的功能是将载荷从结构的一个单元传递到其邻近单元，所以应力会以某种方式从材料中的某处摆脱出来，然后置身于毗邻的部分，但这个过程却极有可能导致高度的应力集中及随之而来的结构弱化。尽管如此，在少数顺利的情境中，应力仍可能会均匀地从一个零件穿过接合处到达另一个零件，而且伴随的应力集中极少，甚至没有。木料上的胶粘斜嵌接合（见图 7–1）和金属上的对头焊接（见图 7–2）就属于这种情况。

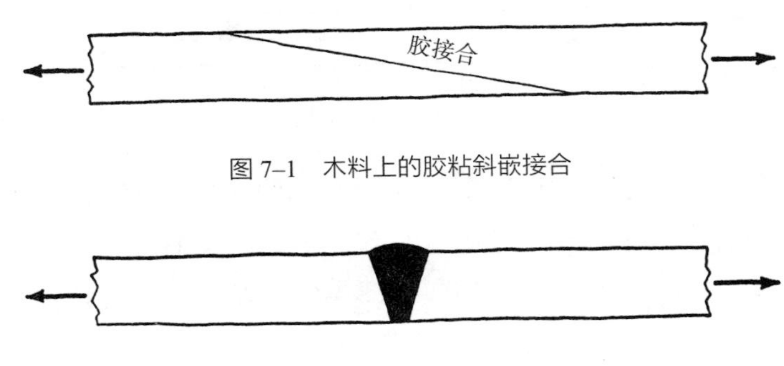

图 7–1　木料上的胶粘斜嵌接合

图 7–2　金属上的对头焊接

但是，运用斜嵌接合或对头焊接并非总能行得通，两块相邻木板或金属板间某种形式的搭叠接合可能更为常见。这种几何结构会立刻引发应力集中，且就“刚性”的搭叠接合而言，它是通过胶粘、钉板、螺钉、焊接、螺栓还是铆接接合没有多大区别。在所有这些情况中，大部分载荷都转移到了接合处的两端（见图 7–3）。

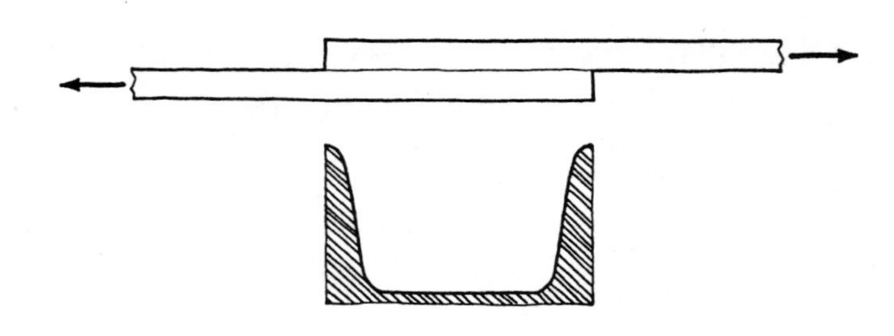

图 7–3 搭叠接合处的载荷转移

基于这个原因，这类接合的强度主要取决于其宽度，几乎不依赖于零件间重叠的长度。因此，在两个金属片间，铆接和焊接是最简单、最常见的形式（见图 7–4 和图 7–5），并且即便变得复杂，也不会有太大改进。

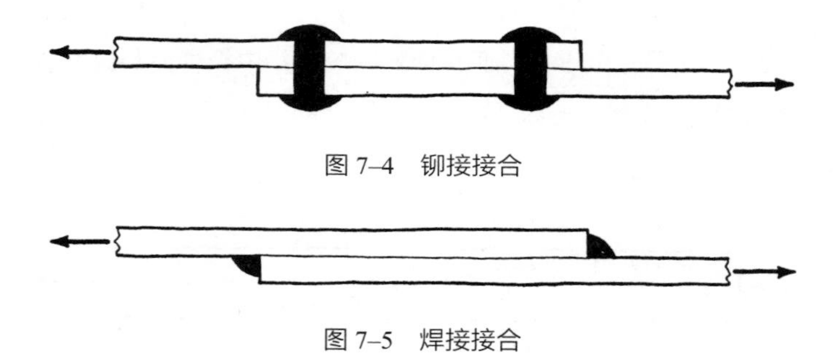

图 7–4 铆接接合

图 7–5 焊接接合

通常，我们想为承张的棒或杆加上某种锚座或实心锚具作为端接插件；在这里，类似的考虑也适用，只有一处应力集中的情况除外，它通常发生在杆进入锚座的那一点上（见图 7–6）。例如，若把杆拧入锚具，则几乎所有载荷都会被前面两三个螺纹分走，而锚座内其他额外的杆长就没什么作用了。因此，一只画眉鸟从草坪上拉出一只虫的难度，并不取决于虫子的长度；拉出一只短的虫子和拉出一只长的虫子是一样难的。①

① 注意，如果把一条“卷曲”的尼龙线混入一大块“刚性”塑料中，你总能对其施加拉力，把它从塑料里拉出来，不管它有多长。这是一种制造既长又复杂的孔洞的好办法，例如风洞模型中用来测量压力的孔洞。

图 7–6

图 7–6 所示的应力分布适用于接合的两部分具有近似弹性模量的情况，这通常发生在金属与金属接合的时候。它还适用于承张杆或棒的刚度低于锚座或锚具材料的情况，比如虫子和草坪的情况。然而，如果杆或棒实质上比用来锚定它的材料更强劲，应力分布的情况则可能会逆转，主要集中在杆或插件的底端或内端（见图 7–7）。

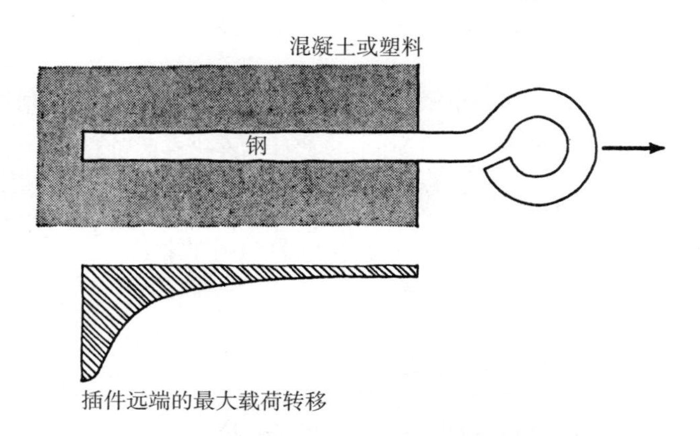

图 7–7　张力作用下插件的载荷转移

当然，在实践中，两种情况可能会同等地弱化接合。或许，插件与其周边材料的弹性模量间存在一个比例，能给出一个最佳的接合处应力分布；但是，即使有这样一个比例，在现实生活中也很难模拟出来。

有一次，我想制作强化塑料机翼和金属机身间的点接合插件。虽然我应该完全清楚应力集中、草坪上的虫子之类的情况，但我还是愚蠢地从模铸强钢缆着手，将磨好的末端——像树根一样——插入了塑料主体。当我把这个欠考虑的样品装到测试仪器上时，在非常低的负载下，钢丝被拉出了塑料，并伴随着一连串破裂声。

在下一个实验中，我用像剑一样的锥形钢片或钢尖取代钢缆，并涂上适量的黏合剂后将其经模铸插入塑料机翼结构（见图 7–8）。这一次，测试样品又失败了，且随之而来的不是一连串噪声，而是一声巨响，但同样是在低负载下。

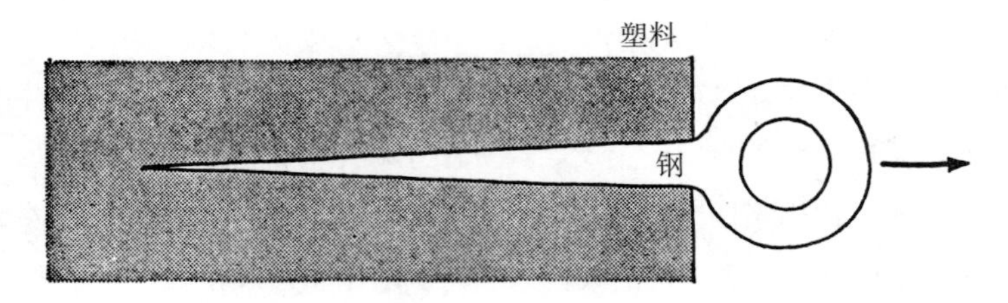

图 7–8　钢制插件的错误示范，这种接合方式很脆弱

在停下来反思并深究虫子的情况之后，我们又尝试了一系列短而宽的铲状钢插件，如图 7–9 所示。所有这些样品在极高的负载下才会失效，而且失效时的载荷与“铲”的宽度成正比。依靠这种设计，我们能用相当小的钢制配件从塑料结构中分走大约 40~50 吨的载荷。

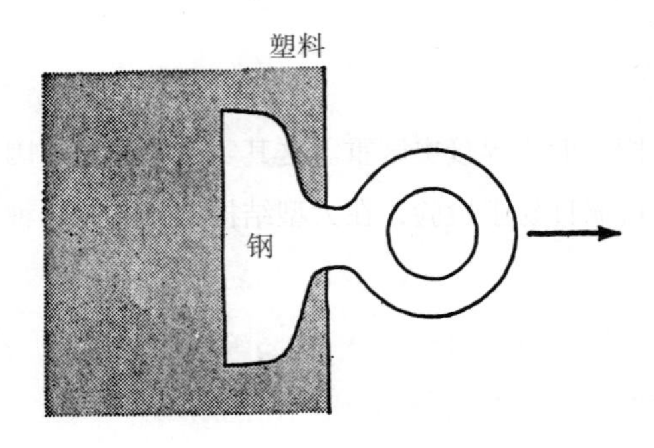

图 7–9　钢制插件的正确示范，这种接合要强劲得多

这类接合方式完全依靠金属和塑料间的黏附，因此必须一丝不苟地模铸，还得有适当的检验。它们也必须经过精心设计，因为在所有这类情况中，一旦金属达到其屈服点并丧失弹性行为，金属和非金属间的黏附就会完全失效。[①]因为金属中的应力可能比我们的预期要高得多，所以通常需要用高抗拉钢来制作插件，还要小心地进行热处理。此外，钢制插件的“后缘”必须被磨得很锋利，就像凿子一样。

铆接

“不管怎么说，我还是起到了一点儿作用。”龙骨翼板得意地说道。他的确做到了，整个船底都更轻松了。

“那么是我们不顶用了。”船底的铆钉哭诉道，“我们被要求——我们被要求——永不退让；我们要是退让了，海水就会灌进来，我们全都得沉没！首先，所有糟心事都赖到我们头上，而现在我们完成任务后，连一丝安慰都得不到。”

“别说是我跟你们讲的，”蒸汽低声安慰道，“但在你们、我以及我来自的最后一团云雾之间，它注定会发生，只是早晚而已。你们不得不退让一点儿，而且你们已经不自觉地退让了。现在要挺住，像从前一样。”

——鲁德亚德·吉卜林，《自我觉醒的船》

钢制结构中的铆接已经不流行了，主要是因为它们很昂贵，还有一部分原因是它们一般比焊接更笨重。这其实有些遗憾，因为铆接也有一些优点。铆接可靠且易于检验，在大型结构中，它在某种程度上起到了阻止断裂的作用：如果一条大而强的格里菲斯裂缝开始扩展，即便并非

---

① 金属和涂料或釉质——包括“透明釉”，即玻璃——之间的黏合也是如此。在现代引伸计被发明之前，工程师们常常根据表面剥落的“氧化皮”或黑氧化膜上的载荷判定热轧钢的“屈服点”。

万无一失，它通常也可能被铆接处的沟槽或间断阻止或延迟。

更重要的是，铆接能略微滑动进而重新分配载荷，由此规避了应力集中的后果，而应力集中是所有接合处的头号公敌。这个过程被永远地记录在《自我觉醒的船》一书中，早在英格利斯和格里菲斯之前的很多年，吉卜林对结构中应力集中和裂缝问题的感性认识就已经非常了不起了，他的一些有关结构的故事或许应该成为工科生的必读书。

由于每个铆钉都能非常轻微地滑动，应力集中最糟糕的效应可能会减弱，故而用几个铆钉把搭叠接合处串起来可能是值得的，因为端接铆钉的滑动能力足以使中间的部分发挥一些作用。当钢板或铁板间的新铆接使其自身承受合理的载荷分布时，锈蚀就有机会发挥其积极作用了。腐蚀产物——氧化铁和氢氧化铁会扩展从而锁住接合处，防止它们在载荷反转时前后滑动。此外，锈蚀可以像胶一样传递板材间的剪切作用，因此铆搭接合的强度通常会随时间增加。

当我们在像船舶和锅炉这样的大型钢制结构上进行铆孔作业时，冲压钻孔是常用的方法。虽然这是一种快捷且廉价的钢材制孔方法，但它并不尽如人意，因为孔洞边缘的金属处于脆性状态，也常常含有细小的裂缝。由于该区域肯定会有应力集中，所以这种情形不太好。基于这个原因，在高级加工过程中，通常是先钻出小于规格尺寸的孔洞，再将之扩大。这样做虽然增加了开支，但也大大提升了接合处的强度和可靠性。

铆接处和栓接处都可被做成不同的形状和尺寸，但宽泛地讲，所有这些接合都有三种失效的方式（见图 7–10）：（a）铆钉自身滑脱或折断；（b）铆钉被从板材上扯下（铆孔“承力”或延伸）；（c）铆钉间的一块承张板材被撕裂，就像撕掉一枚邮票那样。

我们通常需要借助适当的计算来检查上述每一种方式导致铆接处失效的可能性。但是，铆接设计的“法则”是由劳埃德银行和英国贸易部门等机构制定的，你在几乎所有工程手册中都能翻到。

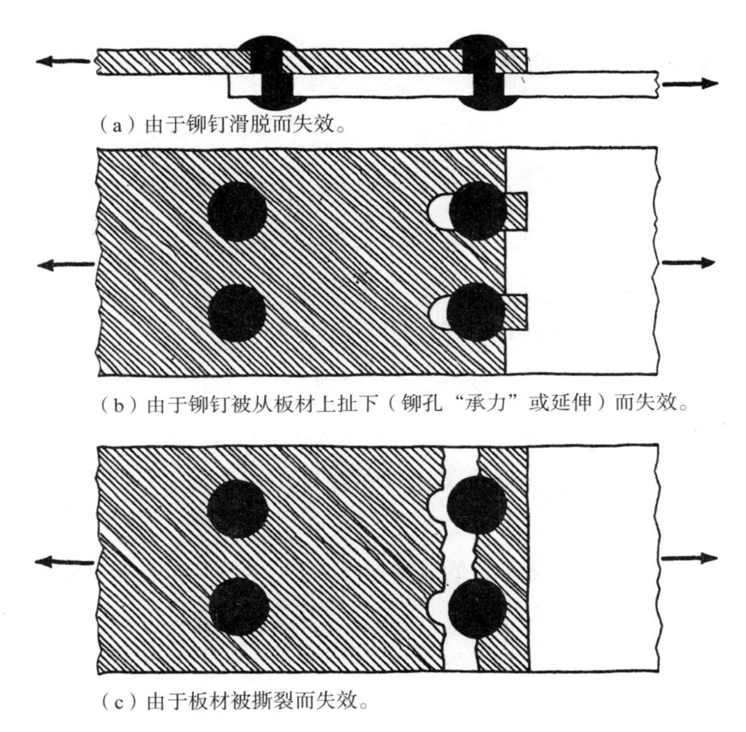
（a）由于铆钉滑脱而失效。

（b）由于铆钉被从板材上扯下（铆孔“承力”或延伸）而失效。

（c）由于板材被撕裂而失效。

图 7–10　铆接处失效的三种可能原因

焊接

各种各样的焊接广泛应用于今天的钢铁制品，主要是因为焊接方式通常比铆接更便宜，还因为焊接使强度增加而重量则小于铆接。在船舶上也是这样，吃水线下不用铆钉头可以减少一小部分阻力。

最精细的焊接方法是电弧焊。在这个过程中，焊接工人右手持一个绝缘钳，并用它夹住一根金属条，即焊条；他的左手通常会拿一个面罩或遮板，装有深黑的玻璃，透过玻璃他能安全地观察在焊条末端和他制造出来的焊缝之间激发出的持续的电弧。通常在 30~50 伏特的电压下，电弧大约有$\frac{1}{4}$英寸（约 7 毫米）长，它会使焊条末端的金属迁移到焊接工人沿接合处弄出的一小摊钢水里。其结果是（或者应该是），焊接金属的一条连续跑道或“径迹”——大约有$\frac{1}{4}$英寸宽——凝固并桥接。如果需要更粗的焊缝，那么必须视情况重复进行几遍。

如果你能恰当地制作出焊缝来，它通常会非常强劲且符合要求，但对焊接工人而言，任何技艺或注意力的缺失都可能会导致缺陷，比如夹渣，这会削弱接合且不容易被检验员发现。对一个技艺不精的焊接工人来说，周边金属过热也容易导致严重变形，尤其是在要焊接的工件既重又厚的情况下。例如，袖珍战列舰施佩伯爵号上的焊接发动机座就因此遇到了大麻烦。

理论上，坦克或船舶上的焊接处应该无须进一步处理就能做到完全防水，但这种情况极其罕见；实践中，焊接构造在这方面可能会比铆接工件带来更多的麻烦。铆搭接合容易被填塞，因为气动凿或填缝工具可以扩展板材的边缘。而焊接则没办法做到这一点，处理这种情况的最好办法就是通过高压向搭叠接合两条焊缝间的空隙注入某种液态密封剂。但我自己也见过焊接战舰上隔舱水压测试遭遇的许多麻烦。

我曾经有幸在英国皇家造船厂当了几个星期的铆工兼焊工，其间我学到了各种各样课本里没有的知识。在装甲甲板上用气动锤封合两英寸的铆钉虽然是项既艰难又吵闹的工作，但也非常有趣，对我来说，多数铆接形式看起来至少有些打高尔夫球的魅力，还兼具更有用的优点。检验过程的操作进一步增添了竞技元素：在那些日子里，我们的报酬是按封合铆钉的个数来计算的，但若被检验员判定为不合格，则必须起出铆钉并替换，每个要罚 5 倍的钱。

铆接可能不是天堂，但相比之下，焊接一定是地狱。在头一两个小时内，焊接是非常有趣的——我敢说地狱很可能也是这样。但此后，盯着嘶嘶作响、飘忽不定的电弧和一摊少得可怜的熔融金属，这份差事就变得乏味到让人难以忍受的程度，熔融金属溅起的火星或液滴会钻进衣领、飞入鞋子，但这并不能消除多少枯燥的感觉。几天后，无聊和难受的感觉充斥心头，你便很难集中精力制造出一条令人满意的焊缝。

如今，管材和压力容器中的焊缝都是用自动化机械完成的，我想机器应该不会感到无聊，故而这些焊缝一般是可靠的。但是，自动焊接方式在船舶和桥梁等大型结构上常常是行不通的，其实践结果非常糟糕。此外，焊接极少或不会阻止裂缝的扩展，这也是近年来这么多大型钢制结构发生灾难性事故的原因之一。

蠕变

荷马明白，要把你的战车开出去，第一要务便是装上轮子。

——约翰·查德威克，《线形文字 B 的破译》

迈锡尼文明和古风时期的希腊战车有非常轻巧且柔性的轮子，它们是由薄曲木材——柳木、榆木或柏木——制成的，通常只有 4 根辐条（见图 7–11）。这样一种构造具有高度的弹性和回弹性，似乎能让这些战车穿越希腊的崎岖山地，而更重且更具刚性的车则无能为力。事实上，轮子的边缘会在战车重量的作用下像一张弓那样弯曲，正如一张弓肯定不能任意长时间地处于上弦状态，战车的重量肯定也不能一直作用于轮子上。于是到了晚上，士兵们要么把车翻过来径直靠在墙上使轮子不再承重，就像《奥德修纪》第四卷里特勒马科斯做的那样，要么把车轮全部卸下来。即便在奥林匹斯山上，女神赫柏也得在早晨为灰眼雅典娜的战车装上轮子。后世的车轮重得多，这一步就没有必要也不大实用了，我理解现在市长大人的马车轮子之所以明显是偏心轮，想必也是长期承重所致。[①]

① 据说达官贵人在乘坐国家礼宾马车时会晕车，原因也在于此。

图 7–11 荷马时代的战车轮子本质上是柔性的，并且是通过压弯相当薄的木材制成的。在任意长时间的负载下，它容易发生扭曲或“蠕变”

在负载的长时间作用下，弓和战车轮子会发生扭曲，这都要归因于工程师所说的“蠕变”。在基本的胡克弹性中，为简便起见，我们假定材料若能承受应力，便能无限期地承受，我们还假定只要应力保持不变，固体中的应变就不会随时间改变。但对真实的材料而言，这些假定都不是严格成立的，几乎每一种材料在恒定的负载下都会随时间的推移而持续延展或蠕变。

然而，材料的蠕变量差别很大。在工艺材料中，木材、绳索和混凝土都有很大的蠕变，必须考虑其效应。纺织物中的蠕变是导致我们的衣服变形或裤子膝盖处变宽松的原因之一，但是，这在羊毛和棉等天然纤维中要比在更新的人造纤维中显著得多。因此，涤纶帆不仅能保持形状，在刚做出来时也不需要仔细地“撑拉”，而棉帆和亚麻帆的情况正好相反。

金属中的蠕变通常不像非金属那么显著，虽然钢材在高应力和加热情况下的蠕变值得注意，但当面对的是常温下的轻微载荷时，其效应经常可以忽略不计。

任意材料中的蠕变常常会使应力以有益的方式重新分配，因为应力较高的部位蠕变最大。这就是为什么旧鞋子比新鞋子穿着更舒服。若应力集中减少，接合的强度就会随时间提高。当然，如果接合处的载荷反转，蠕变就可能产生相反的效应，接合处则可能被弱化。

蠕变导致的扭曲效应在老式木质结构中尤其明显。在木制建筑物中，屋顶经常以古色古香的方式下凹，老式木制船舶则往往会“拱起”：船的两头下垂而中间部分升起。在英国皇家海军胜利号的炮台上，这一现象非常明显。对于钢材等金属的蠕变效应，我们常常是在汽车弹簧“一坐不起”而必须更换时才注意到它。

虽然不同固体间的蠕变量可能千差万别，但几乎所有材料的一般行为模式都差不多。在承受一系列恒定应力 s_1、s_2、s_3……的条件下，如果我们为同一材料绘制形变或应变对时间对数（缩小计时数值的简便方式）的曲线，就会得到图 7–12 一样的结果。显然，存在一个临界应力 s_3，在低于该应力时，不管负载时间有多长，材料可能永远也不会断裂。在比 s_3 大的应力作用下，材料不仅会随时间扭曲，还会逐渐发展为实际的断裂和损坏，这是我们通常避之唯恐不及的后果。

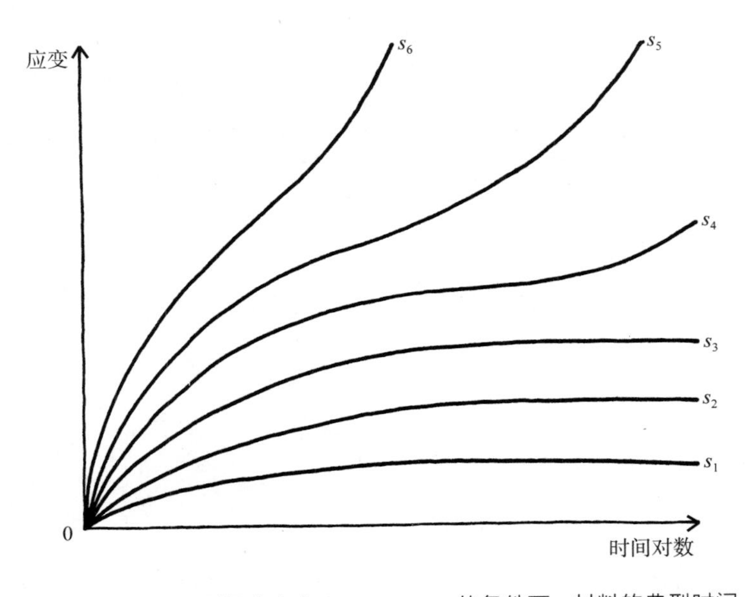

图 7–12　在承受一系列恒定应力 s_1、s_2、s_3……的条件下，材料的典型时间–蠕变曲线

像其他材料一样，泥土负载时也会发生蠕变，因此，除非是在岩石或非常硬的地面上搭建建筑物，否则我们都需要观察地基的“沉降”，大型建筑物通常比小型建筑物沉降得更深。这就是在混凝土“筏基”上构筑大型建筑物的原因。注意插图 7 中克莱尔桥的桥基的沉降。

第8章

一只蠕虫的诞生——泊松比和弹性蛋白

“我非常开心，”小熊维尼愉快地说道，“我想给你一个有用的罐子盛东西。”

“我非常开心，”小猪皮杰愉快地说道，“我想给你一些东西放进那个有用的罐子里。”

——米尔恩，《小熊维尼》

大自然在创造出“生命”时，可能会略显焦急地环顾四周，想找个有用的罐子来盛放生命，因为生命不可能在长期裸露而无约束的情况下繁衍生息。那时候，这颗行星大概只能提供岩石、沙子、水和大气，但它肯定缺乏适合作为生命容器的材料。硬壳可以由矿物构成，但柔软皮肤的好处，尤其是在进化早期，似乎是巨大的。

在生理意义上，细胞壁及其他活体膜可能需要相当严格地控制只让某些分子渗透，其他分子则被挡在细胞外。在机械意义上，这些膜的功能常可比作颇具柔性的囊袋，它们能抵抗张力并能显著拉伸，而不致爆裂或撕裂。在大多数情况下，当移除作用于它们的拉力时，皮肤和膜必定能自行恢复至原始长度。[①]目前活体膜可以安全且反复地延展的应变

① 肌肉组织和其他活性收缩装置相结合的力学问题通常很复杂，但我们暂时忽略这一点。

各有不同，但通常介于 50%~100%之间。普通工程材料在工作状态下的安全应变往往低于 0.1%，故而我们可以说，生物组织工作所需的弹性应变约为普通工艺固体能承受的 1 000 倍。

这种应变幅度的激增不仅颠覆了工程师对弹性和结构的许多传统成见，还揭示出这种程度的应变无法由基于矿物、金属或其他硬物质的晶体或玻璃型固体提供。因此，至少对材料科学家来说，一个猜想很吸引人：活体细胞可能始于被表面张力包围的液滴。然而，我们必须指出，现在还远不能断言这就是实际发生的事情，真实的情况可能完全不同，或者复杂得多。我们能确定的是动物软组织弹性的某些特征类似于液体表面行为，所以有可能起源于这样的液体。

表面张力

如果我们延伸液体的表面以增大其面积，我们就必须增加液体表面的分子数。这些额外的分子只能来自液体内部，而且它们从液体内部被拖拽到表面还需要对抗试图将它们留在那里的力，这种力非常强大。基于这个原因，创造一个新表面需要能量，因而该表面也包含一种张力，这是一种完全真实的力。[①]这种力常见于水滴或水银滴，其表面张力因抵抗重量而将液滴拉拽成大致的球状。

当液滴挂在水龙头出水嘴上时，其中水的重量主要靠其表面张力来支撑。一个简单的学校实验就包含这种现象，我们可借助计数液滴并称重来测量水及其他液体的表面张力。

虽然液体的表面张力同一根弦或其他固体上的张力一样真实，但它至少在以下三个重要方面与弹性张力或胡克式张力不同：

---

① 表面张力理论最初是由托马斯·杨和拉普拉斯在 1805 年左右各自独立提出的。

1. 表面张力并不取决于应变或拉伸，无论表面延展多远，它都是恒定的。

2. 不像固体，液体表面几乎可被无限拉伸且应变可随意增大，而不致破裂。

3. 表面张力不依赖于表面的横截面积，而取决于表面的宽度。深或“厚”的液体与浅或“薄”的液体，表面张力都是一样的。

空气中的液滴几乎没有生物学意义，因为它们很快就会落到地上；但是，悬浮在一种液体中的另一种液体微滴却能无限期地持续存在，并且在生物学和工艺技术方面都有极其重要的意义。这种体系被称为“乳浊液”，在牛奶、润滑剂和多种涂料中都很常见。

液滴通常是球形的，球的体积与其半径的立方成正比，球的表面积与其半径的平方成正比。因此，如果两个相似的液滴融合成一个两倍体积的液滴，那么表面积会有明显的减少，表面能也会减少。所以，肯定有一种能量驱使着乳浊液中的液滴融合，并刺激该体系分离成两种连续的液体。

我们若想要液滴保持分离而不融合，就必须让它们相互排斥。这也正是所谓的“乳浊液稳定化”—— 一个相当复杂的过程。稳定化的一个因素是在液滴表面提供合适的电荷，这就是为什么乳浊液会受到酸和碱等电解质的影响。乳浊液一旦实现了稳定化，我们就需要做相当多的功才能实现液滴融合（尽管节约了表面能），这就是为什么搅拌奶油制作黄油是个辛苦活儿。大自然很擅长稳定乳浊液。

虽然表面张力的确有一些严重的缺点，但只要动物安于又小又圆的样子，皮肤、膜或容器的表面张力就有其存在的理由。第一，这种皮肤易于延展，也能自我恢复；第二，繁衍的问题被大大简化了，因为如果液滴膨胀，它就能一分为二，变成两个液滴。

真实软组织的行为

据我所知，如今的细胞壁都不是依靠简单的表面张力机制在运行，但其中很多确实在以相似的机械方式行动。简单的表面张力的难点之一在于，张力作用是恒定的，不能通过增厚皮肤来增加，这就限制了此类容器的尺寸。

但是，大自然能够生产一种材料，使其具备“通过厚度补偿”表面张力的特性。一个稍显尴尬的例子可能为许多人所熟知：当牙医叫你朝盆里吐口水时，唾液形成的线或带有时好像可以无限延伸而不会断。我们可能完全搞不清楚其中的分子机制，但这种材料的行为用应力和应变来表示的话，跟图 8–1 很像。

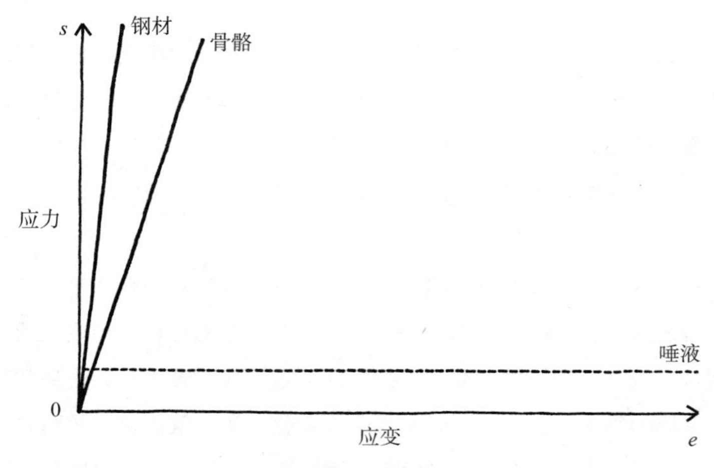

图 8–1 钢材、骨骼和唾液的应力–应变曲线

大部分动物组织的延展性比不上唾液，但其中大部分的确表现出相当类似的特性，它们的应变高达 50% 或更多。年轻人的膀胱或多或少都会以这种方式拉伸至发生大约 100% 的应变，狗的膀胱可以拉伸到 200% 左右。如我们在第 3 章提到的，我的同事朱利安 · 文森特博士揭示出，雄性蝗虫和雌性雏蝗虫的柔软表皮仅能满足 100% 以下的应变，而怀孕雌

性蝗虫的表皮却会伸展到 1 200%，且仍能完全恢复，真是太不可思议了。

大部分膜和其他软组织的应力–应变曲线虽然不是严格意义上的水平线，但通常十分接近，至少对于前 50%左右的应变是这样，而且我们完全能预估这种弹性的结果是什么。事实上，任何由这种材料制成的结构必然类似于液体薄膜在表面张力作用下形成的结构，观察它们的最好办法就是在浴缸里吹肥皂泡。

这里涉及的基本原理是：这类材料或膜本质上是一种恒定应力的装置，即它只能提供固定的应力，这个应力会作用在各个方向上。符合这种条件的外壳、器具或压力容器只能是球体或者球体的一部分，这在肥皂泡和啤酒沫中非常明显。如果要用这种膜做一只加长的动物，那么最佳选择似乎是"分节式"结构，如图 8–2 所示，事实上这种结构在蠕虫状生物中相当常见。

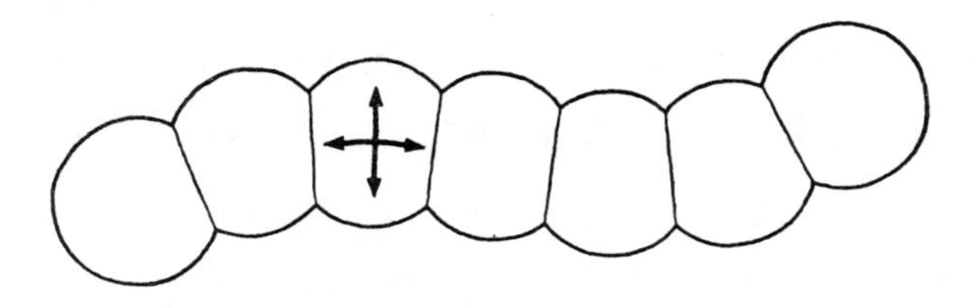

图 8–2　分节式动物，其表面两个方向的应力都相等

不论这种构造对蠕虫表皮来说有多么成功，一旦需要像血管这样的管状物，它就没什么用了。对管道而言，如第 6 章所说，周向应力必然为纵向应力的两倍，这种差异是我们已探讨的那种膜不具备的。所以，有必要找到一种材料，其应力–应变曲线如图 8–3 所示向上倾斜。

符合条件的最明显的一种高度可延展固体就是橡胶，如今有大量的橡胶类材料可用，包括天然的和人工的；其中一些的应变可延伸到 800%左右，它们被材料科学家称为"弹性体"。我们把橡胶管用于各种技术目的，可以设想大自然面前最明显的选择便是进化出适合构成静脉和动脉的橡胶态固体。但这恰恰是大自然没做过的事情，而且结果表明，它有一个充分的理由。

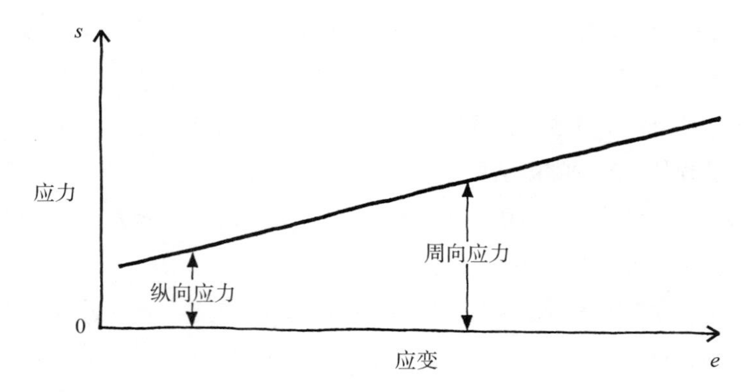

图 8–3 要制造圆柱形容器的外壳，膜的应力–应变曲线必须朝上倾斜，以提供两倍于纵向应力的周向应力

橡胶类材料的应力–应变曲线呈现出非常独特的“S”形（见图 8–4）。凭借我那不太扎实的数学功底，我推断出，如果我们用这种材料制成管道或圆柱并向里面充气，借助内压产生 50% 或更多的周向应变，那么这个膨胀过程会变得不稳定，管道会凸起，就像一条吞下一个足球的蛇，形成球状突出物，即医生描述的“动脉瘤”。由于通过普通的圆柱形儿童橡胶气球（见插图 3）的爆炸实验就可轻易地得到该结果，所以我的数学推导多半是对的。

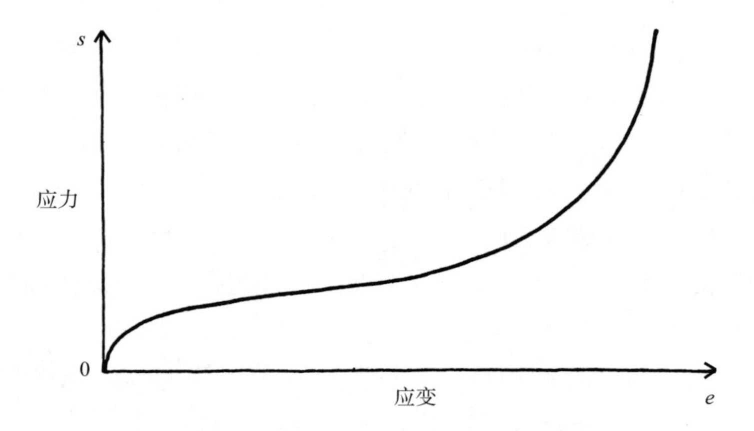

图 8–4 橡胶类材料的典型应力–应变曲线

由于静脉和动脉通常的应变为 50% 左右，而且任何医生都会告诉你，血管中最需要避免的情况之一便是血管瘤的产生，所以任何一种橡胶弹性都不适用于我们体内的大部分膜；事实上，它在动物组织中相当罕见。

我们的数学推导结果表明，在高应变的情况下，唯一一种在流体压强作用下完全保持稳定的弹性如图 8–5 所示。稍做变化，这种应力 – 应变曲线在动物组织尤其是膜中，其实非常普遍。你如果拉一拉自己的耳垂，就能感受到确实如此。

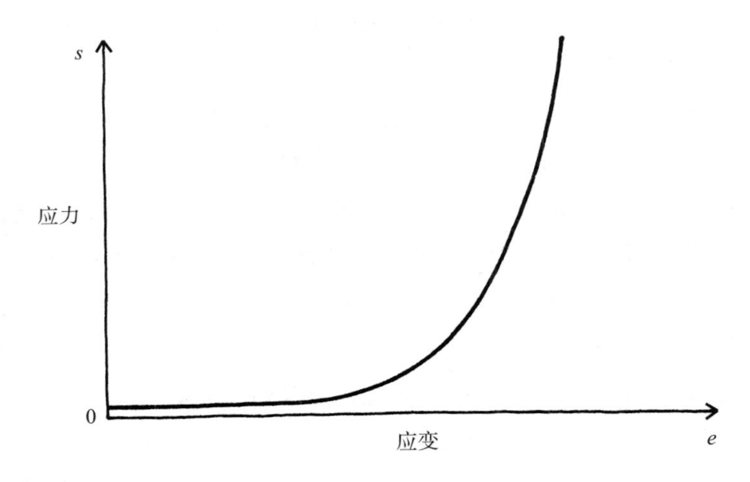

图 8–5　动物组织的典型应力 – 应变曲线

注意，图 8–5 似乎带来了一个问题，即这种材料的应力 – 应变曲线是否会通过原点（应力和应变皆为零的点），或者在无应变时材料中是否仍存在有限的张力。如果像钢材这样的胡克材料出现该情况，毫无疑问，这将会震撼工程师的灵魂。但是，在人所能见的活体范围内，似乎没有什么材料真正对应于“原点”，即显然不存在应力和应变皆为零的真实状态，如同肥皂薄膜构成的任意结构那样。至少动脉在体内始终处于紧张状态，如果把它们从活体或刚死亡的动物身上解剖出来，它们会明显地缩短。

如我们将在下文看到的，这种紧张或许是一种附加手段，用于抵消动脉随血压变化而改变长度的趋势；或者它可能代表一种迟来的尝试，以平衡动脉壁内的纵向应力和周向应力。换言之，这是一种恢复某种表面张力状态的尝试，该状态可能存在于模糊的过去。当人们经历剧烈且持续的振动（例如，守林员使用链锯的情况）时，这种紧张可能会消失，而动脉会伸长并形成一条蜿蜒、盘旋或曲折的路径。

动脉是如何工作的

心脏其实是个往复泵，靠一连串相当迅猛的脉冲将血液送往动脉。心脏舒缓地做功，身体健康的总体状况也将得到保障，这主要是靠在心搏周期的泵出或收缩阶段，大部分多余的高压血液通过主动脉和较大动脉的弹性膨胀来调节；其效果是使血压平缓涨落，促进血液循环。事实上，动脉的弹性功能和压缩空气瓶差不多，工程师经常给压缩空气瓶接上机械往复泵。在这种简单的装置中，随泵活塞的排出冲程而来的压强激增得到缓和，靠的就是暂时泵出的液体压缩了在适当的球泡或容器中的空气储备。当泵的阀门随冲程结束而关闭（如同心脏在舒张期）时，液体通过被困空气的恢复和膨胀继续受到驱动而前进（见图 8–6）。

这种有节奏的动脉扩张和松弛是必要的，也是有益的；事实上，若动脉壁随时间流逝而日趋强劲和硬化，血压可能升高，心脏则需要做更多的功，这对心脏来说可能并非好事。我们大多数人都明白这一点，但没多少人会停下来考虑动脉壁上的应变是什么情况。

我们在第 6 章中计算过，对像动脉壁这样的圆柱形容器而言，纵向应力只是周向应力的一半；无论容器的外壳是用什么做的，情况总是这样。因此，若正好大致遵循胡克定律，纵向应变也会是周向应变的一半，考虑到容器的尺寸，总的延伸会符合适当的比例。现在，大动脉——比如为我们的腿供血的动脉——的直径可能约为 1 厘米，长度大

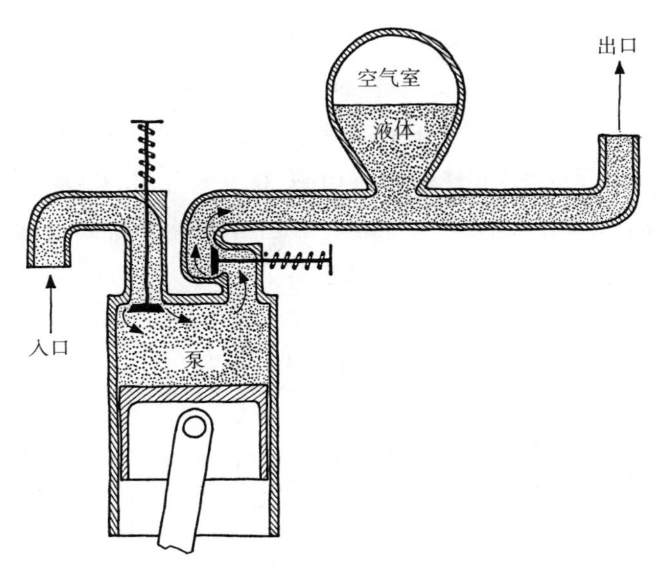

图 8–6　主动脉和其他动脉的弹性膨胀在平稳血压涨落方面发挥的功能，同工程师接在往复泵上的空气室一样

概为 1 米。如果应变比实际上是 2∶1，通过简单计算可知，半厘米的直径变化——在身体内很容易适应——与约 25 毫米或 1 英寸的动脉长度的总变化相关。

显然，这种规模的长度变化（每分钟出现 70 次）不可能也不会发生。这类事情一旦发生，我们的身体就没法工作了。一种极端的情况是，想象这种情况发生在大脑的血管中会怎么样。

幸运的是，在真实的生命体中，各种承压管道上的纵向应变和延伸造成的影响远小于这种过于简单的论证带来的预期或恐惧。这种情况可归因于所谓的“泊松比”。

如果你拉伸一根橡皮筋，它会非常明显地变细；同样的事情也会发生在所有固体上，虽然对大多数材料而言，效果不太明显。反之，若你挤压材料使之缩短，它会向一侧凸起。这两种情况都是弹性效应，当载荷卸下时，它们都会消失。

我们之所以没注意到钢材和骨骼等物体中有这些侧向运动，是因为纵向应变和横向应变都太小了，但效应一直存在。这发生于所有固体身上，且这种行为对实际的弹性而言具有重要的意义，这个事实最初是由法国人泊松（S. D. Poisson）观察到的。尽管出身贫寒，在15岁之前也没接受过多少正规教育，但泊松32岁就当选法兰西科学院院士（法国官方的最高荣誉之一），凭借的就是他在弹性领域的工作成果。

我们在第3章提到，根据胡克定律：

$$弹性模量 = E = \frac{应力}{应变} = \frac{s}{e}$$

因此，如果我们在一块平板上施加拉应力s_1，材料会弹性延长或拉伸，在我们拉动的方向上就会产生抗拉应变：

$$e_1 = \frac{s_1}{E}$$

但是，材料也会侧向（与s_1垂直的方向）收缩，这源于我们可以称之为e_2的其他应变。泊松发现，对任意给定材料，e_2与e_1之比是恒定的，它就是我们现在所说的“泊松比”。在本书中，我们用符号q表示泊松比。因此，对于受单轴拉应力s_1的给定材料，我们有：

$$q = \frac{e_2}{e_1} = 泊松比$$①

s_1方向上的应变e_1常被称为“主应变”，s_1在垂直于自身方向上产生的应变可被称为“次应变”（见图8–7）。

---

① 在所有这类情况中，因为e_2总是与e_1符号相反，所以q或泊松比应该是负的，故而它应该带一个负号。但是，我们选择忽略这一点并省略负号；这要靠在结果中加一个负号来补偿，正如我们现在做的那样。

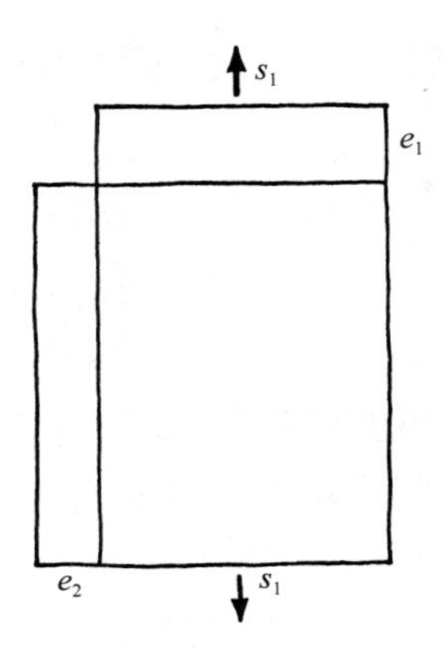

图 8–7　当固体被拉应力s_1拉伸时，它会依靠主应变e_1沿s_1的方向延伸，但它也会依靠次应变e_2侧向收缩，泊松比 = $q = \frac{e_2}{e_1}$

根据上文可知，

$$e_2 = q \cdot e_1$$

且因为e_1=s_1/E（胡克定律），则有

$$e_2 = q \cdot s_1/E$$

因此，如果我们知道q和E，就能计算出主应变和次应变。

对金属、骨骼和混凝土等工程材料来说，q几乎总是介于$\frac{1}{4}$和$\frac{1}{3}$之间。对生物固体而言，泊松比一般会比这个高，通常在$\frac{1}{2}$左右。教授初等弹性的教师会告诉你泊松比的值不能高于$\frac{1}{2}$，否则，各种莫名其妙且不可思议的事情就会发生。这种说法只是部分正确，一些生物材料的泊松比有时真的非常高，甚至远高于 1。[①]我肚子的泊松比是我最近在浴缸里测得的，约为 1.0。

因此，正如我们说过的那样，泊松比的效应在于，若我们朝一个方向拉一种材料，比如膜或动脉壁，它就会沿该方向变长，但它也会在垂直方向上收缩或变短。所以，若施加相互垂直的两个张力，效果就会叠加，应变则会低于我们在单独施加某个应力的情况。

对于两个同时存在的应力 s_1 和 s_2，在 s_1 方向上的总应变是

$$e_1 = \frac{(s_1 - qs_2)}{E}$$

而在 s_2 方向上的总应变是

$$e_2 = \frac{(s_2 - qs_1)}{E}$$

回顾第 6 章我们发现，泊松比存在的后果是，遵循胡克定律的管状压力容器壁上的纵向应变为

$$e_2 = \frac{rp}{2tE}(1-2q)$$

其中，r 为半径，p 为压强，t 为壁厚。

由此可知，一根管的纵向弹性延伸要比我们预期的低得多；对泊松比为 $\frac{1}{2}$ 的胡克材料来说，根本不会有任何延伸。事实上，如我们所见，动脉壁不遵循胡克定律，其泊松比也可能高于 $\frac{1}{2}$；这两种效应可能相互

① 为了使愤怒的弹性研究者免于徒劳致信的麻烦，我事先声明我的确知道所涉及的能量发生了变化，而且这些异常现象存在一个合理解释。

抵消，因为实验中几乎观察不到纵向运动。[①]毫无疑问，身体内的动脉一直被拉伸，这是针对任何残余纵向应变的防备措施。

在动物组织中，泊松比的效应可能非常重要，但它在工程中也有至关重要的意义，还会在各种连接中不断出现。

或许应该补充一下，虽然主动脉和大动脉会随心脏的每一次搏动做弹性扩张和收缩，但按我们刚才探讨的方式，较小动脉的情况往往很不一样。这些较小血管的外壁有肌肉组织，能增加其有效刚度，故而通过约束其直径就能控制传送到身体任何特定部位的血量，供血的局域分布就是这样调整的。

动物的韧性

动物经常骨折，有时会撕裂肌腱，骨骼和肌腱都不具备我们刚才探讨的那种弹性，但值得注意的是，软组织的机械性断裂似乎很罕见。这里有几个原因。这么软的皮肤和肌体有时能规避挠度变形冲击的影响，并躲过擦碰。然而，应力集中的问题似乎更有趣，因为大多数动物的软组织几乎都对这种工程灾难的主因免疫。基于这个缘由，对安全系数的需求大大减少，因此结构的效率——与自重成正比的结构负载——可能相当高。

---

① 提请生物弹性研究者注意，这种胡克式分析是经过简化的。对于非胡克系统，其切线模量为 E_1 和 E_2，那么近似地，纵向应变的变化为零的条件是：

$$\frac{E_1}{E_2} = 2q$$

尽管大部分软组织都保持大致恒定的体积（它们的真实泊松比约为 0.5），但大部分膜以平面应变的方式变形，即它们被拉伸时不会变薄，故而它们展现出来的表观泊松比约为 1.0，就像我的肚子。这与约为 2.0 的 E_1/E_2 值相符，这个值是极有可能的。但是，为什么膜在发生应变时不会变薄？具体可参见 E. A. Evans, *Proc. Int. Conf. on Comparative Physiology* (1974; North Holland Publishing Company)。

这种免疫不仅是因为材质柔软和弹性模量低。橡胶的确是软的，它的弹性模量也相当低，但我们很多人都记得小时候把吹得鼓鼓的橡胶气球带到花园里，它一碰到玫瑰丛的刺就砰的一声爆炸了。年纪还小的我们确实意识不到，由于应力集中和橡胶的低断裂功，被拉伸橡胶上的一个小孔会迅速扩展成一条裂缝；假使我们意识到了，伤心的眼泪大概也不会大大减少。然而，拿蝙蝠的翼膜来说，即便在飞行过程中被拉伸得很厉害，它似乎也不会出现这样的情况。即便翼被刺穿了，破洞也几乎不会扩展，伤口会很快复原，尽管在这个过程中蝙蝠还在不断振翅。

我认为，其中的原因在于，橡胶和动物膜的弹性和断裂功差别很大。目前还没有针对生物软组织断裂功的可用数据，但在大多数情况下，应力–应变曲线的形状众所周知，而且应变这个因素似乎对断裂的概率有很大影响。

鸡蛋的壳膜似乎提供了一个有意思的例子，它就在早餐时你煮的鸡蛋的壳里。它是少数几种遵循胡克定律的生物膜之一，在此情况下，其断裂应变约为 24%。用一枚生鸡蛋做个简单但有点儿难收拾的实验，结果表明鸡蛋膜很容易被撕裂。当然，这就是它们存在的意义，因为雏鸡的第一要务便是破壳而出，它要用喙啄穿壳膜。顺便说一下，鸡蛋壳本身呈圆顶状，很难从外部破坏，却易于从内部破坏。

鸡蛋膜相当独特，它们的存在是为了在达成保存蛋内水分和防止感染的目标后被破坏；如我们所说，它们之所以拥有这种特殊的弹性，很可能就是出于这个原因。然而，绝大多数软组织具有与鸡蛋膜完全不同的弹性，非常类似于图 8–5 所示；就其功能而论，这些组织中的大部分都需要有韧性。虽然科学原因尚未完全明晰，但从实际角度看，具备这种类型的应力–应变曲线的材料极难被撕裂。原因之一或许是，这样一条曲线存储的应变能——可用于扩展断裂（第 5 章）——是最低的。①

① 大部分动物组织——比如皮肤——的应力–应变曲线形状与针织物非常相似，几乎不可能被撕裂。

如我们所说，大部分动物组织的弹性表现都跟图 8–5 所示差不多。我必须承认，当我第一次领悟到这一点时，它似乎向我揭示了大自然反常或古怪的一面：大自然这个可怜的家伙，由于没有受到工程教育，不知道其实还有更好的办法。当我就这个问题做了大量相当蹩脚的初等数学研究后，我幡然醒悟，如果需要一个在真正高的应变下可靠运作的结构体系，这是唯一一种用得上的弹性。事实上，动物材料中这类应力–应变曲线的实现，代表了更高级生命形态进化和存续的一个必备条件。生物学家，请注意这一点。

软组织的构成

或许部分出于这些原因，动物组织的分子结构往往不像橡胶或人造塑料那样。大多数这些天然材料都非常复杂，在很多情况下它们是复合性的，至少有两种成分，也就是说，它们的连续相或连续基质是靠另一种材质的强力纤维或长丝来强化的。许多动物的连续相或连续基质都包含一种叫作“弹性蛋白”的材料，它的弹性模量非常低，其应力–应变曲线大致如图 8–8 所示。换言之，弹性蛋白只关乎从表面张力材料中去除弹性的这个阶段。然而，弹性蛋白的强化是靠弯弯曲曲的胶原蛋白纤维的排布，这种蛋白质就像肌腱一样，具有较高的弹性模量和近似胡克材料的表现。由于强化纤维蜷曲得如此厉害，以至于当材料处于静息状态或低应变状态时，这些纤维对抵抗材料延伸的贡献非常小，这时弹性蛋白的初始弹性表现就会相当好。但是，随着复合组织的拉伸，胶原蛋白纤维开始绷紧，于是在延伸状态下，材料的弹性模量即胶原蛋白的弹性模量或多或少解释了图 8–5 的曲线。

胶原蛋白纤维的作用不只是在高应变的情况下提高组织刚度，它们似乎也为组织的韧性做了许多贡献。当活体组织被切开时，不论是意外事故还是外科手术，在愈合过程的第一阶段，伤口周围相当大区域内

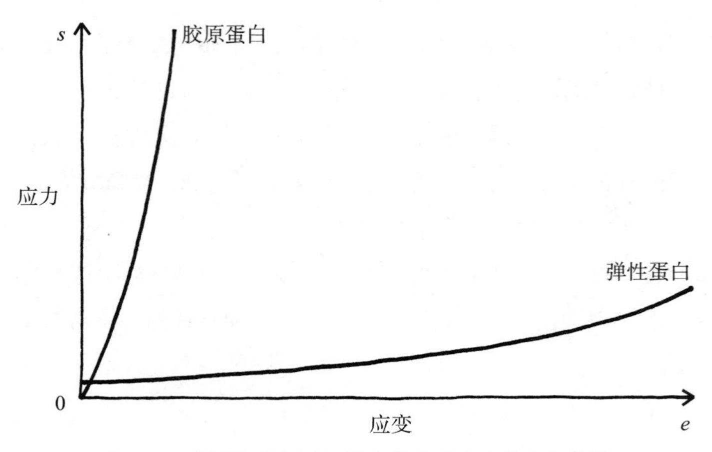

图 8–8　弹性蛋白和胶原蛋白的大致应力–应变曲线

的胶原蛋白纤维会被重新吸收并暂时消失。只有在间隙被弹性蛋白填满并桥接之后，胶原蛋白纤维才会再次形成，该组织的全部强度也得以恢复。这个过程可能要持续三四周，与此同时，伤口周围的肌体的断裂功低到几乎可以忽略。出于这个原因，外科切口如果不得不在初次手术后的两三周内被重新打开，将可能很难重新缝合。

胶原蛋白以各种形态存在，但它也可能是由扭曲的蛋白质分子串或链组成的，它对延伸的抵抗基本上可归因于拉伸分子中原子间化学键的需求，也就是说，它是一种胡克材料，非常像尼龙或钢材。那么，为何弹性蛋白有这种几乎像表面张力一样的表现？简短的回答是：没人真正了解，但韦斯–福（Weis-Fogh）教授和安德森（Andersen）教授提出这种行为可能事实上归因于表面张力的一种修正形式。根据这个假说，弹性蛋白可能是由在乳浊液中运作的柔性长链分子网络组成的。因为网络分子被液滴——而不是被它们之间的材质——润湿，从能量的角度看，这些分子的大部分长度最好在液滴里保持盘绕或折叠状［见图 8–9（a）］。在张力作用下，它们将被拖拽出液滴并伸展开来［见图 8–9（b）］。①

① 戈斯兰（J. M. Gosline）博士还提出了一个备选假说来解释弹性蛋白的行为。

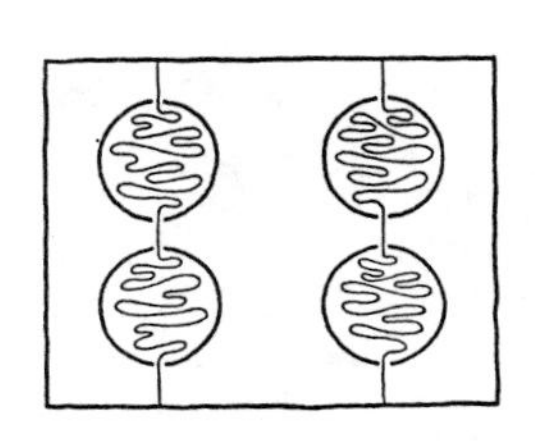

（a）静息状态或未伸展状态。链式分子全部或大部分被折叠在液滴内

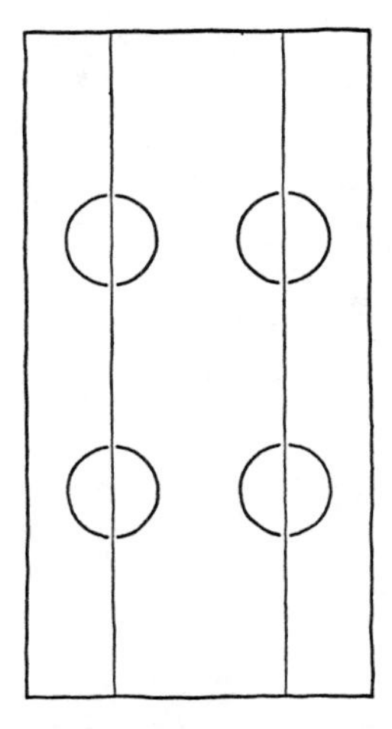

（b）伸展状态。链式分子被拉出液滴

图 8–9　弹性蛋白的假想形态

当然，我们的大部分身体都是由肌肉组成的，肌肉是一种活性物质，它能通过收缩产生肌腱和其他部分所需的张力。但是，肌肉含有胶原蛋白纤维，后者只能起到被动的弹性作用。当坏死的肌肉被拉伸时，它的应力–应变曲线非常像图 8–5 所示，肌肉中的胶原蛋白似乎有可能在肌肉处于松弛或延伸状态时限制肌肉的伸展。换言之，它起到一种安全停止器的作用。

如我们所说，肌体中的胶原蛋白纤维的另一个作用是提高断裂功。这对动物来说是好事，但对想食用动物肉的人类来说则颇有不便。换言之，胶原蛋白使肉质变得坚韧。但是，大自然好像并没有站在素食者一边，因为它凭借自己的智慧做了安排，在温度略低于弹性蛋白或肌肉所能承受的条件下，将胶原蛋白分解成明胶（湿时强度低的一种物质）。因此，肉食烹饪的过程主要是借助烘烤、煎炸或蒸煮将大部分胶原蛋白纤维转化为明胶（凝胶状或胶水状）。正是这类科学重建了人对天降恩泽的信仰。

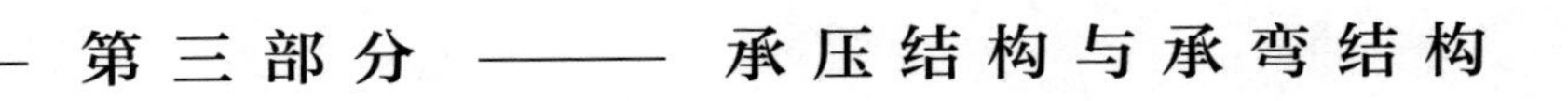

第三部分 承压结构与承弯结构

第 9 章

墙、拱与坝——通天塔与砖石建筑如何保持稳定

用你的砖块能建造出什么？

城堡与宫殿，庙宇和船坞。

——史蒂文森，《童诗园》

如我们所见，除非人类像大自然一样聪明，否则制造张拉结构的整个过程从一开始就会给马虎大意者设下困难、复杂和危险的陷阱，尤其是当用于制造结构的材料不止一种，因而我们必须防止接合处断裂时。基于这些原因，我们的祖先通常会尽可能地避开张拉结构，而尽量选择所有部位都承压的构造。

其中最古老也最令人满意的方法是使用砖石结构。就事实而论，砖石建筑物的巨大成功其实归因于两个要素。第一个要素显而易见，即避免拉应力，尤其是在接合处。第二个要素则不那么明显：大型砖石建筑物的设计难题在本质上特别符合前科学思维的局限性。

在人们制造的各种不同结构中，如我们所见，砖石建筑是唯一一种盲目依赖传统的比例方法而不会自发酿成灾难的结构。这就是为什么砖石建筑物是迄今为止人类历史上最宏伟、最壮观的作品。建造通天高塔和庄严庙宇的愿望由来已久，甚至可追溯到史前时代。第 1 章开头就引述了《创世记》里有关巴别塔的描述。你可能还记得，这是一个“塔顶

通天”的建造计划。然而，我认为神学家可能没有琢磨过这样一座塔到底可以建多高。

几乎所有作用在墙上的载荷皆可归因于其自身重量的结果，看待这个问题的一种方式就是计算出直接的压应力，它是由砖石建筑竖直方向上的静重作用在塔底周围的部位造成的。这限制了结构的高度，到达极限后砖块就会被自上而下的重量压碎。

如今的砖块[①]和石块每立方英尺重约 120 磅，这些材料的破碎强度通常略高于 6 000 psi 或 40 MN/m^2。初等运算表明，有平行墙壁的塔可建到 7 000 英尺的高度，一旦超过这个高度，底部的砖块就会被压碎。然而，如果我们让墙壁朝顶部收拢，塔还可以建得更高，山峰差不多就是这样形成的。珠穆朗玛峰高约 29 028 英尺，且无崩塌的迹象。因此，一座简单的塔若具有较宽的地基并逐步向顶部收拢，就很有可能建到这样的高度，但在砖墙被其自身重量压碎前，示拿人就会因缺氧而呼吸困难。

虽然这种算法没什么大错误，但事实上，即便是最宏伟的塔，也未被建到如此高度。今天世界上最高的建筑物或许是纽约世贸中心，[②]其高度约为 1 350 英尺；像其他摩天大楼一样，它也有作弊之嫌，因为其结构是钢制的。大金字塔和最高的主教座堂塔尖略高于 500 英尺，但其他砖石建筑物中超过此高度一半的没有几个，大部分还要更矮。

因此在寻常的砖石建筑中，其自身在竖直方向上的载重量造成的压应力其实非常小。通常，它们极少会超过石块破碎强度的 1%，故而在实践中，这不是建筑物高度或强度的限制因素。但是——再次引述《圣经》——并不是特别高的西罗亚楼却倒塌了，还死了 18 个人。众所周知，

---

① 注意，《创世记》第 11 章特别说道：“我们要作砖，把砖烧透了。”像埃及人那样使用廉价的泥砖是不可能的。这似乎是“协和综合征”（Concorde syndrome）的一个早期案例。

② 本书初版于 20 世纪 70 年代，当时世界上最高的建筑物是纽约世贸中心。——译者注

尽管建筑工人和建筑师信心十足，但墙壁和建筑物还是会意外坍塌。长期以来一直如此，今天有时亦如此。因为砖石建筑很笨重，故常有人员伤亡。

如果墙壁不会因作用于材料上的直接抗碎应力而坍塌，那么它们为什么会倒呢？再一次，我们从小孩子的游戏里学到了一些东西。小时候，大多数人都玩过积木，我们做的第一件事便是搭一座“塔”，把一块积木堆到另一块上面，毫无规则。通常，当这座塔达到一个适中的高度时，它就会倒塌。就连小孩子都非常清楚，砖块在压应力的作用下被压碎是不可能的（虽然他们无法用科学的语言表达这个想法）。砖块中的实际应力是微不足道的，实际情况是，砖块之所以倾倒和坍塌，是因为塔既不笔直也不垂立。换言之，坍塌是由于缺乏稳定性，而非缺乏强度。虽然对小孩子来说这种区别很快就变得显而易见，但对建筑工人和建筑师来说并不总是清晰的。基于同样的原因，艺术史家撰写的有关主教座堂和其他建筑物的反思，读起来往往让人相当痛苦。

推力作用线与墙的稳定性

这高屋的面目多么可敬，
古老的柱脚撑着它们的大理石屋顶，
高高支起它沉重的穹隆，
是它自己的重量成就了坚而不动，
视之宁静。敬畏与恐惧袭来，
使我满目灼痛。

——威廉 · 康格里夫，《服丧的新娘》

安妮女王时代只有一种文化，而且毫无疑问，康格里夫曾同戏剧作家兼布莱尼姆宫的设计者范布勒（Vanbrugh）把酒言欢，还和克里斯托弗·雷恩爵士推杯换盏。这几个人都非常清楚，一般来说，阻止建筑物倾倒和坍塌的与其说是石块和砂浆的强度，不如说是作用于正确地方的材料重量。

然而，以一种一般方式意识到这一点是一回事，理解具体发生了什么并能预测建筑物安全与否又是另外一回事。为了对砖石结构的行为有一个恰当的科学认知，我们可以把它当作一种弹性材料，也就是说，我们必须考虑这样一个事实：石块在负载时会发生挠度变形且遵循胡克定律。虽然可能并非绝对必要，但利用应力和应变的概念也会有相当大的帮助。

当然，乍看之下，固体的砖块和石块在建筑物的载荷作用下挠度变形到任何显著的程度是不可能的。事实上，在胡克时代之后至少一个世纪的时间里，常识性观点占据了优势地位，建筑工人、建筑师和工程师坚持无视胡克定律并把砖石建筑视为完全刚性的结构。结果，他们修建的建筑物有时会因为他们的计算错误而坍塌。

事实上，砖块和石块的弹性模量并不是特别高，如同我们能从索尔兹伯里大教堂的弯曲支柱（见插图 1）上看到的，砖石建筑中的弹性运动绝不像人们猜想的那么微小。即便是在一栋普通的小房子里，墙壁也可能在其自身重量的作用下沿竖直方向弹性收缩或被压缩差不多 1 毫米。在大型建筑物中，这种运动自然会大得多。顺便说一下，当你觉得房子在暴风中被吹得摇摇晃晃时，这不是你的幻觉，房子的确在摇晃。帝国大厦的顶部在暴风雨中的摆动幅度约为 2 英尺。①

对砖石结构的现代分析建立在简单的胡克弹性和 4 个假设的基础之上，所有假设后来都得到了实践经验的证实。这 4 个假设是：

1. 压应力很小，材料不会因受压而破碎。我们已经探讨过为何会如此。

① 关于 12 世纪建造的法国圣丹尼修道院，有这样的文字描述："……迎面而来的风扑向前述的拱，这些拱没有脚手架支撑也不依靠任何支柱，它们随时会受到毁灭性的致命威胁，剧烈地震颤，摇晃不已。"

2. 由于砂浆或水泥的使用，接合处之间匹配良好，压应力被传递到整个接合区域，而不只是几个点上。

3. 接合处的摩擦很强，不会因砖块或石块的相对滑动而失效。事实上，在结构坍塌前，根本不会发生滑动。

4. 接合处没有有用的抗拉强度。即便砂浆碰巧在张力作用下有一定强度，亦不够可靠，且必须被忽略。

因此，砂浆的功能不是把砖块或石块"黏合"在一起，而是更均匀地传递压缩载荷。

据我所知，第一个将砖石建筑的弹性形变纳入考虑范围的人是托马斯 · 杨。托马斯 · 杨思考的问题是：当不得不承受垂直压缩载荷（P）时，像墙壁这样的矩形砖石结构中会发生什么？在下文中，我简化了托马斯 · 杨的论证，并将之"翻译"成应力与应变的语言，当然这些术语在他那个时代是不存在的。

只要 P 沿中线对称作用于墙体，即向下穿过墙中央，砖石结构就会被均匀地压缩。而且，根据胡克的理论，横穿墙厚度的压应力是均匀分布的（见图 9–1）。

现在假设垂直载荷 P 有点儿偏离中心，也就是说，它不再严格地沿中线作用于墙体，那么，压应力也不再均匀分布，必定是一边高于另一边，以便对载荷做出适当反应并保持平衡。如果材料遵循胡克定律，那么托马斯 · 杨就认为应力应呈线性分布，如图 9–2 所示。

到目前为止，接合处的砂浆完好无损，因为整个接合宽度在压缩状态下仍然是安全的。但是，若负载位置离中心更远——事实上，到了墙壁"中间三分之一"的边缘处——则会出现如图 9–3 所示的情况，载荷分布呈三角形，接合处外缘的压应力为零。

这本身不太重要，但对预计有事会发生的敏锐的人来说，趋势变得越来越明显了。事实上，如果载荷现在向外偏离得更远一点儿，就会有事发生了，如图 9–4 所示。

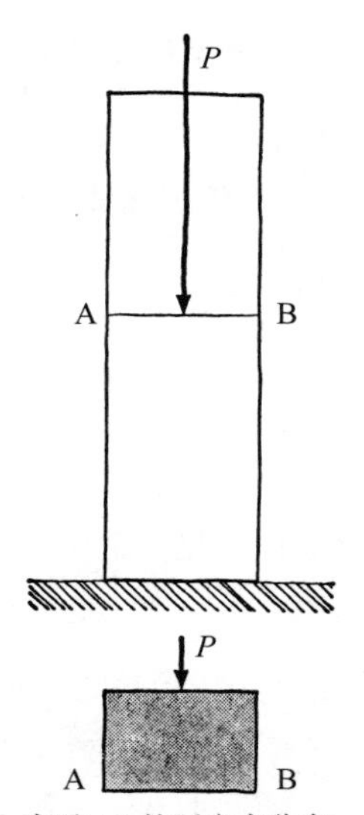

图 9–1 作用于接合处AB中心的载荷P

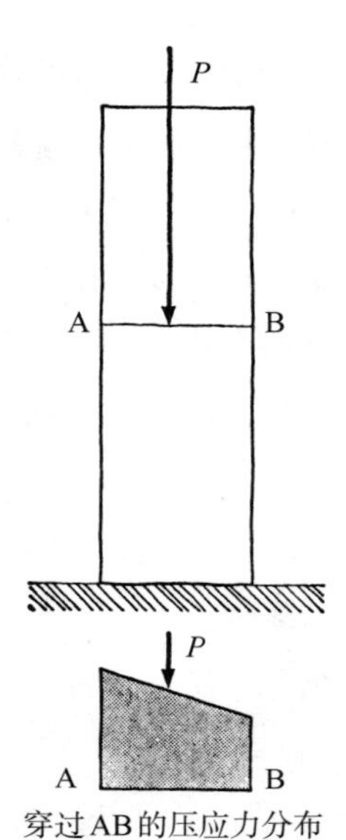

图 9–2 载荷P略偏离中心但作用于AB的“中间三分之一”以内的区域

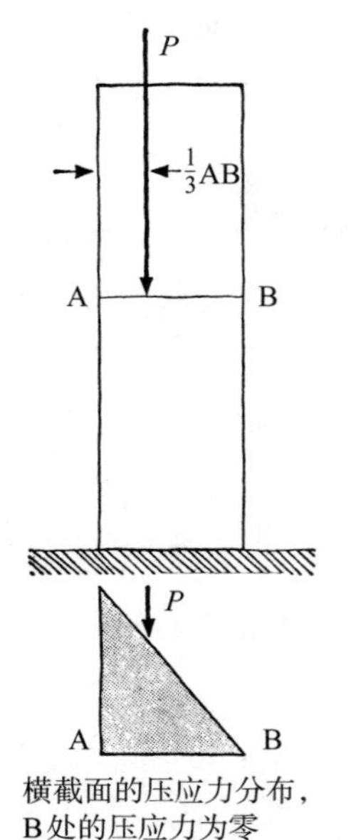

图 9–3 截荷P作用于AB“中间三分之一”的边缘处

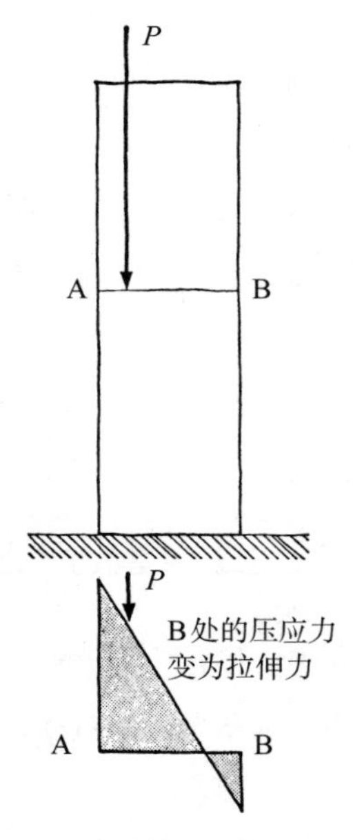

图 9–4 载荷P作用于AB“中间三分之一”以外的区域

墙另一面的应力现在会从压力变成张力。然而，我们说过不能依靠砂浆来承受张力，这通常是十分确定的事。预期发生的事通常就是会发生：接合处裂开了。当然，墙壁开裂是件坏事，在井然有序的建筑物里这种事情是不应该也不允许发生的，但它不一定会导致墙壁立即坍塌。现实生活中可能发生的事情往往是，裂缝会张开一点儿，但也会依靠其他仍处于接触状态的部分继续竖立在那里（见图 9–5）。

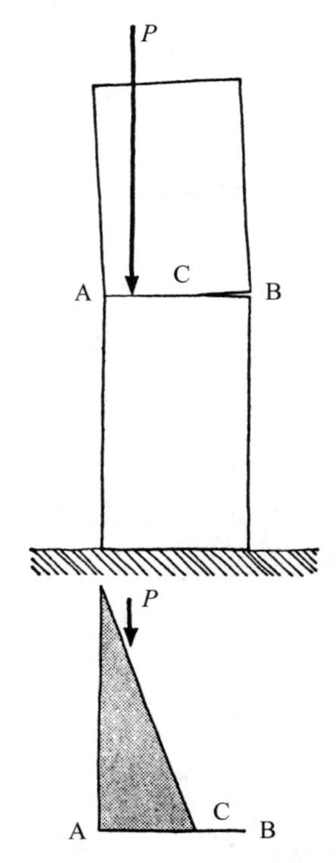

图 9–5　真正发生的事情，即图 9–4 所示情况的结果。B到C的接合处开裂，载荷被转移到AC区域——等效于一堵更窄的墙

这一切多少有点儿危机四伏的感觉，总有一天推力作用线可能会离开墙壁表面，到那时候，稍微想想就能明白，因为没有张力的作用，一个或多个接合处会绕其外缘转动，导致墙壁倾倒和坍塌（见图 9–6）。这真的会发生。

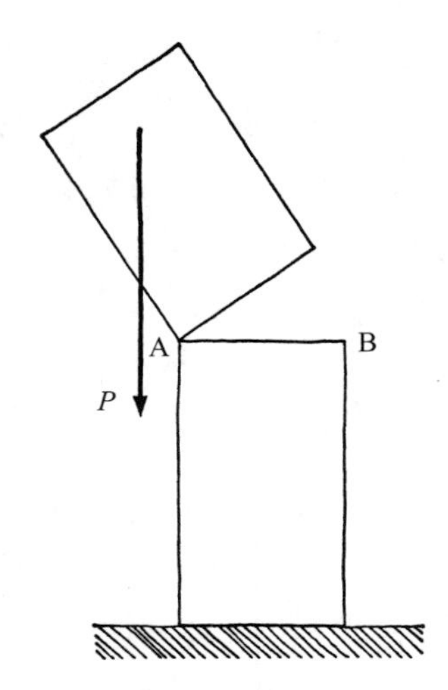

图 9–6 当载荷P的作用越过A，即到达墙面以外时，墙会绕A转动，倾倒并坍塌

托马斯 · 杨大约是在 1802 年得出了这些结论，那时只有 29 岁的他被任命为伦敦皇家学会的自然哲学讲席教授。同一年，他的同事——在某种意义上也是他的对手——汉弗莱 · 戴维在 24 岁这个不可能的年纪被任命为化学教授。当时和现在一样，皇家学会的教授循例要为大众开设系列讲座。而且，这些讲座颇具电视节目的特色，皇家学会在经费和宣传上都严重依赖这些讲座。

托马斯 · 杨对待自己的教育使命十分认真，他满怀探索的热忱，开设了有关各种结构弹性的系列讲座，对墙和拱的行为做出了许多有用且新颖的观察。

那时候，到阿尔贝马勒街听讲座是一种很时髦的行为，据说听众中大部分是“愚妇和半吊子哲学家”。但托马斯 · 杨丝毫不会怠慢女性听众，他在演讲的开场白里说：

> 为我的大部分听众提供知识，是我开设讲座的目的。按照文明社会的习俗，其中一种性别在某种程度上被免除了更艰辛的职责，而这份重任却占据了另一种性别的时间和精力。在上流社会中，女

> 性的许多闲暇时光都会被利用起来，她们获得了更大的满足感，提升心智并获取知识，而非娱乐嬉戏，白白浪费空余的时间……

然而，命运并不总是眷顾那些演讲者，无论他们多么诚挚地传播有用的知识，上流社会的一些女性可能还是会悄悄溜走，宁愿白白浪费空余的时间。但不管怎样，戴维都在他的讲座中展示了一些与新的电流体相关的精彩现象，还有丰富多彩的化学实验。他是个有冲劲儿的年轻人，具备我们今日所谓的电视明星的气质。戴维的形象也非常帅气，年轻女性争相参加他的讲座，理由并不总是学术性的。某位女性听众曾说："他那双眼睛除了凝视坩埚外，还可以用来做别的事。"就上座率而论，结果是毋庸置疑的，而我们也被告知：

> 托马斯·杨医生对自己讲授的主题有深刻的认识，无人胆敢置喙，同一家剧场里的同一批听众也被戴维所吸引，但托马斯·杨发现自己的拥趸数量每天都在减少，只因他的风格过于严肃和说教。

如果托马斯·杨能激起注重实用的工程师的兴趣并获得他们的支持，这类失败可能也没什么大不了的。然而，那时候工程行业的引领者甚至主宰者是了不起的托马斯·特尔福德，如我们所知，他主张力求实用，而反对理论。结果是，托马斯·杨立即辞去了他的讲席职位，重返医生岗位。[①]弹性研究发展多年后传到了法国，那时拿破仑正积极鼓励关于结构理论的研究。

在托马斯·杨的讲座中，令时髦女郎感到无聊的关于弹性压缩的理论、"中间三分之一"和不稳定性，几乎涵盖了我们需要知道的有关砖

---

① 戴维则留在皇家学会，事业发展得风生水起，后来成了汉弗莱爵士和皇家学会主席。据说，如果他领受圣秩（Holy Orders），就可以获得主教职位。作为一位出身寒微的伟人，他对一个名叫乔治·史蒂芬孙（George Stephenson）的采煤工态度恶劣，但对一个名叫迈克尔·法拉第的铁匠的儿子相当友善。

石结构接合处行为的一切，前提是我们也知道重量的作用位置，也就是说，载荷偏离中心有多远。

最佳的确定方法就是借助所谓的“推力作用线”，即从顶部到底部沿建筑物的墙壁向下的一条直线，它定义了垂直推力在逐个接合处作用的位置。推力作用线是法国人的发明，似乎是库伦最先想到的。

对于简单对称的墙、圆柱形石柱或纪念柱，如图 9–7 所示，推力作用线明显会向下穿过墙中心，所以没什么问题。但是，在标榜精致的建筑物里，可能至少有一个斜向力源自顶部构件的侧向推力，后者来自拱门、拱顶或各种其他形式的不对称结构。在这样一种情境中，推力作用线将不再恰好向下穿过墙中心，而会偏向一边，常常形成如图 9–8 所示的曲线路径。[①]

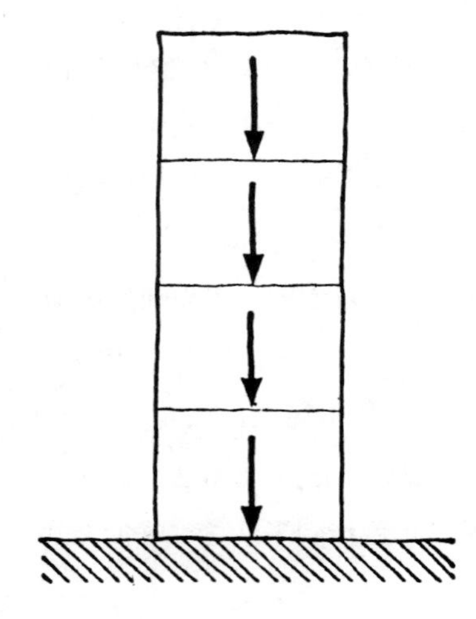

图 9–7 在最简单的对称情境中，“推力作用线”向下穿过墙中心

① 这种情形可以通过在墙上每一层应用力的平行四边形法则来检验（相关知识可以在力学的初等教科书上找到）。力的平行四边形法则应该是西蒙·斯特文（Simon Stevin）于 1586 年发明的。无论是古代的还是中世纪的建筑师都不可能用现代方法设计出他们的建筑物，其中一个原因是他们没有分解力的概念。

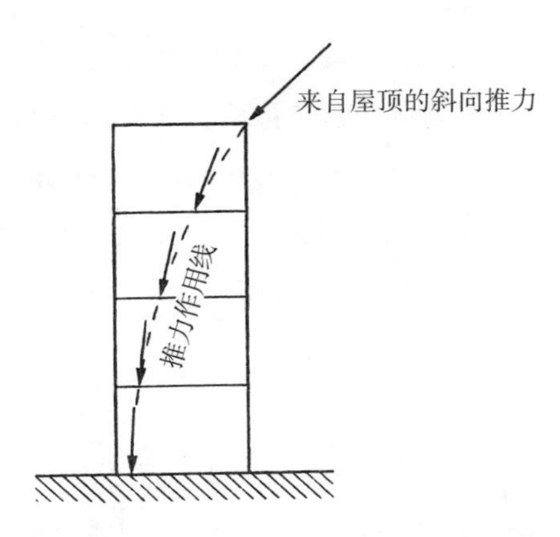

图 9–8　斜向负载的结果是以这种方式使推力作用线发生偏斜

如果我们在绘制推力作用线时发现它在任意时刻有触达墙面的危险，那么我们显然应该重新思考并深思熟虑，因为像这样的建筑物坍塌的概率很大。

我们能够做的事情之一，也可能是最有效的事情之一，就是在墙顶端增加重量。之后发生的事情如图 9–9 所示。与人们的想象相反，顶端的重量可能提高而非降低墙的稳定性，并把偏斜的推力作用线稍微带回它应该在的地方。

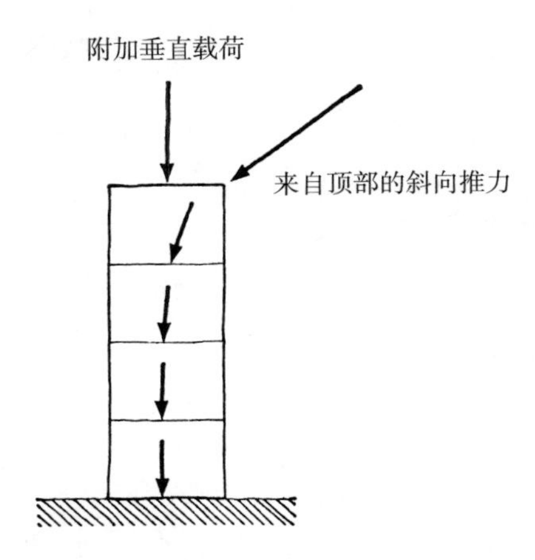

图 9–9　墙顶端附加载荷的效果是减小推力作用线偏离中心的程度

方法之一就是把墙修得比实际所需更高，此外，沉重的栏杆和顶盖等也是不错的选择。你如果能负担得起成本，可以在屋顶安放一排雕像（见图 9–10）。这就是哥特式教堂和主教座堂的尖顶和雕像在结构上的合理性。面对那些功能主义者和满口“效率”的无趣之人，它们真真正正地居高临下地说了声“呸”。

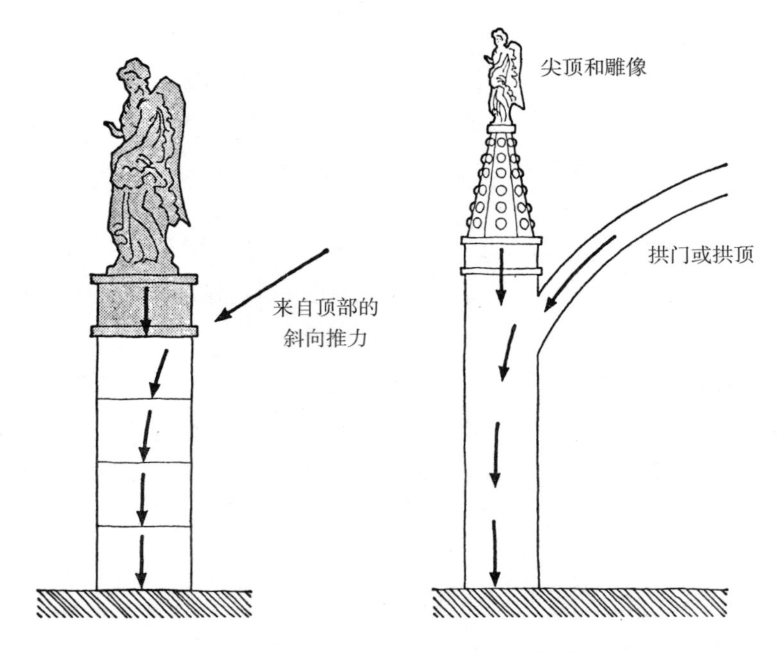

图 9–10 以尖顶、雕像等形式增加顶部的重量

我们过去常强调推力作用线[①]必须维持在墙的“中间三分之一”区域内，因为如果出现裂缝，墙就有可能坍塌。这是一个合理的保守原

① 实际上推力作用线有几种，它们全都需要维持在墙壁表面以内。
消极推力作用线：源于墙壁自身以及地板和屋顶等永久附着其上的所有重量。
积极推力作用线：不仅源于建筑物的永久部分，还来自所有瞬时载荷，可能是施于其上的风压、水、煤、雪、机器、车辆、人等的重量。各种积极推力作用线的形状定义了砖石结构安全负载的方式。

则，它是为了安全制定的，也应该遵守，但在这个放纵的时代，恐怕很难做到。见过现代住宅区或新式大学的人，免不了看见满是裂缝的墙壁，哪里有裂缝，哪里就一定受过拉应力。然而，这些裂缝虽然对粉刷作业和内部装潢造成了很大破坏，[①]却极少对主体结构的稳定性构成任何危险。

保证砖石建筑安全的基本条件是，推力作用线应该始终维持在墙壁或圆柱的表面以内。

坍塌的坝

像墙一样，石坝的坍塌通常不是由于强度不够，而是因为稳定性不够；此外，它们也很容易倾倒。坝受到的侧向推力源于蓄水的压强，通常堪比作用于其自身的砖石重量。基于这个原因，积极推力作用线的位置在“满水”和“无水”状态之间容易产生非常大的变动。坝和普通建筑物不同，根本无法随意使用“中间三分之一”的准则。关键点在于，砖石结构上不应该有任何裂缝，尤其是靠上游的一边。如果有裂缝，水在压强作用下可能会进入坝体结构内部，这会造成两个结果，而且都很糟糕。

第一个结果是水流会破坏砖石结构，为了对抗任何渗漏，通常要在大坝内部设置排水道。第二个结果更夸张。裂缝内的水压会产生垂直升力（在 100 英尺深的地方约为每平方英尺 5 吨，即在 30 米深的地方约为 0.5 MN/m^2），当该力作用于已近乎临界状态的水坝时，结果就是水坝倾覆。

1943 年，英国皇家空军摧毁默讷河水坝和埃德尔河水坝的行动，可能是分成时间间隔较短的两个步骤完成的。第一步，将巴恩斯 · 沃利斯

---

① 这是现代不粉刷建筑物内部的潮流兴起的原因之一。

（Barnes Wallis）发明的炸弹投掷在水坝的上游水面，它们在爆炸前下沉。第二步，当炸弹爆炸时，坝体结构会在深处开裂，短暂的时间延迟之后，渗透进裂缝的高压水造成坝体的实际倾覆。读过该行动报告的人会记得，在炸弹爆炸和坝体可见的崩溃之间存在一个明显的时间停顿。当然，这些水坝的坍塌的确给鲁尔区造成了巨大的损失。

在和平时期，水坝的坍塌也是工程师的噩梦。即便水坝不是用石块而是用无钢筋的混凝土建成的，寄希望于任何可靠的抗拉强度仍非明智之举。因此，对所有无钢筋的坝体，推力作用线在无水状态下一定不能向上游移动并超过“中间三分之一”处，在满水状态下也一定不能向下游移动并超过“中间三分之一”处，一切都要严格控制。这些要求一般会导致上小下大的不对称形状，我们大多数人对它都很熟悉（见图 9–11）。

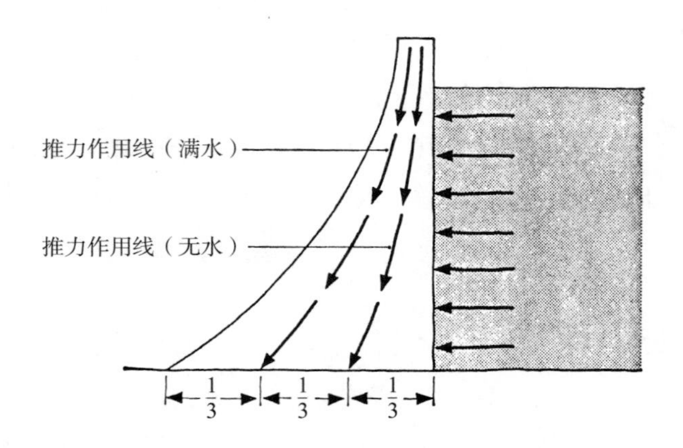

图 9–11 无钢筋的砌筑坝

然而，水坝相较于它储存的水的价值是很昂贵的，工程师一直在寻找更便宜的筑坝方法。大幅度减少重量和水泥成本往往可通过用钢筋加固混凝土来实现，尤其是在钢筋受到张力作用时。但是，除非钢筋被锚定在坝基下面的坚硬岩石上，否则整个坝体、钢筋乃至一切都有被连根拔起以致倾覆的危险。

应对这种情况的一个办法如图 9–12 所示。将简单的垂直钢制拉杆锚定在坝下岩石上，并贯穿混凝土直达坝顶，在那里它们被起重装置拉伸。显然，这些拉杆的作用其实同主教座堂的天使雕像和尖顶相同。当然，所有传统的重型砖石建筑均可被视为一种因自重而“具有预应力”的结构。沿坝顶放置一排重雕像无疑是有效的，看上去可能也相当漂亮，但恐怕到头来它们会比钢筋更贵。

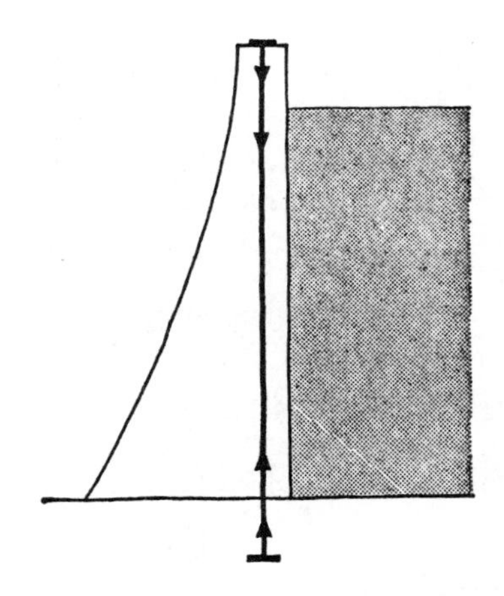

图 9–12　用钢筋加固的水坝。我们有时可以通过使用锚定在坝下岩石上有预应力的钢筋，来建造更薄和更便宜的水坝。这等效于在坝顶施加额外重量，可以限制推力作用线的移动

历史上的拱

虽然拱不如砖石建筑那么古老，但它的历史也很悠久。有证据显示，在埃及和美索不达米亚，完全成熟的砖拱可追溯到公元前 3600 年左右。石拱似乎是从“挑砖”观念中分离出来的，也可能是独立演化出来的，这种结构是指从两边逐步增建砌体直到石块在中间相遇。梯林斯的迈锡尼城墙深处的拱形室（见插图 5）——当荷马对之发出惊叹时，它们已成古迹了——就是用这种方法筑顶的。这些巨墙的后门（见插图 6）

可被视为挑砖的发展，它可能建于公元前 1800 年以前。

然而，挑砖[①]或半挑砖的拱，就像梯林斯的门那样，是一个相当粗糙的东西。拱很快发展成一种构造，其中拱环的砖块或石块略呈楔形，被称为“楔块”。传统拱的各个部位如图 9–13 所示。

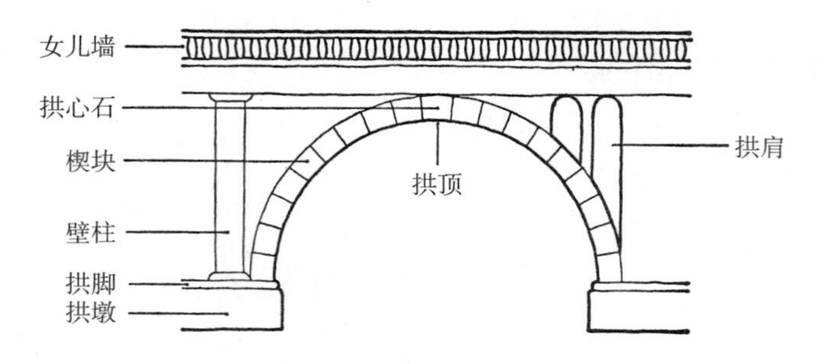

图 9–13 拱的各个部位

拱顶部或拱冠处的楔块叫作“拱心石”，有时会比其他楔块大。虽然诗人、政客和其他非技术人员把拱心石赋予了独特的现实意义和比喻意义，但事实上拱心石的功能和所有其他楔块没有差别，即使有，其特殊性也纯粹是装饰性的。

拱的结构功能是支撑作用于它的向下载荷，靠的是将向下载荷转化为侧向推力，这些侧向推力会绕拱环传递并使楔块相互推挤。当然，楔块也会依次推挤拱墩或拱脚。就常识而论，这个过程的运作方式相当清晰（见图 9–14）。

拱环及其楔块非常像一堵曲面墙壁，各接合处受压缩载荷作用的位置可以以同样的方式用推力作用线来标示。在这种情况下，推力作用线是弯曲的，并或多或少要跟随拱的形状。我们将在下一章讨论拱中的推力作用线，目前暂且认为那里只有一条推力作用线。另外，像墙壁一样，我们可以假定楔块不能彼此相对滑动且接合处不能承受张力。

① 真实的拱似乎是旧世界的产物。墨西哥和秘鲁的土著文明只在建造他们的大型建筑物时才会使用挑砖拱。

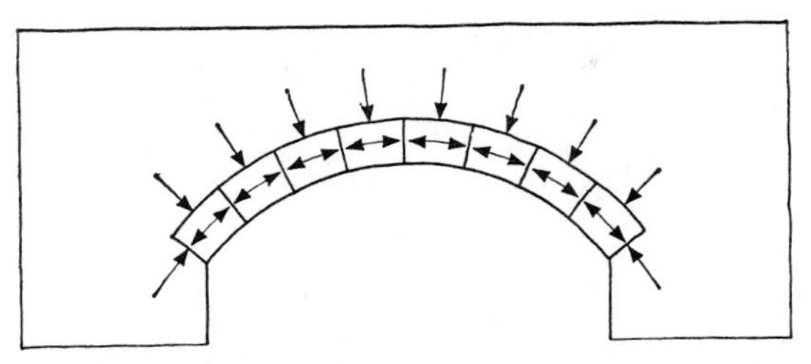

图 9–14　拱汇集垂直载荷并将之转化为侧向推力，这些侧向推力会绕拱环传递并受到拱墩的反作用

楔块间接合处的表现和墙体石块间接合处的表现差不多。如果推力作用线超过“中间三分之一”处，就会出现裂缝；同样，如果推力作用线移动到接合处的边缘，即移动到拱环的边界，就会形成“铰接”。然而，拱和一面朴素的墙之间的巨大差别就在于，墙在此时会倒塌，拱却不会。从图 9–15 明显可见，在没有任何意外发生的情况下，拱上至少可以形成三个铰接点。事实上，很多现代拱桥上都特意建有三个铰接点，为受热膨胀留出余地。

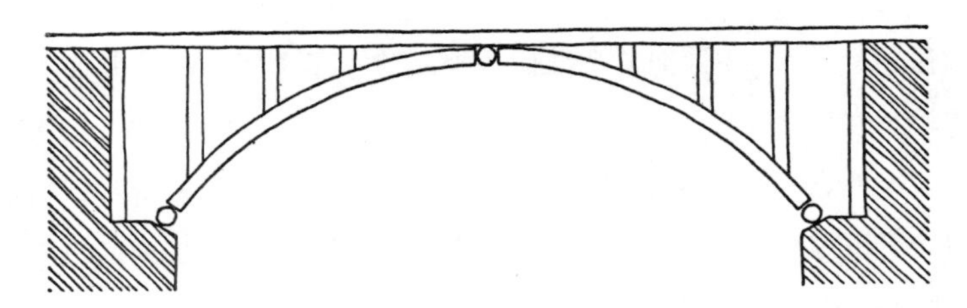

图 9–15　一个拱可容纳三个铰接点而不致坍塌；事实上，许多现代的拱会特意按这种方式建造

如果我们真的想让桥倒塌，那么我们需要 4 个铰接点，从而使拱实际上变成三节链或三节“构造”，这样它就可能自我折叠并坍塌（见图 9–16）。顺便说一下，这就是如果你要拆毁一座桥——出于好的或坏的原因——最好把炸药放置在拱的“三分点”附近的原因。这通常涉及向下挖穿路面以抵达拱环顶部。因为此举需要花费时间，所以在军队撤退后再拆毁桥梁往往是徒劳无益的。

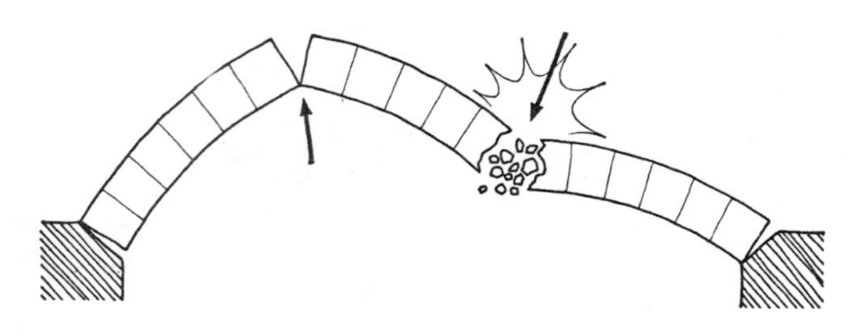

图 9–16 一座拱在坍塌前需要形成 4 个铰接点

这一切都意味着拱极其稳定并且对其地基的运动不会过度敏感。如果地基处有任何可察觉的运动，那么墙很可能会坍塌①，而对于拱则无须太在意，发生某种形变是相当常见的。例如，由于桥墩的运动，剑桥后园的克莱尔桥（见插图 7）中部产生了非常明显的弯曲。它已经如此存在了很长时间，并且相当安全。同样，拱能很好地抵御地震和现代交通等各类伤害。

总之，我们先辈中的许多人都非常沉迷于拱，这没什么好奇怪的，因为它们可能会一直屹立不倒，即便你所有的计算都错了（或者根本就没做任何计算），并且把整个结构的地基建在了沼泽上——几座英格兰的主教座堂就是这样。

值得注意的是，在废墟遗迹中，拱通常是保存状况最好的。这部分要归功于拱固有的稳定性，虽然更大的原因可能在于，楔形的拱石对当地农民的吸引力要小于墙上的矩形石块。许多希腊神庙墙上的条石早就被偷了，圆石柱却得以保留，无疑也是出于类似的原因。

如果砌体很厚，让推力作用线维持在墙或拱的内部通常较为容易；当然，坚实的砖石结构通常造价不菲。为了廉价地获得额外的厚度，罗马人引入了大块混凝土。混凝土的制作方法通常是用火山灰——一种在

① 这就是围城战期间在堡垒城墙下布雷或挖坑道的道理。当隧道末端位于城墙地基下方时，其顶部靠木柱支撑。在想要城墙坍塌时，点火烧毁木柱即可。护城河与干城壕的主要功能都是防止敌人近迫坑道作业。

意大利很常见的天然土壤——混合石灰，并加入沙砾和碎石。

如果墙和拱建造得很厚，那么它们通常会很稳定而不必建得过重。如果需运输和处理的材料不是很重，那么构造成本很可能会降下来。维特鲁威（活跃于公元前 20 年）是一位非常杰出的建筑学作家，也是一名炮兵军官，他告诉我们在他生活的时代，低密度的混凝土常常是通过混入浮石粉制成的。君士坦丁堡圣索非亚大教堂（建于 528 年）的大穹顶就是用这种方法建成的。

重量和成本还能进一步降低，方法是在混凝土中混入一种空容器。在古代世界，分布广泛且繁荣兴盛的葡萄酒贸易是装在双耳细颈罐中的。这些大型陶制容器完全不可回收利用，以致数量积累到令人为难的地步。明显的解决方案是将之浇筑到混凝土里，事实上许多晚期的罗马建筑物就是用这种方式建成的。特别是在拉韦纳，美丽的早期拜占庭教堂据说主要是由一次性空罐构成的。[①]

尺寸、比例与安全

虽然一些结构据说是靠信仰的力量来维持的，另一些则全靠涂料或铁锈结合在一起，但是，除非设计者毫无责任心，否则无论他打算建造什么，他都要获得关于其强度和稳定性的某种客观保证。如果不能做恰当的现代计算，那么显而易见，他应该做的事情要么是制作一个模型，要么是按比例放大某些之前已被证明可行的较小版本结构。

当然，这就是人们过去常做的事情，直到最近。或许他们现在仍然如此。问题在于，如果只是想看这东西长什么样子，那么这些模型都很

① 著名的布里斯托湾引航艇（建造于 1900 年前后）用灌入舱底的混凝土做压舱物。船中部的混凝土需要重些，可加入废铁和锅炉冲孔制成。而船两端的混凝土必须轻一些，可用空啤酒瓶塞满。在我的花园里，我一般用旧鸡笼的铁丝网、空葡萄酒瓶和混凝土的混合物制作雕像和大瓮的基座，效果不错。

好，但若要用它们来预测强度，则会有危险的误导性。这是因为，当我们按比例放大时，结构的重量会随尺寸的立方增大；也就是说，如果我们将尺寸增加一倍，重量就会增大到8倍。然而，必须负载结构重量的各部分横截面积只随尺寸的平方增大，也就是说，结构大小增加一倍，面积是原来的4倍。应力会随尺寸线性上升，若我们将尺寸增加一倍，应力也会增加一倍，这样一来，我们很快就会陷入严重的麻烦。

所以，任何可能因材料断裂而失效的结构，其强度不能根据模型或凭借先前的经验按比例扩大来预测。

这个原理是伽利略发现的，叫作“平方–立方律”，它可以很好地解释车辆、船舶、飞机和机械的设计为什么需要依靠适当的现代分析方法。这或许就是为什么这些事物直到近代才发明出来，至少是发展出它们的现代形式。但是，对大多数砖石建筑物而言，我们之所以能忽略平方–立方律，是因为就像我们说的那样，建筑物在正常情况下不会因材料受压破裂而坍塌。砖石建筑中的应力很低，以至于我们几乎可以无限地按比例将其放大。不像大部分结构，建筑物的坍塌是因其变得不稳定而倾覆；对任意大小的建筑物来说，这都能根据模型预测出来。

从哲学角度看待这个问题，建筑物的稳定性与天平或杆秤这类称重器的稳定性没什么区别（见图9–17）。两边的倾覆力矩都与其尺寸的四

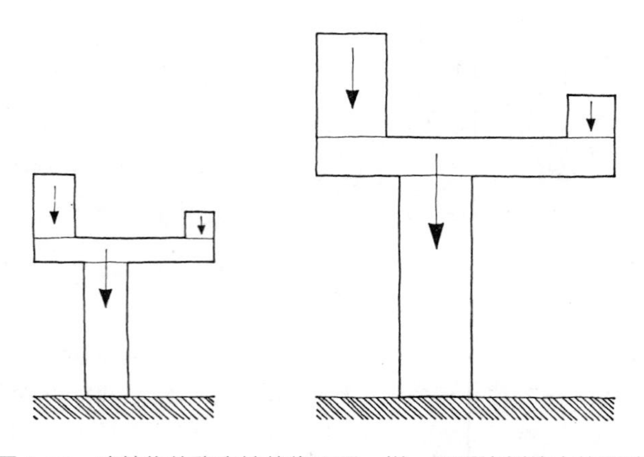

图9–17 建筑物的稳定性就像天平一样，不受比例放大的影响

次幂成正比；如果我们按比例放大，一切都会保持平衡。因此，如果一座小型建筑物能站立不倒，那么按比例放大的建筑物也能屹立不倒；而且，中世纪建筑工匠的“秘诀”主要就是把这种经验转化为一系列的规则和比例。然而，我们能确认的是，他们也会使用由砖石或石膏制成的模型——有时长达 60 英尺。这种工序模式普遍适用，甚至是极其复杂的结构，比如兰斯大教堂（见图 9–18）。

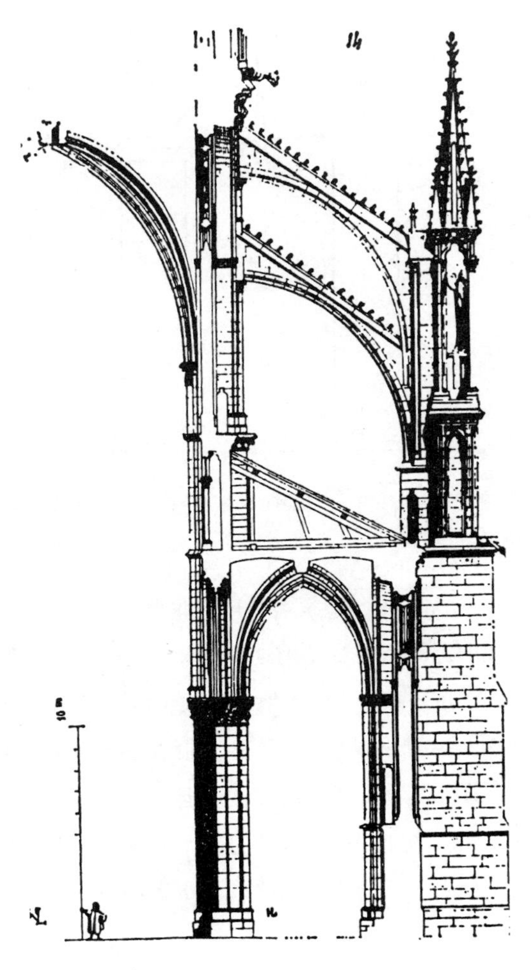

图 9–18　兰斯大教堂：飞扶壁（经维奥莱–勒–杜克修缮后）

古典时期的希腊人将拱从他们的大部分严肃建筑中剔除，转而使用石制的梁或门楣。在这些梁中，拉应力较高，且常常逼近安全极限。即使在古代，这些柱顶过梁中也有相当一部分会开裂。这便是为什么铁筋会被用于大理石梁，比如卫城山门。挽救多利克柱式神庙并使之免于结构性坍塌的是既短又粗的石梁，当开裂时它们会转变成拱（见图 9–19、插图 8 和插图 23）。

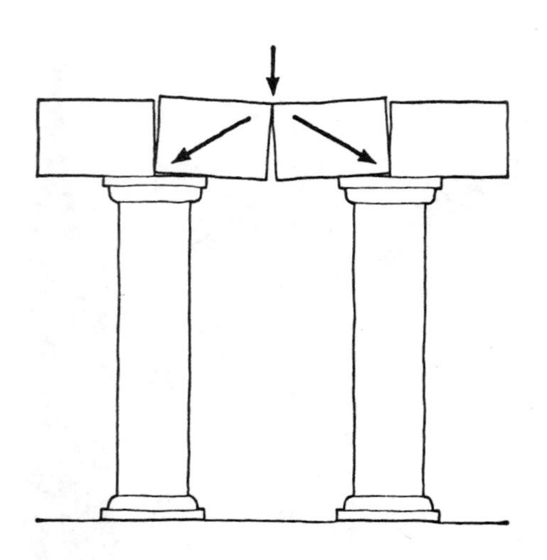

图 9–19　如果短的石门楣或柱顶过梁在承张面开裂，它会自行转变为有三个铰接点的拱，并继续支撑载荷

希腊横梁式（trabeate）[①] 建筑需要用到非常大的石块。随着文明的衰落，大质量石块的运输变得日益困难。中世纪的建筑工匠偏爱哥特式的拱和拱顶，它们都是用相当小的石块构建的，可能也是这个原因。

就像大约 200 年前约翰 · 索恩爵士（Sir John Soane）在他的建筑学讲座中指出的那样，虽然石梁有局限性，但古代建筑物的规模往往大于相应的现代建筑物。例如，帕提侬神庙就比伦敦圣马丁教堂大得多。尽管如此，帕提侬神庙——约 230 英尺乘 100 英尺——与它附近的哈德良

① 源自拉丁文 *trabs*，即横梁。

皇帝统治时期建造的奥林匹亚宙斯神庙（见插图 8）相比仍是小的，后者的大小据测为 359 英尺乘 173 英尺，能填满大半个特拉法尔加广场。但宙斯神庙在远高于它的雅典卫城的城墙面前，也不免相形见绌。此外，就纯粹的尺寸而言，许多罗马桥梁和沟渠以任何标准衡量，都令人印象深刻。

这些古代构造更多是毁于人祸而非天灾，它们中的一些至今仍状况良好。但是，在所有这些作品中，古人或多或少都会因循旧例；当他们不能这样做时，便很容易束手无策。在现代人眼中，不仅老式的船舶和车辆弱小得可怜，新式和非传统建筑物，比如古罗马的公寓楼——高大的多层住宅，倒塌的频率也令人沮丧，以至于奥古斯都皇帝被迫颁布法令将它们的高度限制在 60 英尺以下。

脊柱与骨架的支撑

人和动物的脊柱包括由硬骨骼构成的一系列短小的鼓状椎骨，“椎间盘”将它们彼此隔开。椎间盘是由比较软的材料构成的，因此它容许椎骨间进行有限度的运动。一般来说，脊柱承受的整体压缩，既来自它不得不承载的重量，也源于不同肌肉和肌腱的拉力。

对年轻人而言，椎间盘的材料是柔韧的，如果有必要，它能经受住相当大的拉应力，以至于当脊柱被拉应力损坏时，骨折更有可能发生在椎骨处，而非椎间盘处。然而，大约 20 岁之后，椎间盘材料的柔韧性日益下降，在承张状态下变得越来越弱。因此，随着我们日渐德高望重，我们的脊柱也越来越像教堂或神庙里的石柱——椎骨好比石鼓，椎间盘犹如不中用的砂浆。虽然椎间盘在必要时仍能承受一定程度的张力，但总的说来，这是应该避免的情况。

因此，对中年人来说，明智之举是尽可能将推力作用线维持在脊柱中部附近。这就是为什么举起重物的方法有正确和错误之分。如果我们举起重物的方法是错的，致使过度的拉力作用在接合处，其中某个接合处就可能会断裂。最终结果很可能是“椎间盘突出”或其他某种莫名的背部问题，我们将之归纳为“腰酸背痛”，这种疼痛往往难以忍受。

只要脊柱的行为像墙或砖石支柱一样，并且远离“中间三分之一”法则代表的某种限制条件，同样的法则就适用于按比例放大的动物，一如我们所见的适用于按比例放大的建筑物。因此，如果我们从一只小型动物开始逐步增大其尺寸，必要的椎骨粗度就会保持适当的比例。但是，大多数其他骨骼，比如肋骨和肢骨，主要受弯曲应力的作用（有点儿像庙宇的门楣），作用于其上的载荷很可能与动物的质量成正比。由此可知，这样的骨骼必须不成比例地变粗。

如果我在博物馆里看到同类动物的一系列体形渐长的骨架，比如灵长类，就会发现小猴子、中型猴子、大猩猩和人的椎骨尺寸与动物的高度似乎大致成比例，但随着尺寸的增大，肢骨以及肋骨相较动物体形来说就变得太粗重了（见插图 9）。

在这方面，大自然似乎比罗马建筑师更高明，后者在扩大他们的神庙规模时，抛弃了相当粗壮的多利克柱式比例，却循例采用华丽帝国范儿的科林斯柱式，以致其纤细的柱顶过梁频繁断裂。

第 10 章

倒下的和未倒下的桥梁——拱桥、铸铁桥和悬索桥

伦敦桥要倒了，
要倒了，要倒了；
伦敦桥要倒了；
我美丽的女士。

建起来用砖石，
用砖石，用砖石；
建起来用砖石；
我美丽的女士。

找人来盯一整夜，
一整夜，一整夜；
找人来盯一整夜；
我美丽的女士。

我们越琢磨这首熟悉的童谣，越觉得诡异。虽然尚无法确定它可追溯到 17 世纪前太久，但它无疑非常古老，《牛津童谣词典》（*Oxford Dictionary of Nursery Rhymes*）竟然用好几页的篇幅解释它。在全世界范

围内，桥梁建造常和儿童舞蹈联系在一起（“我们舞蹈，我们舞蹈，在阿维尼翁桥”），也与真实发生的活人献祭有关。至少有一副儿童骨架在桥基里被发现。[①]或许正是基于这个原因，在中世纪的欧洲各地纷纷建立了专门的造桥修士团。他们造就了一位圣徒圣贝内泽（St Bénezèt），应该是他设计了阿维尼翁桥。像后来的特尔福德一样，他也曾是个牧童，人们善意地认为，是他免除了献祭，并使儿童舞蹈和法式童舞曲调留存至今。造桥修士团法国分部的修道院位于巴黎附近，即著名的圣雅克修道院。

从实际角度讲，桥梁的用途是让车辆等重物能跨越某种间隔或缝隙。假如重量是以安全的方法来支撑，那么采取什么样的技术手段来达成目的通常就不那么重要了。结果表明，有各种各样的结构原理可以应用。

在任意给定情况下，实际选择的方法不仅依赖于物质和经济条件，还取决于当时的流行风尚和工程师的心血来潮。几乎每一种可能的造桥方式实际上都在现实的桥梁上尝试过了。有人可能会认为，解决问题之法到头来总会是“最好”的一个且被普遍接受，但实际情况并非如此；常用结构体系的数量似乎随时间流逝而不断增加。

在文明开化的国家，桥梁随处可见且种类丰富；它们对不同的结构原理进行了非常有趣的展示。大多数其他人造物的关键结构都深藏于镶板、隔层、布线或诸多小配件之后，不易看出或推断出；而桥梁的一个长处是，其结构和运作方式都一目了然。

---

① 在伯克郡洛伯里山上的罗马要塞，距离我撰写这一章的地方约 1 英里处，人们发现了一具妇女的遗体被浇筑进地基里。这种做法持续到了近代。1871 年，英格兰的某位利勋爵具有重大嫌疑，人们怀疑他在沃里克郡斯通利的一座桥基里埋了一个“讨厌的家伙”。

拱桥

拱桥一直颇受欢迎，不论何种样式，都非常流行。一个简单的砖石砌拱的跨度可安全地达到200英尺以上。对大多数场所而言，如果有人反对采用拱桥，那么理由很可能与成本、拱高，以及桥墩或桥基处的载荷有关。

我们关心的如果是古罗马和中世纪普遍使用的平地半圆砖石砌拱，那么无法回避的一个事实是，拱高必须为砖石砌拱跨度的大约一半。因此，100英尺的跨度需要至少50英尺的拱高，在实践中还要更高。如果桥梁跨越的沟壑超过50英尺深，是没有问题的，因为拱可以沉下去，使拱顶同两边的路面一样高。但是，如果要把桥建在平地上，我们就得另做打算：要么选择不便利且危险的驼峰桥，要么选择又长又贵的倾斜桥。

随着铁路时代的到来，这个难题变得尤其重要，因为火车不喜欢驼峰桥或者任何坡度，为建造平坦路堤而掘土的花销不可小觑。建造一个拱高低得多的平拱至少可在一定程度上克服这个困难。1837年，伊桑巴德·金德姆·布鲁内尔在梅登黑德建了一座横跨泰晤士河的双砖拱桥，每个拱的跨度为128英尺，而拱高仅为24英尺（见插图10），大西部铁路线从桥上横穿而过。

公众和专家都对此感到震惊，报纸纷纷预言这座桥永远也立不起来。为了保持媒体热度和宣传力度，或许也是为了衬托他的幽默感，布鲁内尔推迟了移除支撑拱的木制拱架或脚手架的时间。有传言说他是因为害怕。大约一年后，当拱架在暴风雨中被摧毁时，拱桥仍然屹立不倒。布鲁内尔随后透露，事实上拱架在砌砖就位后不久便被缓缓挪出了几英寸的间隙，数月来没起到任何作用。这座桥至今仍矗立在那儿，其承载的列车重量大约是布鲁内尔预计的10倍。

当我们将拱的形状变平以降低与跨度成比例的拱高时，拱环楔块间的挤压推力会大幅增加，正如我们预期的那样。但是，压应力照例仍远低于砖石建筑的破碎强度，拱的楔块破裂的风险极小，即便拱架移除后，拱下沉过程中产生的挠度变形也可能相当大，通常可达数英寸。

然而，造成“平”拱的任何实际损坏的最大原因是，在拱墩上施加更大的推力。如果拱基是由像岩石这样的结实材料构成的，就会相安无事；但若它建在软地层上，移位太多则可能会带来巨大的麻烦。不幸的是，我们往往需要在流经平坦沼泽地区的河流上建造又长又平的拱。

正是出于这些理由，桥梁常常是用许多小拱组成的；事实上，几乎所有中世纪的长桥都是多拱桥。反对如此行事的理由是，建造支承墩（通常在水下，有时也在软地层上）的成本较高，而且大量的支承墩和窄拱会阻塞河道，可能导致洪水泛滥并威胁航运。

铸铁桥

关于拱桥的一些反对意见，可通过使用非传统建造材料来化解。18世纪70年代，约翰·威尔金森（John Wilkinson）等人——通过改进高炉大大降低了铸铁的冶炼成本——开始用铁铸造楔块。铸铁是一种完全不同于锻铁和钢的材料，它非常脆。它在压缩状态下像石块一样坚硬，但在拉伸状态下却变得不可靠，所以在建筑构造中，我们只能把它当成砖石。

铸铁的优势在于，它有可能将楔块等建筑构件铸造成中空格状框架，使其相较于传统砖石重量大幅减少。此外，铸铁一般比刻石便宜，在《1832年改革法案》出台前后的品位退化趋势出现之前，这些铁铸件通常具有非常吸引人的形状。

铸铁对造桥有两个益处。第一个益处是，它节约了劳动和运输成本；第二个也是更有意义的益处是，拱重量的减少降低了作用于拱墩的推力，使工程师可以用更便宜的拱基建造更平的拱。

奇妙的是，第一批利用这种技术优势的人里就有托马斯·潘恩

（Thomas Paine），他因著有《人的权利》（*The Rights of Man*）而名垂青史。潘恩计划亲自设计并建造一座大型铸铁桥，横跨费城附近的斯库尔基尔河。他来到英格兰订购铸件，在铸件制造期间，他作为法国大革命的拥护者前往巴黎拜访他的雅各宾派友人。但这些绅士却把他投进监狱，还差点儿将他送上断头台。直到罗伯斯庇尔政权垮台，他才被解救出来。

由于延滞，潘恩的财务崩溃了，铸件也被折价售卖，用于建造森德兰的威尔河谷上的一座桥。这座拱桥建于1796年，净跨度为236英尺，拱高仅为34英尺。40年后，布鲁内尔之所以没有用铸铁建造梅登黑德桥，或许是因为他担心列车的振动会使脆性的铸铁开裂。不管怎样，他的砖拱运行状况良好。

19世纪期间，人们建造了大量铸铁拱桥，虽然它们几乎都成功了，但这种方法今天却较少使用，主要是因为现在有更便宜的办法可达到同样的目的。不幸的是，非常平的铸铁拱乍看起来有点儿像梁（见第11章）。但在结构上，两者完全不同，因为拱是（或应该是）全部处于压缩状态之下，而梁的下表面则处于拉伸状态之下。如果材料能被用来承载拉应力，那么就类似的用途而言，梁通常比拱更轻，也更便宜。

某些早期的工程师，尤其是罗伯特·史蒂芬孙（Robert Stephenson），在这种经济前景的引诱下冒险使用了铸铁梁。由于史蒂芬孙杰出的职业声望，铁路公司被说服建造了几百座铸铁梁桥。然而，正如我们说过的那样，铸铁在拉伸状态下脆弱而不可靠，这些桥被证实确实非常危险。最终，它们不得不被逐一替换掉，铁路公司因此损失惨重。

悬吊路面的拱桥

建造大型拱桥的一个现代趋势是运用悬吊路面。我们把拱环拆分成两个平行的部分，用钢材或钢筋混凝土建造，这样我们就能将路面悬挂到拱上，位于我们喜欢的任意水平高度，类似于悬索桥（见图 10–1）。当然，这样做的话，拱高也不受限制。

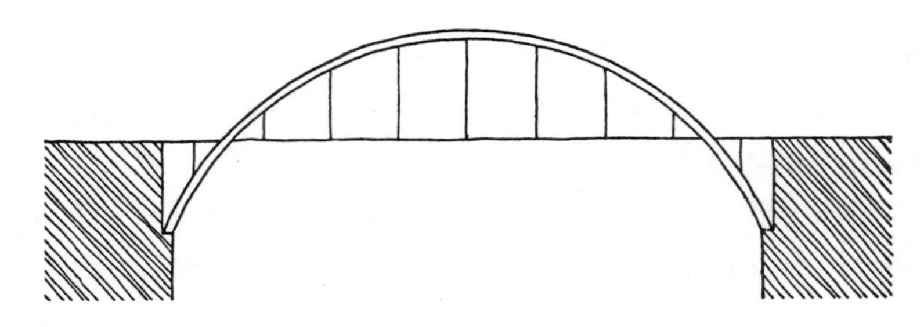

图 10–1　悬吊路面的拱

纽约地狱门大桥（建于 1915 年）的跨度为 1 000 英尺，悉尼海港大桥（建于 1930 年）的跨度为 1 650 英尺，它们都属于这种类型的钢制桥。在这类桥梁中，主要载荷全都由受压的拱承担，而悬挂的路面则免受纵向应力。因此，在大型桥梁中，作用于桥墩的推力是相当大的，所以需要非常可靠的桥基。纽约地狱门大桥和悉尼海港大桥都建在坚固的岩石上。

悬索桥

砖石砌拱有许多优点。如我们在上一章所见，它们比较容易设计，因为一般情况下，我们可以安全地根据先前的经验把它们按比例放大。事实上，如海曼教授所说，要设计出一个会坍塌的拱非常困难。这一“壮举”在 1751 年由庞特普里斯的威廉 · 爱德华兹（William Edwards）实现了，但我认为之后似乎再没有这类事故发生的任何记载。而且，拱对拱基处适度的移动不太敏感。但是，拱基是一定要有的：在松软的地面上建造它们既麻烦又昂贵。

此外，尽管砖石建筑的维护成本通常很低，但其初始成本总是很高，对建造期间需要精心定位中心的大型桥梁来说，尤其如此。基于这些原因，桥梁领域的人们总是追求某些便宜又令人愉快的东西。在落后的国家，各种悬索桥相当常见，这些桥是用绳缆或其他种类的植物纤维建成的。绳缆悬索桥也被军事工程师用于架设临时的桥梁，其中具有代表性的是伊比利亚半岛战争期间惠灵顿的工程兵架设的悬索桥。

然而，虽然新制成的绳缆很强韧，是承载张力的可靠材料，但植物纤维制成的绳缆在露天环境中会迅速退化，变得不可靠，就像某些有趣的风云人物在圣路易斯雷大桥附近发现的那样。对永久性的悬索桥来说，铁索或钢缆是必要的。铸铁太脆，钢材直到最近才能在市场上买到，不过锻铁相当强韧，还特别耐腐蚀。

虽然 1741 年人们在提兹河上用铁链制成了 70 英尺长的人行桥，但在 1790 年左右搅炼法被引入前，锻铁一般都因太贵而无法广泛用于桥梁建造。此后，锻铁链变得比较便宜。在提兹河大桥上，人们用原始的方式直接在铁链上铺路，致使桥上不能通行车辆，对行人而言也肯定是既陡峭又可怕。以高塔支持缆绳并在缆绳下悬挂路面的现代系统（见图 10–2）是由宾夕法尼亚的詹姆斯 · 芬利（James Finlay）发明的，他于 1796 年前后开始建造这种桥梁。

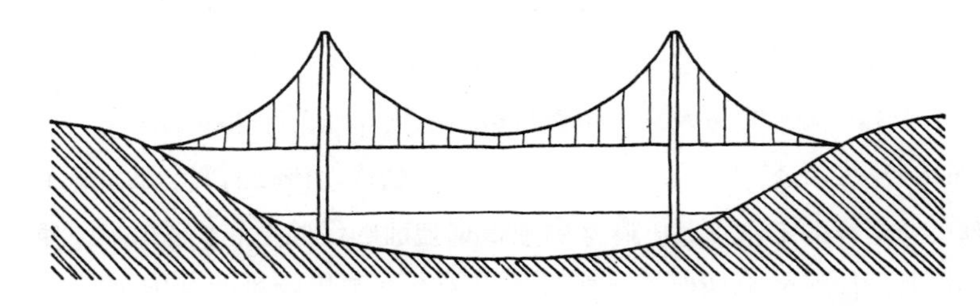

图 10–2　悬索桥的现代样式——用缆绳悬挂住水平路面，由詹姆斯 · 芬利于 1796 年左右发明

悬挂的水平路面加上价格合理的锻铁链，使悬索桥成为宽阔河面上承载过往车辆的一个吸引人的方案。在许多情况下，这些桥梁比大型砖石砌筑桥更便宜，也更实用。这个办法在许多地区被广泛采用，尤其是

托马斯·特尔福德，他设计的桥横跨梅奈海峡，于1825年落成（见插图11），其中心跨度达550英尺，是当时最长的桥。

特尔福德使用的铁链像当时所有用于桥梁的悬链一样，由平板或环构成，用栓或销接合，很像现代自行车链条的环。销接合的应力集中要求材料既有韧性又有延展性，比如锻铁，这种类型的铁链的确非常成功，几乎不会带来任何麻烦。虽然锻铁在拉伸状态下是可靠的，但它不是特别强劲，于是特尔福德明智地将铁链里的最高公称应力降到大约8 000 psi（55 MN/m^2），不到断裂应力的1/3。

在这些情境中，铁链的大部分强度都用于支撑其自身重量，而特尔福德认为，在运用当时材料的前提下，梅奈悬索桥大致代表了悬索桥的最大安全跨度。虽然布鲁内尔最终证明特尔福德是相当谨慎的——布鲁内尔的克里夫顿悬索桥的跨度为630英尺——但梅奈悬索桥的跨度纪录仍保持多年；而且不管怎样，锻铁链的局限性都是显而易见的。

长距离道路悬索桥的新近潮流成为可能，靠的就是高抗拉钢丝的供应。这种材料要比锻铁或低碳钢强劲得多，故而能在更长的长度上支撑其自身重量。高抗拉钢比锻铁更脆，但这是可以接受的，因为钢缆是连续的，不需要使用特别容易开裂的销接合方式。此外，钢缆不像链索那样每个单元只靠三四个平行板彼此连接，它是由数百根分离的钢丝编织而成，任何一根钢丝的失效都不太可能招致危险（见插图12）。

作为今日人力可及的一个例证，新亨伯高速公路大桥的净跨度长达4 626英尺，是特尔福德认为的8倍多。它的成功倚仗的事实是：悬吊钢丝安全运行的工作应力上限为85 000 psi或580 MN/m^2，是特尔福德使用的锻铁链应力的10倍多。

拱与悬索桥中的推力作用线

悬索桥的钢缆会自动选择最佳形状，因为一条柔性绳索别无选择，只能顺从拉伸它的所有载荷的合力。因此，我们要确定悬索桥钢缆的形状，一种方法是像特尔福德那样通过给它的模型加载，另一种方法是通过在制图版上简单操作“索多边形”。这对设计悬索桥是有用的（例如，我需要知道路面吊弦的合适长度），对设计拱也很有用。

如果我们先看一座悬索桥再看一个拱，不需要太多想象力便可知道，悬索桥其实就是颠倒过来的拱，反之亦然。换言之，如果我们改变拱中所有应力的正负号，即把所有压力转变成张力，这些张力就可由一根呈曲线状的绳索来承载，这可被视为在拉伸状态下定义了一条“推力作用线”。这样一来，我们就能比较轻松地获得拱桥或拱顶的压缩推力作用线。

通过这种方法，我们可以获得各种形状的推力作用线，它们会因负载的细节而略有不同，例如桥上是否有车流。这些推力作用线中的任意一条都是安全的，前提是它完全处于拱环的预期形状范围内，否则就另当别论。略资深的人有时会说，以这种方式得到的拱的推力作用线呈悬链线的形状，因此圆形拱是“错的”。情况不总是这样，在许多情境中，推力作用线非常接近于一段圆弧，这足以证明罗马人建造的高度耐用的半圆形拱是合理的。但是，如果要建造一个确实很薄的拱（现代钢筋混凝土桥梁的惯常做法），那么最好把形状设计得分毫不差，因为推力作用线几乎没有可移动的空间。

弓形主梁的发展

尽管悬索桥是在19世纪初迅速起步的，但其发展历程因铁路时代的到来而中断了大约100年。在维多利亚时代英格兰建造的25 000座大桥中，绝大部分都是铁路桥。悬索桥是一种高柔性结构，在大的集中载荷的作用下，容易发生危险的形变。对公路桥来说，这个特征没什么大不了的，[①]但火车的重量一般是货运马车或卡车的上百倍，所以它们引起的挠度变形很可能也高达百倍，而这是不能接受的。英格兰建造的少数几座铁道悬索桥很明显失败了。那时的美国人面对更宽的河面及资金不足而信念有余的状况，在一段时间内坚持修建悬索桥，但最终不得不放弃它们中的大多数。

因此，对桥梁的需求不仅是又轻又便宜，还得有刚性且适宜大跨度。这推动了“系杆拱”或“弓形主梁”的发展（见图 10–3）。拱颇具刚性，但它把相当大的力外推到了拱墩上。如果这些拱墩正好是由坚固的岩石构成的，那么这可能无关紧要，但在铁道施工过程中可能出现的许多情形里，局面却颇为尴尬。尤其不便的是，如果要把一个拱或一组拱架设在又高又细的桥墩上，这些桥墩可能承受不住巨大的侧向载荷。

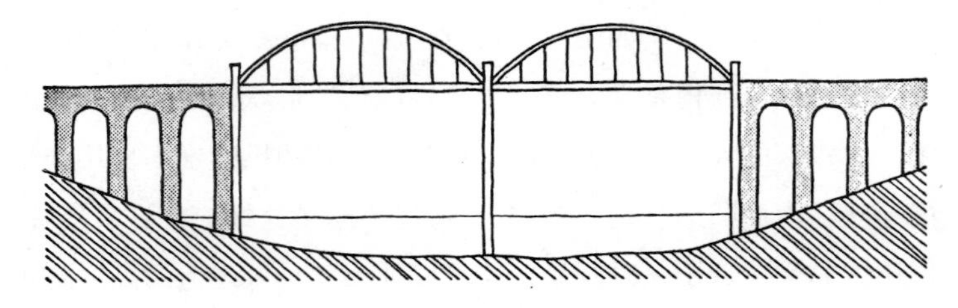

图 10–3　弓形主梁或系杆拱缓解了桥墩处的侧向推力，它在维多利亚时代的铁道工程师中颇受欢迎

然而，这正是维多利亚时代的工程师经常想做的事，因为他们频繁地让铁路大胆地跨越深谷，有时高度会达到 100 英尺或更多。解决该难题的一个办法是，借助承张构件将拱的两端连接在一起。这可以通过悬吊路面来实现，在这种情况下路面是为自身服务的：路面处于拉伸状态。

弓形主梁乍看就像一个带悬吊路面的普通拱，但其运作方式完全

① 特尔福德设计的桥都是公路桥或运河桥。美国人将悬索桥广泛地用来跨渠渡槽，水道则是以悬吊木槽输送的。当驳船从桥上经过时，净载荷自然没有变化，挠度也就没有变化。

不同。现在，既然没有侧向推力或拉力作用在桥基上，桥基就只需支撑垂直向下的载荷，这些载荷源自主梁和桥上任何车辆的实际重量。事实上，整个结构可被架设在滚子而非刚性桥基上，并且人们通常就是这么做的，主要是为了给金属的热胀冷缩留出余地。因为这样的主梁不会产生纵向推力，所以它们能被架设在较窄的砖石砌柱上。

弓形主梁可被视为完整、独立的单元，这一事实可能大大促进了大型桥梁的建造，因为它使得在远离桥本身的地平面上组装主梁成为可能。之后，人们乘筏将其运送至桥墩处，并借助千斤顶将其抬升到合适的位置。布鲁内尔在处理索尔塔什大桥的跨度问题时就是这样做的。我们将在下一章看到，系杆拱确实是“桁架”或格构梁大家族的又一个成员，结构工程领域中随处可见这些东西。

第 11 章

一道梁的益处——屋顶、桁架与桅杆

所罗门……又建造黎巴嫩林宫，长一百肘，宽五十肘，高三十肘，有香柏木柱四行，柱上有香柏木柁梁。其上以香柏木为盖，每行柱子十五根，共有四十五根。

——《圣经·旧约全书·列王纪上》7：1-3

头顶上有稳固的屋顶是文明存续的基本要求之一，但永久性的屋顶很沉重，所以如何支撑它们的难题其实和文明本身一样古老。当看到一座著名又美丽的建筑物——或者是任意一个建筑物——时，牢记以下这一点是有启发意义的，建筑师为解决屋顶难题而选择的方法，不仅会影响屋顶本身的外观，还会影响墙壁、窗户甚至建筑物整体特征的设计。

事实上，支撑屋顶的难题在本质上与建造桥梁的问题类似，而不同之处在于，因为建筑物的墙壁很可能比桥墩更薄也更弱，所以我们对于屋顶可能施加的任意侧向推力务必慎之又慎。正如我们在第 9 章所见，如果屋顶施加在其所倚墙壁顶部的外推作用太猛，砖石结构内的推力作用线就会偏移到危险的程度，墙壁就会因此坍塌。

许多罗马屋宇和几乎所有拜占庭式建筑采用的都是拱顶或穹顶。这些拱状结构对它们的支撑物施加了很强的外推力，在大多数情况下这是通过将屋顶架在非常厚的墙壁上实现的，墙壁内的推力作用线通常有充分的安全游移空间。如我们所见，这些厚墙壁往往是由大块混凝土构成的，有时会加入空酒瓶来减重增厚。这样的墙壁结构稳定，它们还有额外的优点，即在炎热的天气条件下提供优良的隔热性能：拜占庭式教堂往往是一座希腊村庄里唯一凉爽的地方。但是，在很厚的墙壁上开窗户不是一件易事，这样的窗户在罗马和拜占庭式建筑物中一般很小并位于高处。

中世纪的城堡差不多都是按罗马传统建造的，比如科夫堡，用的就是几码厚的大块混凝土。这样的墙壁能很好地对抗拱顶施加的推力；而且，出于军事上的考虑，防御方其实根本不想要窗户。早期的诺曼式或罗马式教堂没有什么区别，它们的厚墙壁、小圆拱和小窗户都源自晚期的罗马原型。大多数早期的罗马式教堂都十分令人满意，许多留存至今。[①]后来出现的困难和复杂状况在很大程度上与更大更好的窗户的日益流行脱不了干系。

可以理解，在日照充足的地区生活的人对窗户的感受同北欧人不太一样，即使在今天，他们中的许多人似乎也明显愿意栖居于“暮光之城”。毫无疑问，这是地中海沿岸传统的一部分，在希腊、罗马和拜占庭时代，窗户一般小而无用。[②]据我们所知，这并非完全归因于玻璃的短缺。

而在北欧，即使是尚武的骑士和贵族，也不愿把所有时间都花在几乎没有窗户的阴暗城堡里。他们渴望明亮与阳光，所以他们厌倦了源于阴暗的罗马原型的建筑样式。对窗户的狂热变成一种痴迷，随着时间的推移，建筑工匠竞相为厅堂和教堂打造出越来越大、越来越华丽的窗户。中世纪的工匠可能毫无科学章法，但他们有时比我们通常认为的更有创意，特别是他们向我们展示了窗户可以做得多么漂亮和打动人心。

然而，如果将一个令人赞叹、价格不菲的窗户镶嵌到一堵厚墙的隧道状孔洞中，那么它的大部分效果都会丧失。试图在较薄的墙壁里安装

---

① 当然，大量的小型诺曼式教堂都有简单的木制屋顶，但这些屋顶的设计常导致它们施加在墙壁上的外推作用几乎同石质拱顶一样糟糕。

② 庞贝城的窗户不足，人工光源必定也很糟糕，几乎所有房间的墙壁都被涂成了深红色或黑色。我们想知道这是为什么。

较大的窗户，则会不可避免地陷入推力作用线的麻烦。诺曼式建筑基本上就是罗马式建筑，不能用来做这类事情，因为其稳定性和安全性依赖于厚墙壁的使用。但这不会阻止建筑工匠的尝试，据说对于晚期的罗马式建筑，要问的问题不是“高塔是否会倒塌”，而是“高塔何时会倒塌”。

我们尚不确定中世纪的石匠对这些内容真正了解多少。他们对这种状况的理解很可能是糊涂而主观的，否则他们就不会一代代地犯同样的错误。但是，有人迟早会意识到，利用扶壁可以满足大窗户和薄墙壁的相关需求，它们可以从外部支撑住墙，使之能对抗屋顶的外推作用。[①] 从实际效果来讲，扶壁让墙壁变得更厚，所以它们和罗马的酒瓶起着同样的作用，只不过方式不同。

普通的实心扶壁其实就是将窗户间的墙壁局部增厚。在只有一个过道时，就像国王学院礼拜堂（见图 11–1 和插图 13）一样，它非常有效。

图 11–1　剑桥大学国王学院礼拜堂

① “对圣公会来说，我非支柱，而是扶壁，因为我是自外部支持它的。”——墨尔本勋爵（Lord Melbourne）

然而，问题出在侧廊上。为了支撑教堂中殿的屋顶又不致过度遮蔽高侧窗，中世纪的石匠不得不发明飞扶壁（见图 11–2）。在这种情况下，扶壁的垂直部分靠一系列拱与墙壁分隔开，这些拱传递了推力，又不会阻挡大部分采光。

图 11–2　引入侧廊和高侧窗需要发明飞扶壁

与大窗匹配的飞扶壁很适合被用作装饰物，而如我们所说，通过审慎而明智地引入雕像和尖顶，它们的装饰性还会进一步增强，石匠必定以某种方式意识到，雕像和尖顶的重量有助于扶壁完成棘手的任务，即引导推力作用线安全地向下穿过花边似的砖石丛林。最终，窗户变得很大，以至于没留下多余的实心墙来支撑建筑物。就像现代的桅杆一样，这些石制窄条完全依靠侧向支撑。如同高而细的桅杆依赖复杂而巧妙的索具网，这些薄弱墙壁的稳定性则完全取决于拱和扶壁的支撑。

不管靠的是什么样的思维过程，这一切都实现了，而且在结构与艺术方面取得了巨大的成就。等到石匠大师创造出中世纪鼎盛时期的哥特式建筑，建筑学已然失去了与其古典起源的任何可见的联系。比如，对比坎特伯雷大教堂与一座罗马会堂，几乎没有什么相同之处。但你还是可以简单明了地看出它们是一脉相承的。

尽管像这样的建筑物通常十分漂亮，但它们的造价却高得惊人。不管怎样，拱顶或穹顶一般不适用于私人住宅。不用拱而用各种梁来支撑建筑物的屋顶，便宜得多也简单得多。如果被覆盖的空间横跨长杆或搁栅，那么这样的梁能将屋顶的重量沿其末端垂直向下传递到墙壁的砖石结构中，而无须任何侧推与外推作用。因此，梁不会对推力作用线造成不受欢迎的干扰，墙壁也可以建得相当薄而且不需要扶壁支撑（见图 11–3）。

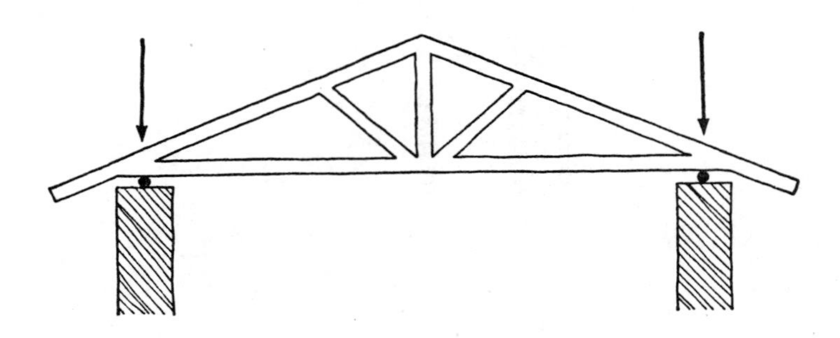

图 11–3　简支屋顶桁架。图中所示装置被安装在滚子上，支承墙不受外推作用

单凭这个原因，梁就称得上是整个结构工程领域最重要的装置之一。然而事实上，梁及其等效物桁架的应用并不仅限于建筑物的屋顶；梁与梁理论确实发挥了非常重要的作用，它们使技术文明成为可能。类似的观念在生物学领域也不断涌现。

“梁”（beam）这个词在古英语中的意思是一棵树，这种用法仍保留在像“白面子树”（whitebeam）和“角树”（hornbeam）这样的树木名称中。虽然如今的梁一般都是用钢材或钢筋混凝土制成的，但许多年来“梁”在结构学意义上指的是木梁，通常是一整根树干。尽管砍倒一棵树要比建造一个砖石砌拱或砖石拱顶更便宜也更省事，但合适的大型树木并不是应有尽有，有时候长木料的供应会变得稀缺。当这种情况发生时，人们可能就不得不用短木料来搭建屋顶了。

屋顶桁架

在现代人看来，尝试用短木料架设屋顶跨度的最有前景的方式，就是把短木料接合起来——类似于组装玩具——制作出一个三角结构，如图 11–4 所示。这其实就是格构梁的开端。我们都很熟悉钢制铁路桥中的格构梁。这类任意三角格栅结构被称为“桁架”。当屋顶桁架设计得当时，它就像一条长的实心梁，经济上允许相当大的屋顶跨度，而不会将任何危险的外推作用施加于支承墙。现代技术中桁架方法的应用不仅限于关于梁与梁的理论，它已延伸到船舶、桥梁、飞机以及其他形形色色的结构装置中。如我们在上一章所见，系杆拱其实是相同方法的另一个例子。

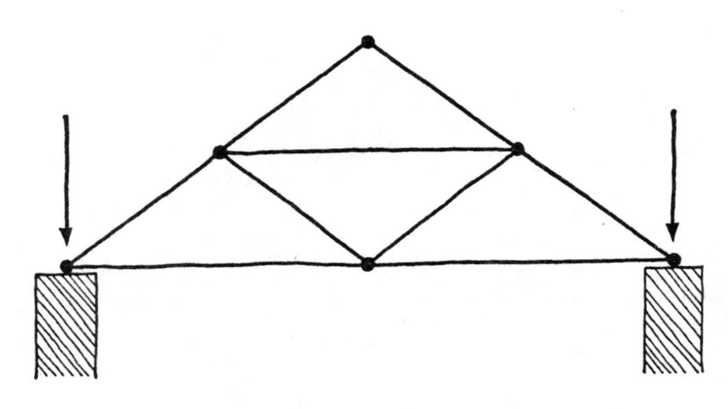

图 11–4　如果无法获得长木料，可以像组装玩具那样用短木料搭建屋顶桁架

然而在建筑学历史上，桁架或格构梁概念的发展异常缓慢。该观念最原始的形式——普通的木制屋顶桁架，对我们来说似乎显而易见，但

我们的祖先却花了很长时间才想到它。毕竟，那时他们从未见过铁路桥，也从未玩过组装式玩具。最终，建造桁架的方法到罗马帝国晚期出现了，但它在中世纪之前并未真正流行起来。在古代的大部分时间里，建筑师都是在没有桁架的情况下工作的。

希腊建筑工匠从未想到用桁架。卓越的雅典建筑师，比如营建雅典卫城山门的穆尼西克里（Mnesicles）及设计帕提侬神庙和巴塞的阿波罗·埃皮鸠里神庙的伊克梯诺（Ictinus），都有意识地避免用拱和拱顶作为他们的建筑物屋顶，可是他们显然也未能发明出屋顶桁架或设计出任何真正合适的替代结构。发展到柱顶过梁阶段后，希腊建筑学的辉煌似乎戛然而止了。希腊式屋顶只能被形容为才智上的不堪。

简单的石梁或石楣无法安全地用于跨距超过 8 英尺的情况，否则它们就很容易开裂。因此，为了给神庙和其他建筑物提供实用的屋顶，有必要使用木梁；但事实上，在古希腊，木料已变得几乎和现代希腊一样稀缺。

希腊神庙中通常包含一定数量的满跨度木制屋顶梁，在这里，梁只是简单地横卧在墙壁和列柱廊石楣的顶部。这些梁或搁栅随后会用木板盖住，以使整座建筑物具有一个连续的平顶（见图 11–5）。但是，这

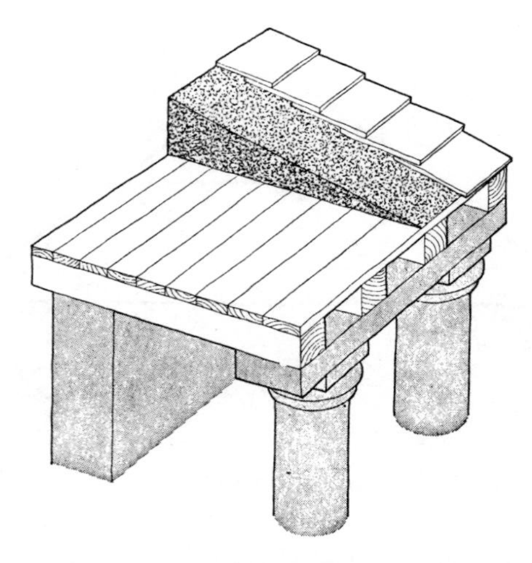

图 11–5 古风时代希腊神庙的屋顶

种平顶只是由普通木板构成，无法遮风挡雨。所以，其上需要覆盖一大堆混以水和稻草的黏土。就一座平均尺寸的神庙而言，这种黏土堆重约 3 000 吨。当所有这些农用材料堆在那里并被完全夯实后，黏土堆会被精确修整成三角状的坡顶或斜顶。之后，将屋面瓦简单地铺在黏土堆上即可，就好像为花园小径铺上了石子。人们想必希望这一大块湿黏土尽快干燥，免得腐朽。变干后，它将成为害虫的绝妙庇护所；但在炎热的天气里，其优异的隔热性能无疑会大受欢迎。

当然，有时使用更短的梁或椽也是有必要的。所罗门王与希兰王签订了专门的政治协议[①]，由黎巴嫩供应香柏，但即便如此，所罗门王的屋顶梁也只有约 25 英尺长。许多希腊神庙的梁都比这还短。就像所罗门的建筑物那样，希腊神庙里的短椽是直接靠下面的一排排柱子来支撑的，不管建造起来是否方便。在意大利南部的帕埃斯图姆坐落着伟大的多利克柱式神庙（建造于约公元前 550 年），其中一座的一列圆柱立在正殿中央，将其分成两个面积相等的过道。这肯定会给任何类型的宗教仪式造成很大的不便。在晚期的大多数神庙中，布局普遍更得体也更对称（见图 11–6），但即便是帕提侬神庙内也散乱地竖立着我们认为没有必要的柱子。

图 11–6　更精致的 5 世纪神庙设法在不使用桁架的情况下支撑起屋顶

① 见《圣经 · 旧约全书 · 列王纪上》第 5 章（有提示显示，所罗门王被迫支付了高昂的代价）。

最简单的屋顶桁架样式是“A”字形，它是在中世纪发展起来的。横穿桁架底部的水平承张构件或系杆被建筑工匠称作“领梁”。对短跨度而言，一般很容易找到足够长的领梁木料来制作如图 11–7 所示的简单三角桁架，但对小型的两层住宅来说，这种配置则常常导致相当笨拙的建筑比例；此外，屋顶上可能会浪费很多空间。基于这些原因，建筑工匠把领梁架在更高的地方——实际上，他们将楼上的部分房间设置在屋顶内，并在必要处开设屋顶天窗。这一切都非常好，但如果领梁被架设在桁架的高处，那么在屋顶重量的作用下，椽会呈向外弯曲或劈开的趋势。这同时会向外推动墙壁（见图 11–8），极有可能导致代价惨重的后果。领梁放置得越高，后果很可能越糟糕。

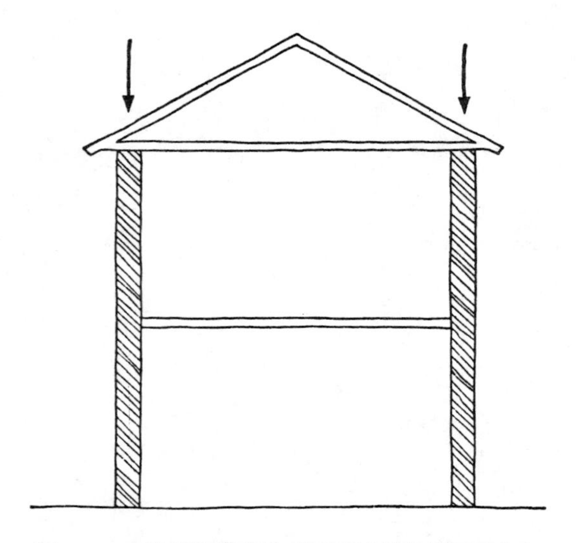

图 11–7 屋顶桁架领梁与墙顶平齐的简单两层住宅

大型的中世纪大厅和教堂的跨度通常相当大，所以盖屋顶是一个棘手的问题。桁架式屋顶可能比拱式或拱顶式砌筑顶造价更低，但即便可以找到足够长的木料来制作标准长度的系杆或领梁，若这些领梁被安放在建筑物中相对较低的位置，也会破坏正殿或大厅的建筑效果，尤其是它们会挡住通向大窗户的视野。因为那时候的人通常比较落后，关注外

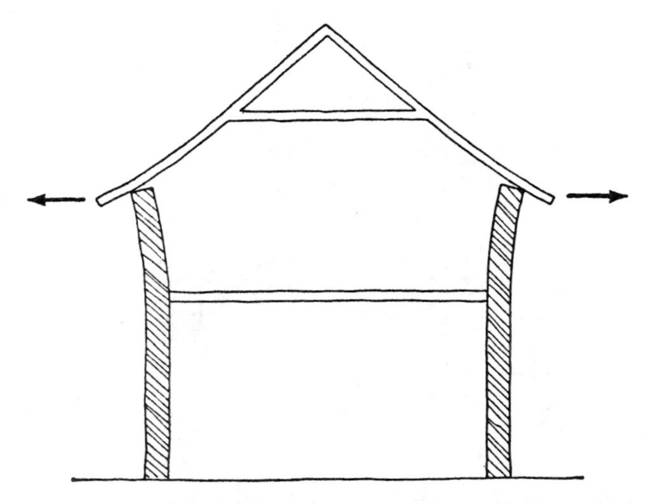

图 11–8　为了节约空间和成本，将领梁提升过高的后果（略有夸张）

观甚于“效率”，所以欧洲大陆的建筑工匠都忠于砖石拱顶结构，通过繁复且昂贵的扶壁加固方法来支撑建筑物的拱形屋顶。

一个典型的例子是，英格兰的建筑工匠制造出一种折中或权宜型的木屋顶，被形容为“新颖性大于科学性”。这就是“椽尾梁”屋顶（见图 11–9）。在英格兰，椽尾梁屋顶比较受大型建筑物的欢迎，可见于威斯敏斯特教堂大厅、牛津大学或剑桥大学的许多学院建筑，以及今天的一些大型私人住宅。它们饱受艺术赞誉，或许部分原因是桁架的“关节”为富有想象力的木雕工匠提供了机会。多萝西·塞耶斯（Dorothy Sayers）的书迷一定记得，彼得·温姆西勋爵与芬丘奇街圣保罗教堂椽尾梁上雕刻的天使及智天使的冒险故事。[①]

用结构学术语来说，相较于任何类似的有高领梁的大型桁架，椽尾梁桁架的主效用是将外推作用在支承墙上的施力点进一步下移，以减小它对最重要的推力作用线的不利影响。虽然这在实践中很有效，但椽尾

① 塞耶斯的这本书名叫《九个裁缝》（*The Nine Tailors*）。但在伯克郡的威克汉，圣斯威辛小教堂的屋顶桁架则装饰着维多利亚时代的巨大混凝纸象。

图 11–9　简单的椽尾梁屋顶。其效用是将外推作用（源自桁架的形变）在墙上的施力点进一步下移，以减小对推力作用线的影响。同时，端面窗口的视野会保持清晰

梁桁架从未引起讲求逻辑的欧洲大陆工程师的注意，所以在英国之外，其实例寥寥无几。

在传统的木制屋顶桁架中，接合处用的是木栓，有时是铁皮条。虽然这些接合方式并不特别有效，但在这样的结构中，主要需求是刚度而非强度，所以弱接合也无伤大雅。在大型现代建筑物中，比如工厂、工棚和仓库，屋顶桁架经常是由像角钢这样的钢材构成的，在这种情况下，不会出现任何特殊的问题。然而，在小型现代住宅中，屋顶桁架通常是木制的，木料的厚度常被削减到较低限度，甚至更低。尤其是平顶搁栅，其刚度可能刚刚达到能支撑平顶而不致灰泥开裂的程度。如果我们打算追逐时尚将现代阁楼改为卧室，那么最严重的问题很可能是地板的刚度。虽然屋顶桁架不太可能断裂，但人员和家具的额外重量导致的挠度变形很可能会严重损坏房屋，造成经济损失。业余的家装能手，请注意这一点。

船舶中的桁架

唉，古实河外翅膀刷刷响声之地，差遣使者在水面上，坐蒲草船过海。

——《圣经 · 旧约全书 · 以赛亚书》18：1–2

事实上，在建筑工匠和岸上的建筑师开始考虑这个办法之前的数个世纪，造船工匠就已在使用并理解各种各样的桁架。大部分造船史都始于古埃及人在尼罗河上使用的小艇。就像先知以赛亚似乎察觉到的那样，这些小艇是将平行的几束芦苇秆绑在一起制作而成的。实际上，这些芦苇舟是从筏子发展来的，可以追溯到遥远的以赛亚时代之前，又或者是公元前 4000 年到公元前 3000 年。类似的小艇今天仍可见于白尼罗河和南美洲的的的喀喀湖。芦苇束朝末端自然变窄，故而或多或少自动形成了船形样式。芦苇束又长又细的末端通常以这样一种方式绑在一起，将其向上翻转，可成为放置在船头和船尾的装饰品。这个特征保留至今，有时形状变化并不太大，可见于地中海划艇那高高的船首柱，尤其是威尼斯小艇和马耳他平底舟。

虽然船舶的浮力大部分是由船体中部提供的且较少部分源自锥状末端，但没有什么能阻止人们将重物置于船舶末端。这样做的一个结果是，许多船都趋于“中拱”（两端趋于下垂而船体中部趋于抬升）的形状。这与屋顶和桥梁中存在的情况相反，它们的桁架中部往往会下垂到末端支撑物以下的高度。这种状态被工程师称作“中垂”。虽然在中拱和中垂的情况下力与挠度变形的作用方向相反，但在这两种情境中梁或桁架都显然处于弯曲状态，并且严格适用相似的原则和论证。

从结构学角度讲，船体也是一种梁，中拱作用力的效应在埃及小艇的柔性芦苇船体上表现得非常明显。一艘中拱的船看起来令人沮丧，这种状况需要用各种其他漂亮的理由来阻止，即便在公元前 3000 年也有必要针对这个问题想点儿办法。事实上，埃及人极其明智地解决了这个难题。他们给船舶安上了今天被称为“中拱桁架”的构件。它由一条结实的绳索构成，穿过一系列竖直支杆的顶部，两端被缠绕在船舶两头的下面和周围，以阻止船舶两端下垂（见图 11–10）。这条绳索可以用某种形式的“西班牙绞盘”来绷紧。这种装置中间是一根长棍或长杆，外面缠绕着绳索，故而可缩短。因此，大的芦苇船体可被拉紧到船长想要的任意程度，无论是在平直还是竖直方向上弯曲。随着造船工艺的进步，埃及人开始用木料而非芦苇束造船。但是，因为大部分木板都非常短，并且几乎所有连接处都是摇摇晃晃的，所以对中拱桁架的需求仍然存在。

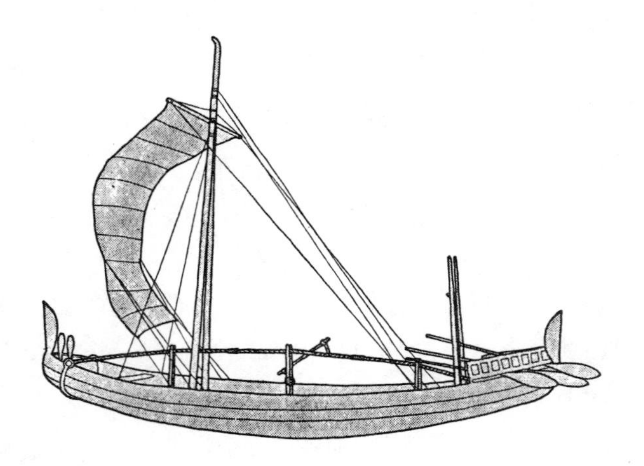

图 11–10　大约公元前 2500 年的埃及航海船。这种船是用木材建成的，但在船头和船尾处保留了芦苇小艇的竖直装饰物的特征。木制板条非常短且不利于紧固，因此这种船也保留了传统的埃及中拱桁架构件。注意其 A 字形桅杆

希腊造船工匠的技术水平比埃及工匠更先进，他们建造了雅典海上霸权所倚仗的壮观的三排桨军舰或帆桨战船。然而，这些舰船也是用短木料建成的，它们轻巧的船体非常柔韧，却很容易漏水。基于这些原因，希腊人以精致的形式保留了中拱桁架：用一条结实的绳索，在船体外的高处（船舷上缘下方）整整绕一圈。它也是通过西班牙绞盘来设置，舵手可根据需要调整。因为希腊军舰主要靠相互冲撞来作战，所以它们必须能经得起猛烈的结构性损伤。因此，中拱桁架是这些舰船的必备部分；没了它，舰船将无法战斗，甚至根本不能出海。正如过去给现

代军舰解除武装的惯例是从舰炮上移除炮闩，在古典时代，裁军专员常通过移除中拱桁架给三排桨军舰解除武装。

很明显，比雷埃夫斯港的雅典造船工匠熟悉建造桁架的原理，有人很可能会问：为什么像穆尼西克里和伊克梯诺等雅典建筑师不曾在他们所造的神庙屋顶上应用这种理念呢？这或许是因为中拱和中垂间的相似性从未打动他们，抑或只是因为他们从未与造船工匠推心置腹。毕竟，如今又有多少房屋建筑师与船舶工程师交谈过？

随着易碎的帆桨战船被舍弃不用，中拱桁架也消失了。然而，19 世纪的美式内河蒸汽轮船一如希腊三排桨军舰或尼罗河上的埃及船只那样柔韧。它们薄薄的木制船体导致了相同的难题，美国人解决这些难题的方式也和古埃及人如出一辙。所有美式内河蒸汽轮船都配备了埃及模式的中拱桁架。唯一的区别在于，其承张构件用的是铁杆而非纸莎草绳，金属螺钉也取代了西班牙绞盘成为绷紧它们的工具。致力于提高航速的船长声称可通过拧紧或放松中拱桁架来调整船体的形状，从而使他们的蒸汽轮船再提高半节[①]航速。事实上，这些蒸汽轮船船体漏水的状况，即使比三排桨军舰还糟糕，也没什么大不了的，因为它们配备了蒸汽舱底排水泵。

当然，桁架也会以多种不同的形式出现在几乎每一种帆船的帆装中。船帆很有可能也是一项埃及人的发明，因为尼罗河上的风在一年的大部分时间里都是向上游吹的，以至于运载货物的船能顺风逆流而上又顺流漂回下游，今日仍然如此。

建造帆船的第一个难题是竖起某种可扬起帆的桅杆，第二个也是麻烦得多的难题是把桅杆固定住。泛泛而谈，常规帆船的桅杆在结构上就是一种简单的杆或柱，靠固定的绳索系统获得来自各方向的支撑，水手们将这些固定绳索称为“静索”，即“横桅索”和“稳定索”。如果船体的刚性足以承受横桅索和稳定索的拉动，这就是最好的配置了，并且（如我们将在第 14 章看到的）是经数学证明的重量和成本最小化的配置。

---

① 1 节≈1.9 千米/小时。——编者注

然而，埃及人没有做过这种数学分析，此外，他们对这个问题也没有先入为主的观念。他们只不过是相当厌烦划船，想找到某种办法来支撑芦苇小艇上的一种叫作帆的新奇事物。

我曾花大量时间开发轰炸机携带的充气救生艇的帆装，[①]因此可以体会古埃及人在桅杆上付出的努力。或许，充气救生艇的膨胀船体同古埃及的芦苇小艇一样柔韧。我们不能期望将高负载的绳索系在浸水气球或松软的芦苇束之类的东西上，在这些情境中，"静索"的概念变得相当可笑。因此，埃及人非常明智地在相当湿软的船体上安插了一种三脚架——有时是一种"A"字形桁架（见图 11–10）。这个结构在尼罗河上的运行堪称完美；我曾羡慕过古埃及人对这个难题的解决办法，但不幸的是，这在救生艇上完全行不通，因为埃及人无须将整个帆装折叠起来装入一个小包，再放进一架拥挤的飞机。

希腊和罗马商船的船体一般是十分强劲的，足以对抗常规静索施加给它们的载荷，故而这些船的桅杆竖立在船中部，并按常规方式由横桅索和稳定索来支撑。然而，出于某种原因，即使大型罗马舰船，也大多遵循一根长帆桁悬挂着一个大横帆的单桅样式。直到文艺复兴时代的大航海运动，大型帆船的帆装才随着桅杆和船帆数目的倍增而变得复杂起来。大约在这个时期，单桅被三桅取代，分别是前桅、主桅和后桅。最终，每一种桅杆都向上延伸，以便能在下横帆或"主帆"之上先挂起中横帆，然后是上帆，最后是顶帆。（更高的天帆和月帆出现的时间要晚得多，皆是快帆船时代矫揉造作的产物。）

传统上，每种帆——主帆、中帆、上帆和顶帆——都挂在桅杆上各自独立的位置，也就是说，每段下桅的上面都是一段中桅，每段中桅的上面都是上桅。这些逐级向上的桅杆部位分别是由一段独立的木料构成的，每一段都在其适当的位置靠复杂而精密的滑动装置支撑。这种安排

① 任何不走运的飞行员都可能被动地体验过这些设备，为了他们的利益，我会告诉你如今我在以完全不同的方式开展这项工作。

是为了让所有逐级向上的桅杆部位和帆桁可以不时地被降到甲板上。因为更大的船桅木每个重达数吨，在摇晃的船上需要兼具技巧与勇气才能升起或降下这么笨重的对象。然而，一艘大战舰的船员规模可达 800 人，他们中的大多数人足可傲视高空作业的工人和受过训练的运动员。19 世纪 40 年代，英国地中海舰队的海上训练方法成为传奇。据说，舰队司令吃完早饭后习惯下令“所有舰船放倒中桅，并汇报所花时间与伤亡人数”。无论实际情况如何，能确定的是像皇家海军马尔伯勒号这样训练有素的战列舰，可以靠其全体船员在几分钟内将桅杆逐级拆卸下来，之后再同样快速地安好帆装。这些竞赛性训练绝非浪费精力。舰船上载有充足的备用船桅木，船在紧急状况下的安全性或者战时行动的结果，往往取决于替换报废桅杆的速度。平时训练期间偶有人员伤亡是可以接受的，如同骑马或攀岩事故也易造成伤亡。

这一切背后隐藏着卓越的结构技术，值得引起现代工程师的注意，而他们在这件事上往往自命不凡。在后来的帆船上，支撑所有桅杆上重物的索具，其复杂性的最佳代表是胜利号（见插图 14）或卡蒂萨克号。例如，胜利号主桅的总高度约为 223 英尺。它的主帆桁长 102 英尺，但它可随意延伸到 197 英尺的总宽度，靠的就是滑动翼帆下桁。整个庞大的机制稳定运行了多年，哪怕是在最可怕的风浪条件下，也比大多数现代机械可靠得多。

大帆船的桅杆或许代表了曾经最精密无疑也是最漂亮的桁架系统之一。以相当大的复杂性为代价，凌空结构的总重量降至一个安全的数字。但是，当 1870 年左右架设在旋转炮台上的大炮不得不被引入风帆战列舰时，人们却发现横桅索和其他绳索的网络过分限制了舰炮的射击弧度。为此某些装甲舰，特别是皇家海军的舰长号安装了三脚桅，以获得更好的火炮射界。这可以说是对埃及人立桅方法的回归。然而，这些三脚结构所增加的顶部重量，对这些舰船岌岌可危的稳定性产生了不良影响。它无疑导致了舰长号的倾覆，当时这艘军舰正在风雨交加的比斯开湾扬帆夜航，近 500 人因此溺水身亡。

悬臂与简支梁

显然在功能上，无论“梁”是以连续的长材料的形式——实心树干、钢棍、钢管或钢搁栅——出现，还是以某种开放式桁架的形式出现，都没有多大区别。后一种可能是木制屋顶桁架、航海绳索与船桅木，或者某种现代组装玩具式格栅，比如桥梁或高压输电塔。我们将会看到，动物中也多见这两种梁。桥梁、屋顶桁架、马背与腊肠犬通常是水平的，船桅、电线杆、高压输电塔和鸵鸟的脖子则通常是竖直的，但事实上差异不大。所有这些结构的基本用途都一样，也就是说，支撑垂直作用于梁的长度的载荷，不会在支撑梁的任何东西上施加纵向力。这本质上便是梁的所有用途所在。

有人会认为，像船桅这样的事物是个例外，因为桅杆会有力地向下推挤船体。但同时，横桅索和稳定索正好以等大的力向上拉船体，所以没有净的垂直方向的力作用于船体，结果就是船在水中既不上浮也不下沉。类似的探讨适用于许多动物结构。例如，马的脖子就非常像桅杆。马的颈椎骨像桅杆一样处于挤压状态并向后推马的躯体，但马又像桅杆一样静立，靠的是马的颈部肌腱以等大且反向的力向前拉马的躯体。

就我们刚才探讨的意义而论，所有梁，无论对于有生命的物体还是无生命的物体来说，都有同样的作用。梁整体上可分成两个主要的范畴：悬臂与简支梁。事实上，梁还可进一步区别和细分，这往往有助于应试或其他目的，但我们暂时忽略它们。

悬臂是一种梁，它可被看作一端“内置”于某个刚性支持物（比如墙壁或地面），另一端伸出并支撑载荷的结构。高压输电塔、电线杆、船桅、涡轮叶片、角、牙齿、动物脖子、树、秸秆、蒲公英皆为悬臂，鸟类、飞机和蝴蝶的翅膀，以及老鼠和孔雀的尾巴，也是悬臂。

简支梁（见图 11–12）是一种两端随意置于支持物之上的梁。

图 11–11　载荷分散的悬臂梁

图 11–12　简支梁

从结构学角度看，这两种情况密切相关。我们由图 11–13 可知，简支梁等价于让两个悬臂背靠背并颠倒过来。

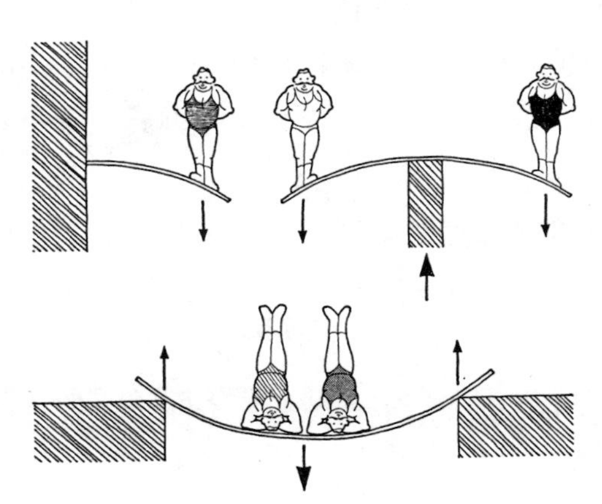

图 11–13　简支梁可被视为将两个悬臂背靠背并颠倒过来

桥梁桁架

这条路靠着简陋的栈桥横跨数百英尺深的山谷，这些栈桥在列车的重压下嘎吱作响。显然，再也找不到比这些结构更不牢靠的东西了，我总是在安全抵达另一边时长吁一口气。从车窗看出去，下方有令人眩晕的深度，着实可怕，若这脆弱的结构崩塌——仿佛即将发生——我们应该都会粉身碎骨，断无生还的希望。即便在东部诸州，这类原始桥梁尚存的也不在少数，据说几乎没有事故发生。然而，它们极易毁于火灾，此乃从蒸汽发动机中掉落的灼热煤块所致。

——萨缪尔·曼宁，《美国风光》

英国铁路笔直、水平地跨越起伏的英格兰地貌，靠的是大量使用路堑、路堤以及壮观的石砌和铁制高架桥。这种工程上的铺张取决于资本和劳动力的供给，二者在维多利亚时代的英格兰皆充足。美国的情况则完全不同：[①]距离遥远，资本稀缺，即便是无技傍身者，工资也很高。在这个自由的国度，人人都是业余的，欧洲式的能工巧匠几乎没有。铁很昂贵，但廉价的木料无数。最重要的是，美国的铁道工程师就像他们的蒸汽轮船同行那样，随时都会用他人的生命和财产来冒险，这使得不列颠工程师礼帽下烟囱似的头发都竖了起来。而这些不列颠工程师并非过分谨慎之人，如今看来还有些轻率。当然，19 世纪的美国人惯于险中求生，这更多应归因于他们的工程师，而非印第安人或绿林强盗。

铁路以尽可能快的速度向西推进，伴以最少的昂贵路堑和路堤。当条件适宜时，美国人会借助那些令曼宁牧师感到害怕的巨大木制高架栈桥来跨越山谷。传统上，它们总是与美国铁路相关联，而且多数留存至今（见插图 15）。从它们建成之日起，美国铁路公司便财源滚滚（中央

① 美国铁路每英里的成本为英国铁路的 1/5，但美国人的工资要高得多。

太平洋铁路公司据说已发放了 60% 的红利），所以他们很快就能把许多不牢靠的栈桥换成结实的填土路堤，靠的就是从特制列车顶部倾倒泥土，直到整个木质结构被埋在土里，留待腐烂。

高架栈桥无法跨越宽阔起伏的河面，所以需要建造长跨度的大型桥梁。欧洲式的永久性桥梁常因资金和技术劳动力的缺乏而不可行，所以美国极度需求长且便宜的木制桁架，它们可由技术平庸的工人来制造。因为这些桁架的建造有潜在的利益，以及美国人皆无可救药地想去创造，所以在 19 世纪有相当数量的美国人把时间花在发明桁架上。你在教科书里可以发现相当多的桥梁桁架设计，彼此略有不同，都以其发明者的名字命名。我们不必将它们都详细列举一遍，因为它们的运作差不多都基于类似的原理，但其中有两三种值得一提。

其中最早的一种是鲍尔曼式桁架（见图 11–14），它在美国的应用极其广泛，这或许更多是由于鲍尔曼的政治天才，而非技术天赋。他以某种方式说服美国政府，让其相信他的桁架是唯一“安全”的设计，并一度强制要求使用。这个立法程序可能也没有人们想象的那么难，因为多年来一直被专业的工程师视作实用的一条工作原则就是，美国国会议员对技术的无知可以说是无下限的。①

图 11–14 展现了只有三个节间的简化鲍尔曼式桁架。在实践中，通常还需要更多的节间，整个体系也更加复杂。除此之外，承张构件也过长。芬克式桁架（见图 11–15）和鲍尔曼式桁架发挥的作用一样，但用的构件更短，效果也更好。

---

① 1912 年，在美国政府质询邮轮泰坦尼克号事故期间，下述交谈被记录下来：

参议员 X：是你告诉我们这艘船装配有水密隔舱的？

专家证人：是的。

参议员 X：那你能解释一下这是怎么回事吗？当船沉没时，为什么乘客不能进入水密隔舱？

图 11–14 鲍尔曼式桁架

图 11–15 芬克式桁架

我们可以有效地沿芬克式桁架的底部放置一个连续构件，将之或多或少地转变成普拉特或豪氏桁架（见图 11–16）。

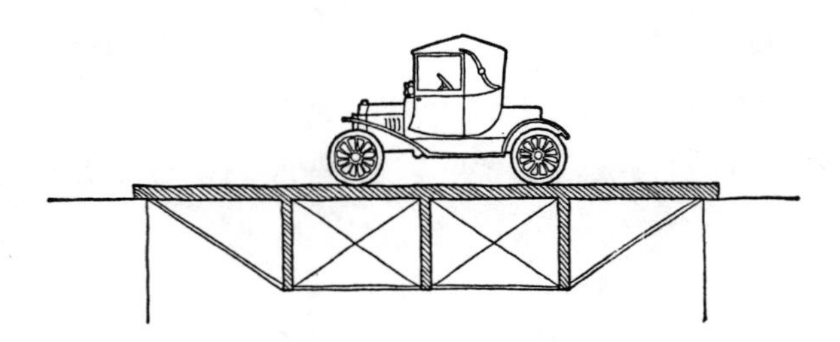

图 11–16 普拉特或豪氏桁架

这就是通常在传统双翼飞机上使用的桁架。我们将会看到，将普拉特或豪氏桁架颠倒过来也一样好（不论是在中拱还是中垂的情况下），只要我们采取某些常识性的预防措施。此外，如果让所有构件既能承张又能承压，我们就可以将该结构简化为沃伦式主梁，如图 11–17 所示，或者类似的形式，这是最常用的普通钢构桁架。

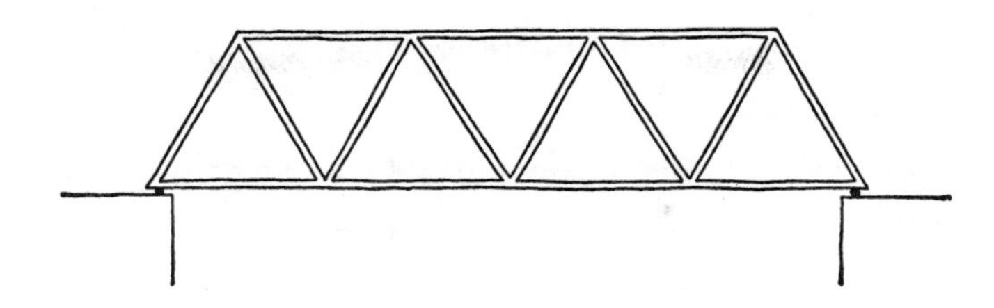

图 11–17　沃伦式主梁

到目前为止，我们把所有这些桥梁都看作简支梁，当然，它们中有很多过去和现在都是简支梁。然而，也有一些梁式桥属于悬臂桥。不知何故，悬臂桥在木制构造中从未真正流行，但它们如今广泛应用于钢材和混凝土建筑中。很大一部分横跨高速公路的桥梁都是钢筋混凝土悬臂桥，其中央部位就是架在两个悬臂末端的简支梁（见图 11–18）。部分原因在于这样的配置更容易适应挠度变形。然而，有少数桥梁上面的两个悬臂正好从两边伸出来，在中间相遇。

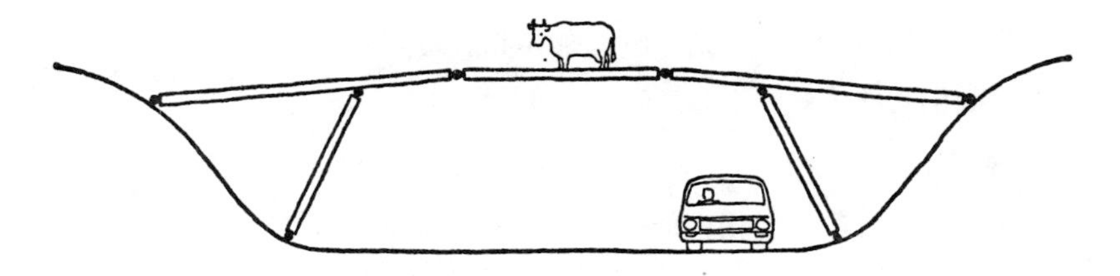

图 11–18　中央部位是简支梁的悬臂桥

在兴建超长铁路桥的年代，建造大型钢悬臂桥成为潮流。其中最著名的例子是 1890 年落成的福斯铁路桥，它是第一座用平炉钢建造的重要桥梁，事实上，它用了 51 000 吨平炉钢。但是，公路桥往往不需要像铁路桥那样有如此大的刚性（福斯铁路桥据说是世界上唯一一座允许列车全速通过的大型桥梁），所以大部分现代桥梁都是悬索桥，它们的造价通常更便宜。福斯公路桥与其邻近的铁路桥的总跨度相近，它完工于 1965 年，仅用了 22 000 吨钢材。

桁架和梁中的应力系

由这一切可知，种类繁多的梁与桁架显然在世界范围内承载重负方面扮演了极其重要的角色。目前尚不是很清楚它们是怎么做到的。梁中的应力如何作用，又是什么真正让结构不倒？如我们所说，格构桁架和实心梁总能互换使用，因而可以设想，桁架内的应力系统在原则上和实心梁内的应力系统没有多大区别，尽管它有更易形象化的优势。此外，悬臂可能比简支梁更容易探讨，尽管就像我们从图 11–13 中看到的，这两种情况之间存在相当简单的关系。

因此，让我们考虑一个悬臂式桁架，它一端固定在墙上，另一端向外伸出以支撑载荷 *W*。我们可以从初制或新制的悬臂开始，如图 11–19 所示，它呈简单的三角形排布。在这个悬臂中，重量 *W* 直接凭借斜构件 1 的张力的向上分量的作用而保持不跌落。水平构件 2 中的抗压力只作用在水平方向上，所以它对承重不起直接作用。但是，它们也只在水平方向上对物体起作用，2 号构件在维持桁架伸展上发挥着一种间接但非常必要的功能，让它沿自己的方向伸展。

现在，让我们给这个桁架再增加一块板，如图 11–20 所示。显然，现在重量直接是靠 1 号构件的拉应力和 3 号构件的压应力合成的向上作用力来支撑的。4 号构件必然处于拉伸状态，但像 2 号构件（仍然处于压缩状态）一样，它对承重没有直接贡献，虽然没有它的话，桁架是支

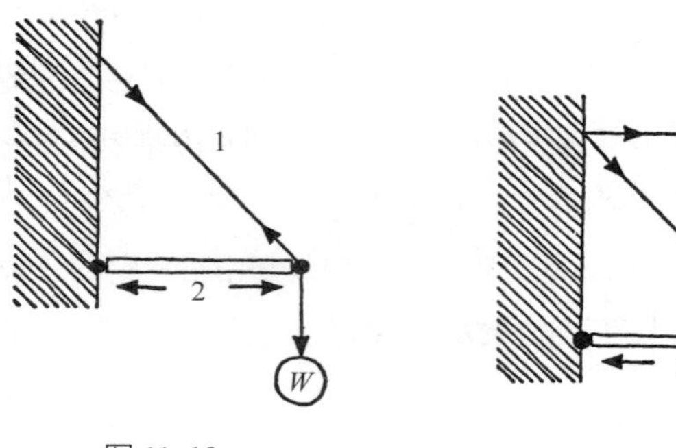

图 11–19

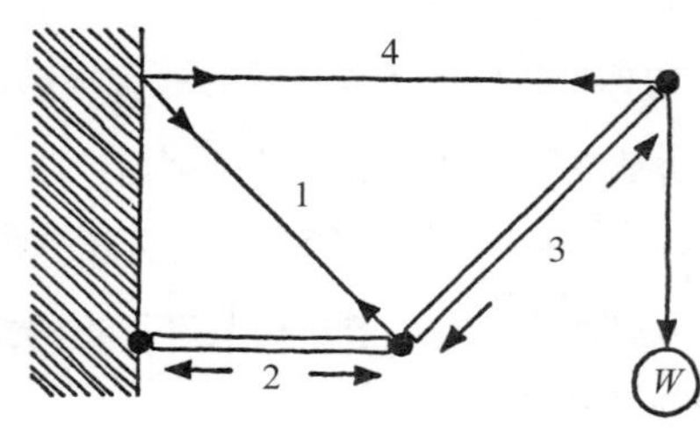

图 11–20

撑不起来的。

如果我们用几块板建成一个桁架，如图 11–21 所示，总的情况仍然差不多。对角构件 1 和 5 处于拉伸状态，而构件 3 和 7 处于压缩状态，仍然是这些构件在直接支持载荷。总的来说，这些构件是在对抗所谓的"剪切"。在下一章，我们会对剪切进行详细讨论。同时，我们可能观察到作用在所有这些对角构件上的力的数值相近。不管悬臂有多长，也不管木板有多少块，这都是正确的。

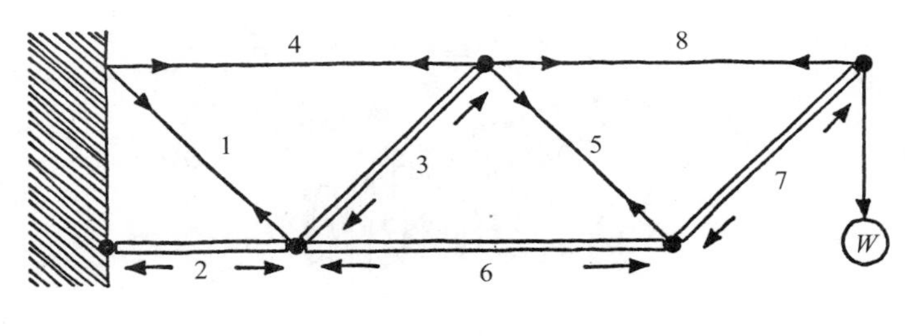

图 11–21

但是，水平方向上的力则不然。构件 2 的抗压力比构件 6 的大，同样，构件 4 的拉力也比构件 8 的大。我们制作的悬臂越长，2 号构件的抗压力就越高，4 号构件的拉力也越大。如果我们制作的悬臂很长，那么接近固定端点的横向或纵向的拉力、抗压力和应力可能会非常高。换言之，这样的悬臂或许会在其根部附近断裂，这毕竟是个常识。然而，我们的确遇到了明显的矛盾：构件内最大的力反而不直接支撑载荷。

在图 11–21 中，向下的载荷或"剪切力"，如我们所说，是靠曲折的对角构件 1、3、5 和 7 来直接支撑的。然而，我们可以通过引入更多功能相同的斜构件让这个对角格构复杂化。事实上，这通常出于多种理由（见图 11–22）。大自然也经常这样安排。大多数脊椎动物的躯干和肋腔都可被视为一种简支梁，这在马的身上是显而易见的。脊椎骨和肋骨构成了相当复杂的芬克式桁架（见图 11–15 和图 11–23）的承压构件。肋骨之间的空隙是纵横交错的肌肉组织网、网络或格构，大约同肋骨成 ± 45° 角。

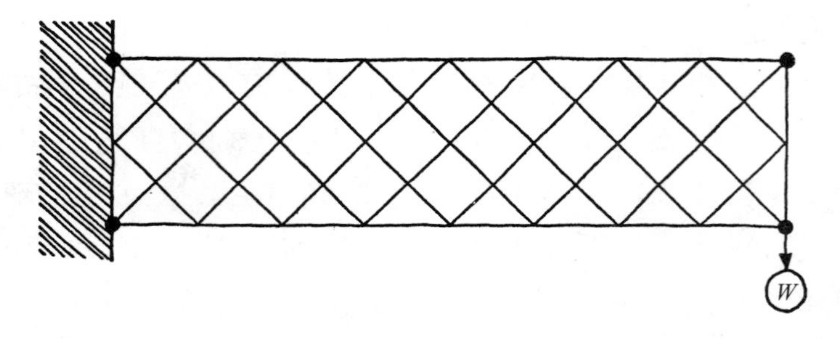

图 11–22　剪切同样能很好地由多重格构或连续板来承受

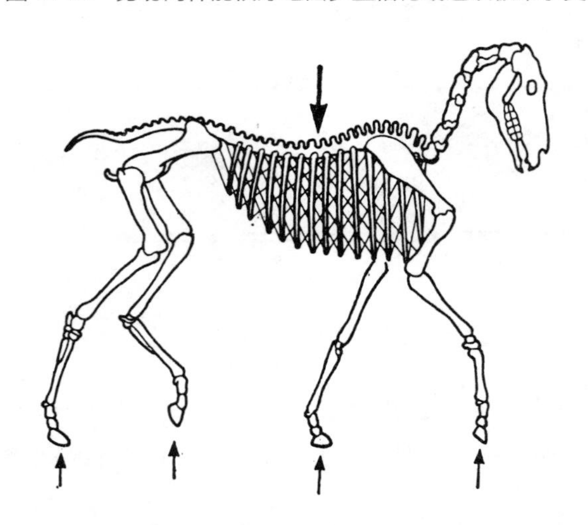

图 11–23　许多脊椎动物形成一种带肌肉和肌腱的芬克式桁架，在肋骨间构成相当复杂的对角剪切支撑

在工程结构中，下一步是填充桁架中间的空隙，不是用某种格构，而是用连续板或者钢材、胶合板等制成的"腹板"。这种梁可采取多种形式，但最常见的或许是普通的H形或I形梁（见图 11–24）。梁中部的连续板或腹板的功能正好与桁架中的曲折格构一样，所以腹板上的载荷和应力也是以差不多的方式运作的。

因此，在H形梁中，顶部和底部的"梁缘"、"翼缘"或"凸缘"，都是用来对抗水平或纵向的拉应力与压应力的，而中部的"腹板"则主要用于对抗垂直力或剪切力。

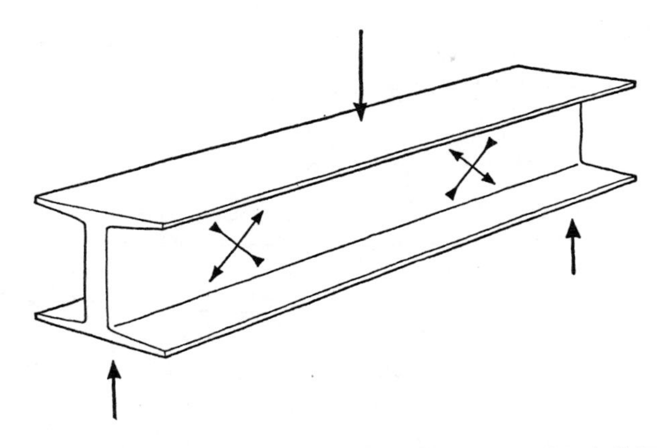

图 11–24　在许多工程梁中，剪切都是由连续的腹板来承受的。但剪切作用产生的拉应力和压应力仍在 ± 45° 的方向上

纵向弯曲应力

如我们所说，纵向的拉应力和压应力沿梁的长度方向作用，往往比剪切应力更高也更危险，尽管这些纵向应力本身并不直接支撑载荷。对于在实践中常见的普通梁，纵向应力导致梁失效的情况很普遍，所以工程师会首先计算纵向应力。

虽然H形截面的梁（见图 11–24）普遍存在，但梁的横截面可以是任意形状，而且一般的梁理论计算适用于大部分简单形状的梁。事实上，横跨梁厚度的纵向应力分布在本质上类似于横跨砖石砌墙（见第 9 章）厚度的应力分布，二者之间的重要区别在于，砖石砌体不能承受拉应力，而梁可以。

每一道梁都会在施于其上的载荷作用下发生挠度变形，因此它会被扭成弧形或弯曲状。弯曲梁的凹面或承压面上的材料会缩短或受压应变，而凸面或承张面上的材料则会变长或受拉应变（见图 11–25）。如果梁的材料遵循胡克定律，那么横跨梁任意截面的应力与应变分布将是一条直线，而且会有某个零点，那里的纵向应力和应变既不是拉伸的，也不是压缩的，而是零。这个点就位于梁的“中性轴”上。

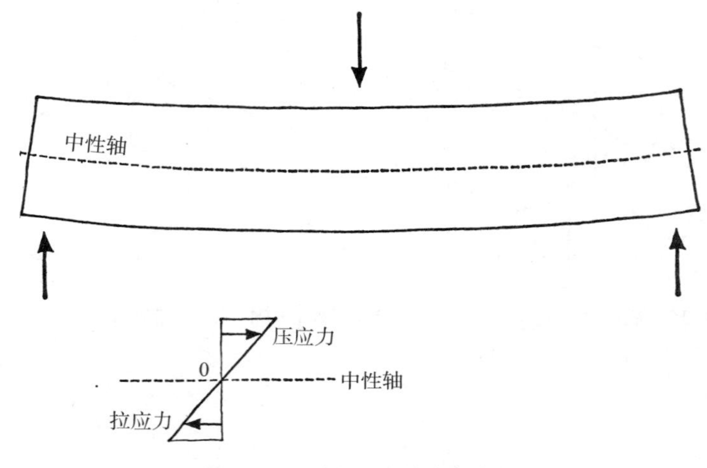

图 11–25　跨梁厚度的应力分布

了解中性轴在梁上的位置很重要，而且幸运的是，它很容易确定。用代数方法可以很容易地证明，中性轴一定会经过梁截面的质心或“重心”。对简单的对称截面而言，比如矩形、圆形、管状和H形的梁，中性轴位于中部，在梁顶部和梁底部之间的正中央处。对非对称的截面而言，比如铁轨、船舶和机翼，就得通过计算确定其位置了，但也不是太难。

图 11–25 清楚地揭示了纵向应力随其到中性轴的距离的增加而增加。在谈论梁理论时，该距离一般被称作y。[①]现在，如果我们要寻求结构的“效率”，无论是根据材料重量、成本还是代谢能量，那么我们一定不想养一只不捉老鼠的猫。换言之，我们不愿意使用极少承载或不承载应力的材料。这意味着我们要尽可能减少靠近中性轴的材料，而尽量增加离它远的材料。当然，我们应该在中性轴附近留一些材料以便承载剪切应

① 见附录Ⅱ。

力，但在实践中，我们可能也不需要太多用于此目的的材料，相当薄的腹板可能就足够了（见图 11–26）。

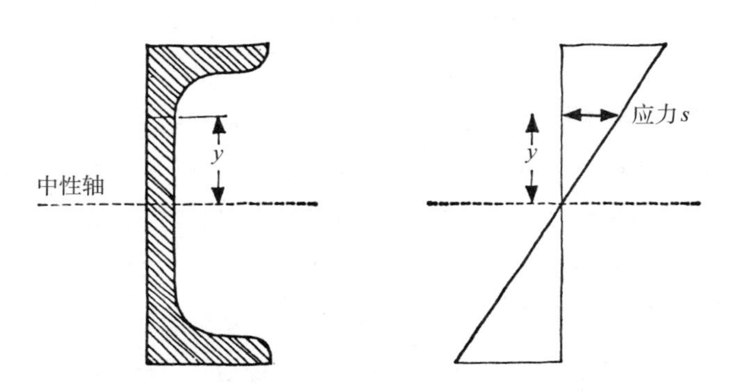

图 11–26　如果到中性轴的距离为y的位置发生的弯曲所产生的拉应力或压应力为s，则有$s=\frac{My}{I}$，其中M = 挠矩，I = 横截面积的二阶矩。如何得到M和I，可参见附录 Ⅱ

这就是为何工程中的钢梁的横截面通常呈H形、槽形或Z形（见图 11–24）。这些截面的优点是，较易于在轧钢厂用低碳钢轧制成型。它们常被称为“轧制钢搁栅”，如今很大规格的也能买到。Z形截面要优于槽形和H形，它的凸缘更容易被铆接到连续板上。这就是为什么Z形钢梁常用于船舶肋骨。

当这种简单的截面不适用时，常见的办法是使用组合的“箱式”截面。这些截面的第一次也是最重要的应用是罗伯特·史蒂芬孙建造的跨梅奈海峡的布列坦尼亚桥（见插图 16 与图 13–11）。在防水胶和可靠的胶合板被引入后，箱式梁常用于木制构造，尤其是木制滑翔机的翼梁（见图 13–5）。

当然，在我们考虑板材时，同样的论证也适用。金属薄片在弯曲的情况下既弱又柔韧，而为了节省重量，我们希望尽可能获得一个更厚的截面。这经常是通过将金属片轧制成波纹板实现的，但用波纹铁会带来糟糕的后果。[①]波纹金属片过去被用作船舶和飞机的外壳，尤其是老式的容克单翼飞机。但是，反对的理由也显而易见，如今在船舶工业与航空航天工业领域，更普遍的做法是通过将叫作桁条的金属角铆接或焊接到外壳内表面来增加其刚度和强度。

在所有这些情境中，载荷普遍只从一个方向作用到梁上，而横截面的形状也因此达到最优。然而，在某些工程结构和很多生物结构中，载荷可能来自任何方向。对路灯杆、椅子腿、竹子和腿骨来说，大致就是这样。为达到这样的目的，最好使用圆的空心管，当然这正是通常的做法。一种折中情况出现在百慕大式桅杆上，这些桅杆通常是由截面为椭圆形或梨形的管构成的。这主要不是为了像通常设想的那样以“流线型”表面减小风阻，而是为了迎合一个事实，即侧向支撑一根现代桅杆要比沿船头到船尾的纵向平面容易得多，所以桅杆截面必须考虑到这一点，在纵向上提供更大的强度和刚度。

① 也要注意蚌壳上和多种树叶上的波纹，比如，角树的叶子。

第12章

剪切与扭转的奥秘——北极星导弹与斜裁睡袍

拧一拧，扭一扭！

纵然是欢乐与哀愁，

希望与畏惧，还有安宁与争斗，

千般百种皆在人生的丝线上交错。

——沃尔特·斯科特爵士，《盖伊·曼纳宁》

此处应该引用桃乐丝·帕克（Dorothy Parker）的一段书评："这本书告诉我的会计学原理比我想知道的还多。"其实我敢说，我们中许多人都倾向于得出这样的结论，即事物在剪切状态下的行为方式归根结底是专家们操心的事情。我们觉得自己能应付拉伸和压缩，但是遇到剪切，我们则会心神不定。

因而，不幸的是，我们在弹性教科书中学到的剪切应力被假设为施加于曲轴或更无聊的梁等东西上的力。尽管这种方法无疑是有价值的，但它在某种程度上并不吸引人，而且它转移了人们对一个事实的关注，即剪切应力和剪切应变绝不仅限于梁与曲轴，而是遍布于我们实际制作的一切东西——有时会产生意料之外的结果。这就是为什么小船会漏水，桌子会晃动，而衣物会在错误的地方鼓起来。不仅是工程师，还有生物学家、外科医生、女装裁缝、业余木匠和制作椅子套的人，如果他们眼见剪切应力而不心生畏惧，他们就都能过上更好且更富有成果的生活。

如果拉伸与拉扯有关而压缩与推挤有关，那么剪切就与滑移有关。换言之，剪切应力度量了固体的一部分滑过紧邻区域的趋势。这类事情会发生在你把一副扑克牌扔到桌上或从某人脚下猛然拉出地毯的时候；它也发生在任何东西被扭曲的时候，比如脚踝、轿车的驱动轴或任何其他机械部件。被剪切或扭曲的材料往往表现得相当直接且合理，但是，当我们开始探讨这种行为时，使用专门的词汇自然大有裨益。所以，我们可能要从几个定义讲起。

什么是剪切

剪切的弹性与拉伸、压缩的弹性非常相似，所以像剪切应力、剪切应变和剪切模量这样的概念非常类似于它们在拉伸情况下的对应物，自然也就不难理解了。

剪切应力N

如我们说过的，剪切应力度量的是固体的一部分滑过邻近部分的趋势，如图 12–1 所示。因此，如果材料横截面积为A，受剪切应力P的作用，那么材料中该处的剪切应力为：

$$\text{剪切应力} = \frac{\text{剪切载荷}}{\text{承剪面积}} = \frac{P}{A} = N$$

这与拉应力相似。其单位也同拉应力的单位相同，即psi、MN/m^2等。

剪切应变g

在剪切应力作用下，所有固体的屈服或应变与它们在拉应力作用下的表现一致。但是，在剪切的情况中，应变是一个角，因此其量度与其

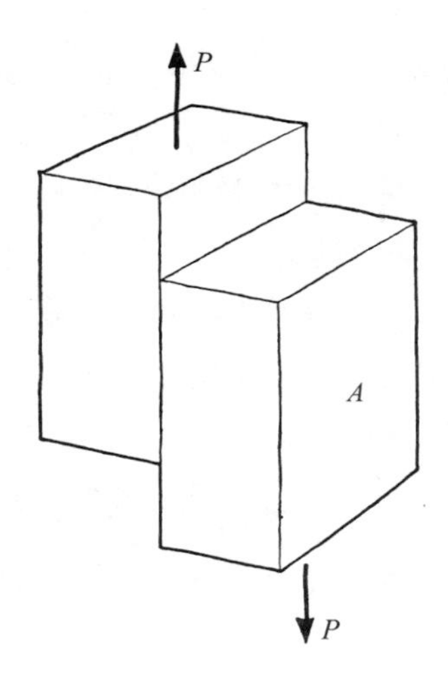

图 12–1　剪切应力 $=\frac{\text{剪切载荷}}{\text{承剪面积}}=\frac{P}{A}=N$

他任意角一样，用的是角度或弧度，通常是弧度（见图 12–2）。当然，弧度没有量纲，其实就是个数量、分数或比率。在本书中，我们用g表

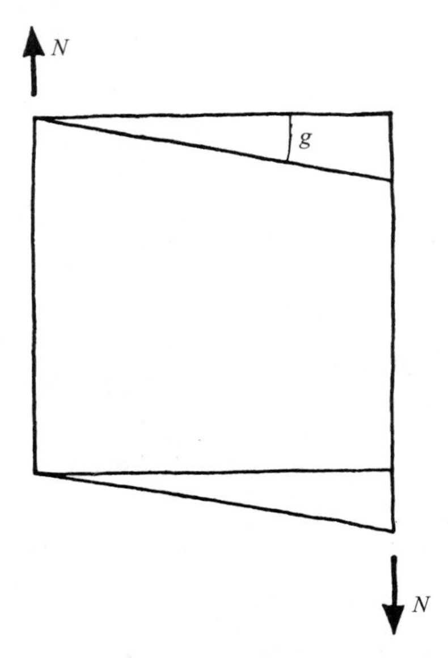

图 12–2　剪切应变 = 剪切应力N导致材料扭曲形变的角度 = 通常用弧度表示的角g

示剪切应变，就像抗拉应变e一样，g也是一个无量纲的数或分数，没有单位。

在像金属、混凝土或骨骼这样的硬固体中，弹性剪切应变很可能小于1°（1/57弧度）。如果超过这个剪切应变，一般来说，这类材料要么发生断裂，要么以塑性且不可恢复的方式流动，就像黄油一样。然而，像橡胶、纺织品或生物软组织这样的材料，可恢复应变或弹性剪切应变可能比这个值高得多，或许为30°~40°。液体以及像糖浆、蛋奶沙司、橡皮泥之类的湿软物体，其剪切应变是无限的，但也是无法恢复的。

剪切模量或刚性模量G

在微小和适中的应力状态下，大部分固体遵循剪切情境下的胡克定律，就像在拉伸状态下一样。因此，如果绘制剪切应力N和剪切应变g的图像，我们就会得到一条至少在初始阶段为直线的应力–应变曲线（见图12–3）。直线部分的斜率或坡度代表材料在剪切作用下的刚度，被称为“剪切模量”，有时也叫“刚性模量”，用“G”表示。因此有：

$$\text{剪切模量} = \frac{\text{剪切应力}}{\text{剪切应变}} = \frac{N}{g} = G$$①

所以，G是弹性模量E的精确类似物，并且像E一样，它也有应力的量纲和单位，即psi、MN/m^2等。

---

① 要注意G和E之间存在一定的关系。对像金属这样的各向同性材料来说，我们有：

$$G = \frac{E}{2(1+q)}$$

其中q为泊松比。

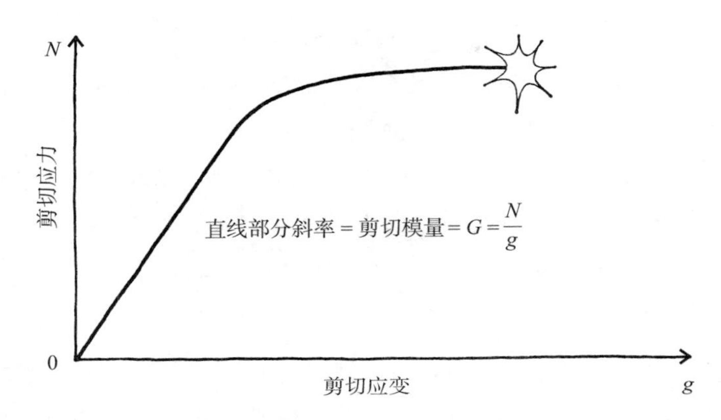

图 12–3　剪切情况下的应力–应变曲线与拉伸情况下的非常相似。直线部分的斜率相当于剪切模量 $G=\frac{N}{g}$

抗剪腹板

如我们在上一章所说，虽然在梁或桁架顶部和底部的凸缘上可能有很大的水平拉伸和压缩作用，但真正使结构发挥作用承受向下载荷的实际向上推力一定是腹板产生的，即来自将顶桁和底桁接合起来的中间部位。在连续梁上，腹板是由实心材料构成的，也可能是块金属板；在桁架上，同样的功能是由某种格构或格架来实现的。

因为材料与结构间的区别从未被清晰地定义，所以梁上的剪切载荷无论是由连续板式的腹板来承载，还是由棒、线、木条或其他东西组成的格构来承载，其实都没有关系。但是，这里有一个重大的区别。比如，如果腹板是用金属板做的，那么朝哪个方向放置金属板是无关紧要的。也就是说，如果我们从某块更大的金属板材上切割出作为腹板的金属板，那么以什么角度切割都无所谓，因为金属在其内部的各个方向上都具有同样的性质。这样的材料，包括金属、砖块、混凝土、玻璃和大部分种类的石头，是“各向同性的”（isotropic），这个词在希腊语中有

“在所有方向上都一样”之意。金属是各向同性的（或大致如此），在所有方向上都具有一样的性质，这个事实在某种程度上让工程师的工作变得更轻松，这也是他们喜欢金属的原因之一。

然而，如果我们现在考虑的是格构腹板，那么显然它必须采取这样的构造，即棒和系杆大致同梁成 ± 45° 角。如若不然，则腹板在剪切状态下的刚度会极小，甚至没有（见图 12–4 和图 12–5）。在载荷作用下，格构会折叠起来，梁可能会坍塌。这种材料是“各向异性的”（anisotropic），有时也叫“各向不同性的”（aelotropic），二者在希腊语中皆有“在不同方向上是不同的”之意。按照不同的方式，木材、布料以及几乎所有生物学材料都是各向异性的，而且它们倾向于使生活变得复杂，不仅是对工程师而言，对其他许多人也是一样。

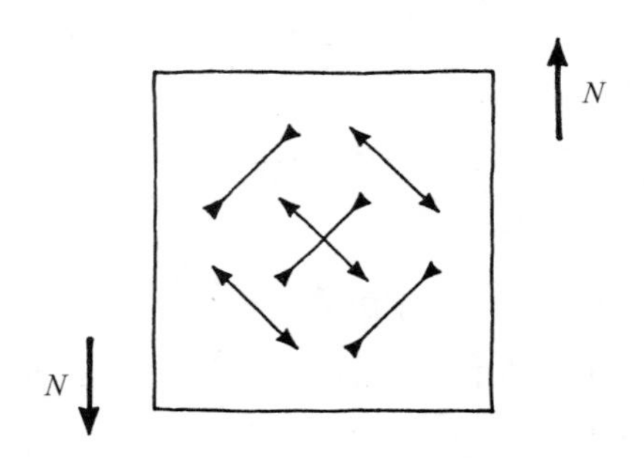

图 12–4 剪切会在与剪切面成 45° 角的方向上产生拉应力和压应力

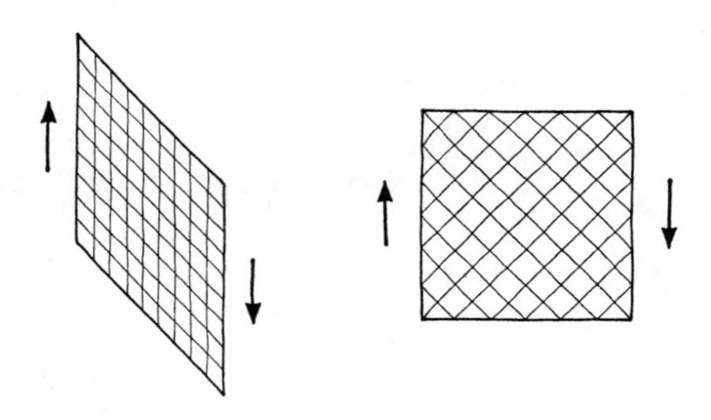

图 12–5 像右图这样的体系在剪切状态下是刚性的，而像左图这样的体系则是松散的

布料是一种最常见的人造材料，呈高度的各向异性。就像我们反复说的那样，材料与结构之间的区别是模糊的。布料虽然被女装裁缝称作“材料”，但它其实是一种结构，是由分离的纱或线构成的，这些纱线彼此呈直角交叉状，在载荷作用下的行为同梁或桁架的格架腹板几乎一样。

如果你用手拿起一块方形的普通布料，比如一块手帕，你就会容易地看出，它在拉伸载荷作用下的形变方式明显取决于你拉扯它的方向。如果你相当精确地沿经纱或者纬纱拉扯，[①]那么这块布的伸展幅度极小；换言之，它在拉伸状态下是强劲的。此外，在这个情境中，若仔细查看，就能看出因拉扯造成的侧向收缩很小（见图 12–6）。因此，它的泊松比很低。

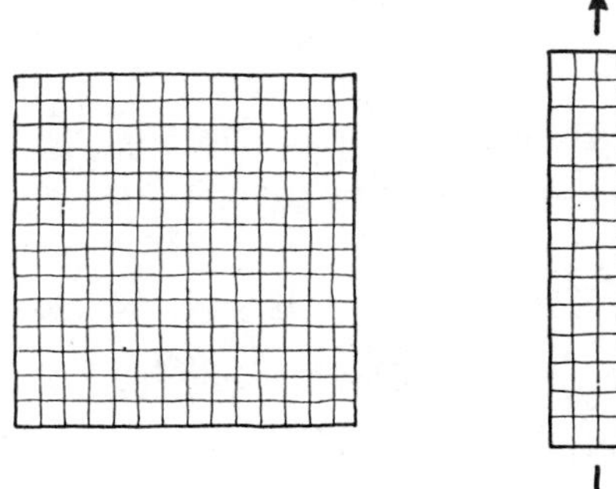
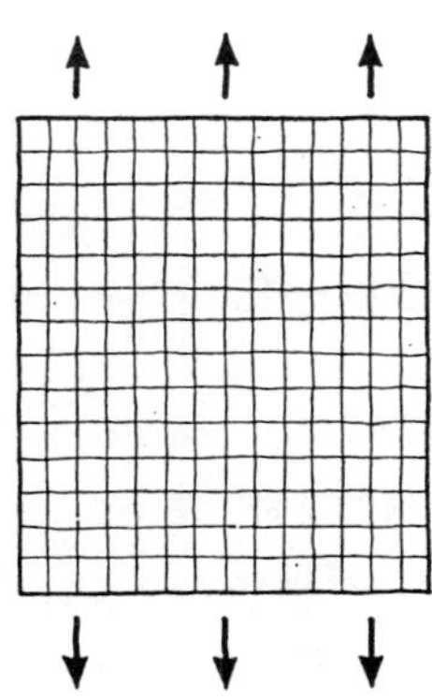

图 12–6 当沿平行于经纱或纬纱的方向拉扯布料时，该“材料”是强劲的且侧向收缩相当小

然而，如果你现在沿与纱线成 45° 角的方向——就像女装裁缝说的“沿斜向”——拉扯布料，其伸展程度就要大得多；也就是说，拉伸状态下的弹性模量很低。在这种情况下，因拉扯造成的侧向收缩很大，该方向上的泊松比很高；事实上，其值约为 1.0（见图 12–7）。总而言之，

① 经线或经纱是指平行于一卷布长度方向的纱线；纬线是指横跨布料、与其长度方向垂直的纱线。

布编织得越松，其在斜向与在经纬或“平直”方向上的行为间的区别就越大。

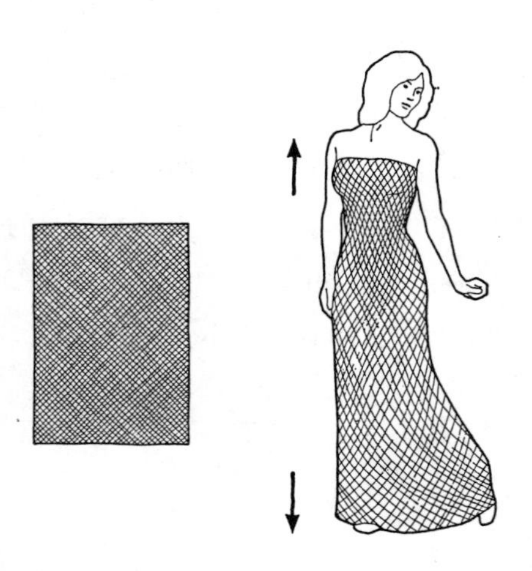

图 12–7 如果沿“斜向”或与经纬线成 ±45° 角的方向拉扯布料，则“材料”是可伸展的，泊松比——侧向收缩——很大。这就是女装裁制中“斜向裁剪”的基础

虽然可能没有多少人听说过“各向异性”这个词，但事实上，几个世纪以来，布料的这种行为方式几乎无人不知。然而，相当令人惊讶的是，纺织布料的各向异性的特征和社会后果似乎迟迟没有被充分认识或利用。

当我们停下来琢磨这个问题时，显然，如果我们用布或帆布制作任何东西，要使形变最小，我们可能需要让重要的应力尽可能地沿经纱和纬纱的方向分布。这通常涉及“以直角”裁剪材料。如果我们沿 45° 角的方向（即“斜向”）拉扯布料，那么我们获得的形变会大得多，且这种形变是对称的。但是，如果我们如此笨拙，以至于这块布料最终被拉向某个不居中的方向，那么我们会获得一个较大且高度不对称的形变。因此，这块布料会被拉扯成某种怪异且不受欢迎的形状。①

① 当用胶布材料来制作气球和充气艇时，理解这个原理是非常重要的。如果引起的是剪切形变，橡胶覆层的应变方式就会导致漏气。

虽然有史以来船帆制造一直是一个重要的产业，但这些有关帆布的基本事实从未被欧洲的制帆工匠充分认识到。他们世世代代沿袭这样一种制造船帆的方式，即拉力斜着作用在经纱和纬纱上。其结果是，他们的船帆很快就会变得松垮，并且在起风时极难设置得当。让情况变得更糟糕的是，欧洲人制作船帆倾向于用亚麻帆布，其松散的编织方式特别容易导致船帆变形。

合理的现代船帆制造始于 19 世纪初的美国。美国的制帆工匠使用以紧密方式编织的棉质帆布，它们接缝的方式是使缝线的方向与应力的方向更接近。虽然这往往使得美式帆船比英式帆船航行得更快，也更兜风，但英国制帆工匠直到一次轰动性事件的发生后才意识到这一点。这次事件的主角是双桅帆船美利坚号，它于 1851 年从纽约驶至考斯，与最快的英式帆船竞速。在环怀特岛的一场比赛中，奖励是由维多利亚女王亲自颁发的一座相当难看的银杯。这座水壶似的奖杯自那以后便被称为“美利坚杯”。当被告知美利坚号是第一艘驶过终点线的帆船时，女王问道：“谁是第二名？”

“现在还看不到第二名，陛下。”

此后，英国制帆工匠改正了他们的做法——其改变程度之大，以至于几年之内，美国的帆船主也会从考斯的拉齐先生那里购进船帆。美国制帆工匠上的这一课堪称令人印象深刻，尽管大多数现代船帆都是用涤纶而非棉布制成的，但如果你看看现代的任意一张船帆（见图 12–8），你都能看到其裁剪方式是使纬纱尽可能地平行于帆的自由边，那里通常是最大应力的作用方向。

从许多方面看，让布料符合所需三维形状的难题与制造船帆和裁制女装几乎没什么不同。然而，男装裁缝和女装裁缝处理这个问题的方法似乎比制帆工匠更高明。他们尽可能以直角裁剪布料，从而使大部分周向或环向应力径直沿纱线分布。当需要紧身款时，其实可通过应用张力系统来实现：换言之，就是用束带。有时候，维多利亚时代的年轻女士看似身着几乎同帆船一样多的索具。

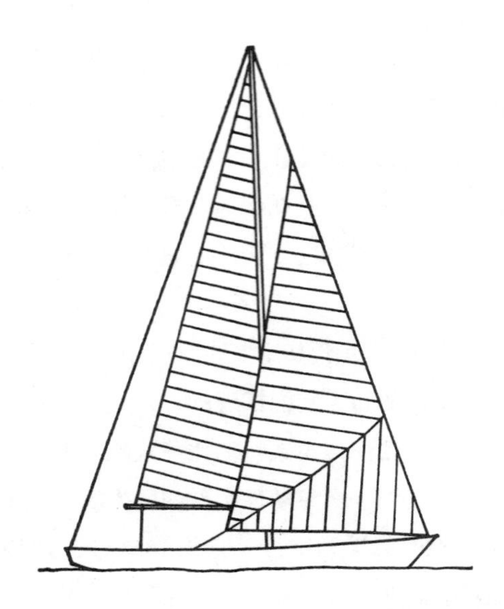

图 12–8 在现代船帆上，帆布的纬纱通常这样剪裁，使其平行于帆的自由边

在后爱德华七世时代，随着束身衣被实质性地抛弃（可能是因为贴身女仆的短缺），女性很可能不得不面对一个混乱的未来。然而，1922 年，一位叫作薇欧奈的女装裁缝在巴黎开了一家服装店，并发明了“斜向裁剪”。薇欧奈女士或许从未听说她的杰出同胞泊松，更不用说泊松比了，但她凭直觉意识到，与拉拽丝带或扯紧钩和孔相比，还有更多的方法可以使衣服合身。连衣裙的布料受到源于其自重和穿着者动作的竖直拉应力；如果布料的排布与竖直应力成 45° 角，就可以利用由此产生的巨大的侧向收缩来获得紧身效果。这个结果无疑比爱德华七世时代解决问题的办法更便宜，也更舒适，但在某些情况下或许也更具破坏性（见插图 17 与插图 18）。

一个类似的难题出现在大型火箭的设计中。一些火箭的驱动靠的是像煤油和液氧这样的液体燃料组合，但这些系统涉及繁复的管道工程，极易出错。因此，最好使用“固体”燃料，比如所谓的“塑性推进剂”。这种材料燃烧得很剧烈，但速度相对较慢，会产生大量高温气体，伴随巨大的噪声从火箭喷管喷出，驱动火箭前进。推进剂与它产生的气体都装在一个结实的圆柱状箱体或压力容器中，容器壁不得过度暴露于火焰或高温环境。基于这个原因，大型的推进剂装药设计呈厚壁管的形式，紧紧贴合于火箭壳体。当火箭点火发射时，燃烧发生在塑性推进剂的内表面，所以管状装药是由内而外燃烧的。这样一来，由于剩余未燃烧燃料，箱体材料受其保护而免受火焰的影响，直到最后一刻。

塑性推进剂在外观和感觉上都很像橡皮泥，并且和橡皮泥一样容易脆裂，尤其是在低温状态下。当火箭点火发射时，箱体在气压作用下自然趋于膨胀（就像动脉在血压作用下膨胀），推进剂也必然随之膨胀。如果装药的内部仍处于低温状态，那么当箱体的周向应变达到约 1.0% 时，装药很可能会开裂。一旦发生这种情况，火焰就会穿透裂缝并损坏箱体。这自然会引发一场令人震惊的爆炸，就像又一枚“北极星”导弹灰飞烟灭一样。

大约在 1950 年，我们中的一些人想到了制造火箭燃料箱的有利方式，不是用金属管，而是以圆柱状容器的形式，在其外壳缠绕用强玻璃纤维制成的双螺旋，最后用树脂黏合剂把它们粘在一起。如果关于纤维缠绕角度的计算得当，可以使承压管径的变化维持得很小。在这种情况下，尽管燃料管比原来更长，就像薇欧奈女士的腰身，但出于多种原因，纵向的延伸对推进剂的危害更小。我似乎记得，有关火箭的这个想法源于当时流行的斜裁睡袍。

火箭应变所需的必要条件一般和血管正好相反。如我们在第 8 章看到的，人们希望受血压涨落影响的动脉能维持恒定的长度（但动脉直径的变化不重要）。这两个条件都能通过用螺旋式排布的纤维制造出的设计得当的管道来满足。这类问题在生物学中层出不穷，最有趣的发现是研究蠕虫的杜克大学教授斯蒂夫·温赖特（Steve Wainwright）独立推导出的数学方法，和我们 20 多年前用于火箭技术的一样。[①]在调研中，我

① 许多蠕虫和其他柔软动物表皮的强化，都是靠螺旋式排布的胶原纤维系统（第 8 章）。蠕虫面临和女装裁缝差不多的问题，但它们在解决这类问题上往往更成功。你很难在蠕虫身上弄出一条褶皱。

发现在这种情况下比格斯教授的灵感也来自斜向裁剪。

斜向裁剪的发明使薇欧奈女士在高级定制时装界声名鹊起。她在 98 岁高龄时去世，但她完全不知道自己的重大贡献已惠及太空旅行、军用技术和蠕虫的生物力学研究等领域。

剪切应力的致命打击

稍微再想想梁的板状腹板、桁架的格构腹板和斜裁睡袍，我们显然可知，剪切应力就是作用在 45° 方向上的张力或压力（或二者兼有），而且，每个拉应力和压应力在 45° 方向上都有剪切应力的作用。

事实上，固体尤其是金属，由于 45° 方向上的剪切应力，经常在拉伸状态下发生断裂。这就导致了金属杆和金属板在拉伸状态下的“颈缩”和金属的延展机制（见图 12–9 与第 5 章）。

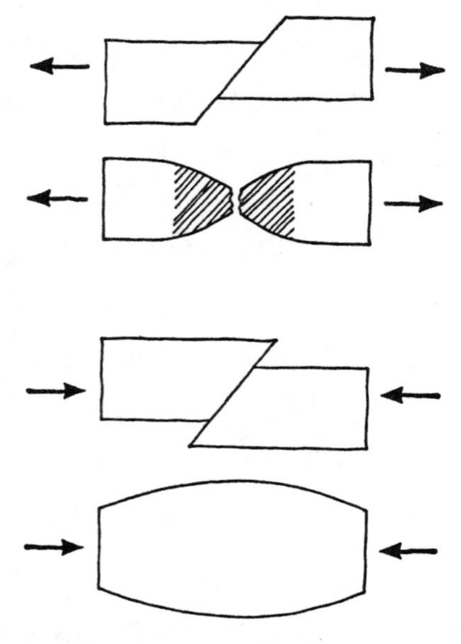

图 12–9 在可延展材料中，拉伸破坏和压缩破坏往往都是由剪切导致的

我们将在下一章看到，在压缩状态下也会发生类似的情况。也就是说，许多固体在压缩状态下的断裂，是因为它们在剪切作用下滑离载荷。

瓦格纳张力场

金属厚板或实心金属片能够抵抗压缩，所以当这类材料承受剪切载荷时，在 ±45° 角方向上既有张应力也有压应力。薄板、薄膜、薄层和薄织物几乎不能抵抗作用在其自身平面上的压力，因而被剪切时，它们容易起皱。剪切作用下的起皱现象在薄金属板中相当普遍，比如，在飞机上看到由此导致的机翼和机身表面起皱或波状效应是相当平常的（见插图 19）。这就是工程师所说的“瓦格纳张力场”。

同样的效应在衣物、椅套、桌布和裁坏的船帆上更常见。我猜想女装裁缝不会经常谈论瓦格纳张力场，但他们有时会提到一个略显神秘的属性，纺织行业称之为“悬垂”。织物的悬垂主要取决于它的剪切模量，尽管没几个女装裁缝会引用数据（国际单位制或任何其他单位制）描述丝绸和棉布的剪切模量 G，但总的来说，“材料”的剪切模量越低，无用的起皱趋势越小。把纸或玻璃纸穿在身上会显得荒唐可笑，原因主要在于这些材质的抗剪强度太高，以至于它们无法适当地悬垂。反之，针织布和绉织布既有较低的弹性模量，也有较低的剪切模量，所以易于达到紧密而柔韧的合身效果，就像女孩们穿上针织衫的效果。同理，年轻人的皮肤具有较低的初始弹性模量和较低的剪切模量，因此易于贴合身体的形状。[①]到了晚年，皮肤在剪切状态下变得更强劲，褶皱现象也更明显。最近，思克莱德大学的肯尼迪（R. M. Kenedi）教授对人类皮肤弹

① 要注意，对初始平坦的薄膜而言，若想使其贴合具有明显二维曲率的表面，则须让其具备较低的弹性模量和剪切模量。这在本质上就是墨卡托大约于 1560 年遇到的地图投影问题。

性的一致性进行了广泛研究。这样一来，记录年龄的皱纹就有可能第一次可用数值来定量衡量。

扭转或拧转

10 年间，飞机从不可能实现的目标发展成重要的军用武器，但这几乎与科学无关。研发飞机的先驱者常常是有天赋的业余爱好者和了不起的运动员，但他们中极少有人具备相关的理论知识。像现代汽车的狂热爱好者一样，他们通常更感兴趣的是闹哄哄且不可靠的发动机，而非支撑结构，他们对后者所知甚少，也不大关心。当然，如果充分加热发动机，你几乎能将任何飞机送上天。而飞机能否留在空中则取决于控制、稳定性和结构强度等问题，它们从概念上则更难理解。

早年间，有太多像罗尔斯和科迪这样的勇者为此付出了生命的代价。空气动力学的理论基础是兰彻斯特（F. W. Lanchester）于 19 世纪 90 年代奠定的，但实干家对他谈论的东西几乎没有什么认识。[①] 先驱们遭遇的许多事故都归因于失速和尾旋，但结构故障问题也很普遍。因为早期的飞行员几乎不使用降落伞，所以这些事故通常会致人死亡。

人们对可靠的轻量工程结构的需求是近年来才有的。一架飞机的机翼受到弯曲力的作用，就像一座桥一样。因为这显而易见，也因为在桥梁建造方面有许多先例可循，所以我们一般可以安全地应付弯曲载荷。但我们常常忽略的是，一架飞机的机翼还要受到较大的扭转力或拧转力的作用。如果放任这些扭转，机翼就会被扭断。

---

① 学院派工程师也知之甚少。即便到 1936 年，格拉斯哥大学船舶工程专业里仍既不教授也不使用流体动力学中基本的兰彻斯特–普兰特尔理论（或涡流理论）。对那些可能不大相信这个故事的年青一代，我要指出的是，我本人就是当时该专业的一名学生。并且，断裂力学（第 5 章）的“现代”理论也是一样的遭遇，就发生在今日的工科院系里。

1914 年，“一战”爆发后随着军事飞行的扩张，事故率成为一个严重的问题。幸运的是，英国法恩伯勒的几个才华横溢的年轻人找到了应对这个问题的办法，他们就是后来闻名于世的彻韦尔勋爵、杰弗里 · 泰勒爵士、亨利 · 蒂泽德爵士和绰号为“耶和华”的格林。在他们的努力下，传统的双翼飞机在 1918 年成为最安全的结构之一，并且被视为几乎牢不可破。但德国人就没那么幸运了，他们的飞机技术部门在那个时期以保守著称。他们在很长时间里都饱受结构性事故的折磨，其中许多事故都归咎于未能理解飞机机翼上的扭转难题。

1917 年年初，协约国集团在西部前线取得了一定的空中优势，部分归功于其战斗机的技术品质。然而，在此期间，杰出的设计师安东尼 · 福克（Antony Fokker）开发出一种先进的单翼战斗机——福克 D8（Fokker D8），其性能优于协约国一方既有或预装的任何机型。由于战术局势紧张，D8 机型的生产被加快，而且未经充分试飞就列装了几个精锐的德军战斗机中队。

但 D8 刚一投入战斗就被发现，当空中的战机因俯冲而受牵拉时，机翼会发生脱落。许多人因此丧生，其中包括那些最优秀且最有经验的德军战斗机飞行员，于是这引起当时德国人的严重关切。即便是如今，研究造成这个麻烦的缘由也具有启发性。

那时候，大部分飞机都是双翼机，因为这种形式的构造更轻，也更可靠。但是，对于给定的发动机功率，单翼飞机通常比双翼飞机速度更快，因为前者不必承受额外的空气阻力，该空气阻力源于发生在两个相邻机翼装置间的气动干扰。因此，人们非常希望发明家能建造单翼战斗机。纵然许多失败的原因尚未得到解释，但自从 1903 年由塞缪尔 · 兰利（Samuel Langley）设计的名垂青史的机型在飞越美国波托马克河时发生机翼崩塌事故之后，单翼飞机就在结构上被认定为不可靠了。

像那时的大多数单翼飞机一样，福克 D8 的机翼也采用了布蒙皮。布蒙皮的用途只是提供飞机所需的气动外形，它仅在内部结构框架上伸展，自身不承担任何主要载荷。承载主要弯曲载荷的是两根平行的木制翼梁或悬臂梁，它们从机身伸向两边。两根翼梁每隔几英寸就要靠一系列轻质锥形木翼肋来连接，上面还覆盖有布蒙皮（见图 12–10）。

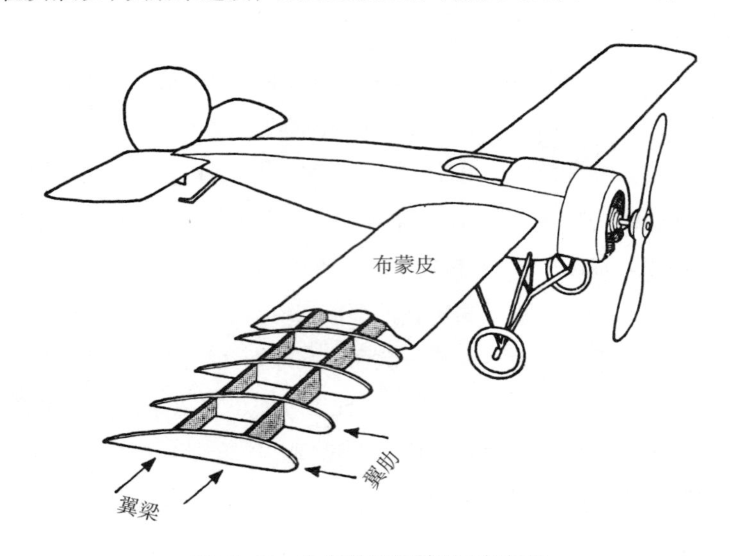

图 12–10　有布蒙皮的单翼飞机机翼

随着 D8 事故的消息传播开来，德国空军的有关部门便顺理成章地下令进行结构测试。按当时的习惯，需要将一架完整的飞机颠倒过来安放在测试架上，机翼上负载成堆的子弹袋，以便模拟飞行中出现的气动载荷。当用这种方法做测试时，机翼未显示出脆弱的迹象，只有当载荷达到飞机总装载重量的 6 倍时，才会发生损坏。虽然如今的歼击机的要求载荷相当于自重的 12 倍，但在 1917 年，6 倍就已经足够了，而且几乎可以确定的是，这种载荷比当时最恶劣的战斗条件下的载荷还大。换句话说，飞机应该是绝对安全的。

然而，对于 D8 机型，当它在测试台上最终发生结构性坍塌时，可以看到故障源于两根翼梁中的后一根。因此，为确保万无一失，有关部门下令所有福克 D8 的后翼梁都要替换成更粗且更强的。不幸的是，这导致事故变得更频繁了。于是德国航空部不得不面对一个现实：靠附加更多结构材料来“强化”机翼，结果却使机翼变得更脆弱。

至此，安东尼 · 福克越发意识到他从官方那里得不到多少实在的帮助。因此，他在自己的工厂里亲自监督给另一架D8 加载。这一次，他小心地测量了机翼负载时产生的挠度。他不仅发现机翼负载时的弯曲挠度变形（即当飞机因俯冲而受到牵拉时，翼梢会相对于机身上翘），还发现即便没有施加明显的扭转载荷，机翼也会发生扭转。尤其重要的是，这个扭转的方向使机翼的气动迎角或攻角显著增加。

福克当晚仔细琢磨了这些结果，突然想到了D8 事故及诸多其他单翼飞机故障的解决方案。当飞行员向后拉操纵杆时，机头前端抬升，机翼上的载荷也随之上升。但与此同时，机翼发生扭转，致使机翼上的气动载荷不成比例地上升。所以，机翼扭转得更多，载荷上升得也更多，直到飞行员无法再控制住局面，机翼被扭断。福克自此发现了“发散条件”，它可能成为致命的因素。

那么，从弹性角度来说，究竟发生了什么？

挠曲中心与承压中心

考虑一对类似且平行的悬臂梁或翼梁，每隔一段距离用水平纵向的翼肋来桥接二者的间隙，将它们连接到一起（见图 12–10）。试想现在有一个向上的力作用于一条外翼肋上的某点。除非该力施加的位置恰好在两根悬臂翼梁间距的正中央（见图 12–11），否则载荷不会均匀地分布在两根翼梁之间，这个向上的力在一个翼梁上的作用一定比在另一个上更大。如果发生了这种情况，那么负载更重的翼梁肯定比另一个翼梁向上挠度变形得更多（见图 12–12）。这样一来，连接翼梁的翼肋就不再是水平的了，机翼作为一个整体肯定会发生扭转。在梁状结构中，施以载荷而不会引起扭转的位点叫作“挠曲中心”或“弯曲中心”。

如果存在两根以上的翼梁，或者翼梁是由不同刚度的材料制成的，挠曲中心就不会在中点上，而是位于机头、机尾或翼弦线上的某个其他

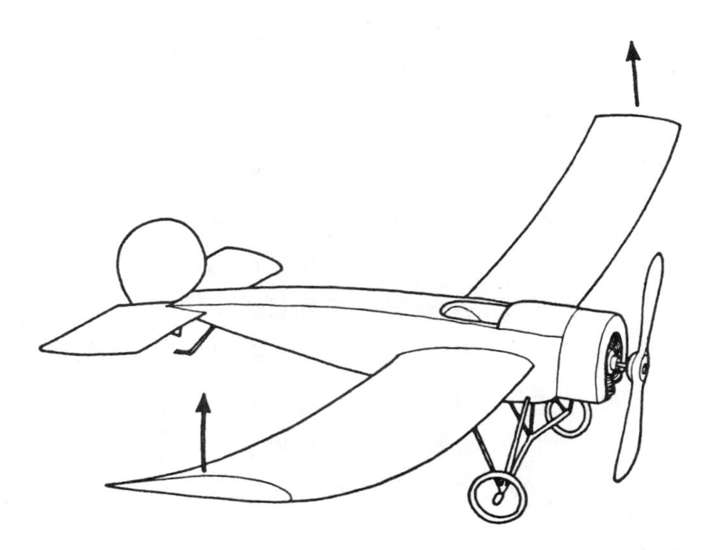

图 12–11　耦合的弯曲和扭转。仅当垂直升力实际作用在“挠曲中心”的位点（两根翼梁间距的正中央）上时，机翼才会不扭转地向上弯曲

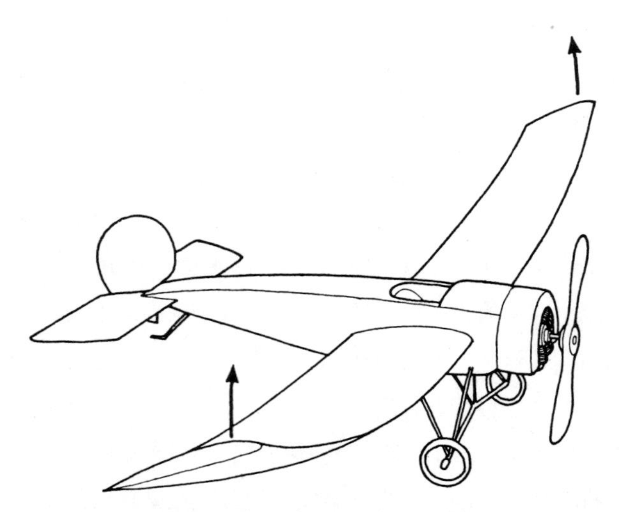

图 12–12　如果升力作用在远离挠曲中心的点（例如机翼前缘附近）上，那么机翼（或任何其他的梁）会随其弯曲而扭转。如果这导致气动迎角增大，可能会致人死亡，就像福克 D8 那样

位置。然而，每一种梁或梁状结构总会有一个相关的挠曲中心。作用于该点的垂直载荷不会导致梁或机翼扭转，而作用于纵向上的其他任何位置的载荷则会造成或大或小的拧转或扭转挠度变形，以及正常的弯曲挠度变形。

到目前为止，我们已就作用于梁或机翼上的单点载荷做了论证。飞机在飞行时受到的气动升力向上推压机翼，使其维持在空中，这些升力作用散布于整个机翼表面。但是，为讨论和计算方便，所有这些力都可被视为共同作用于翼面上的一个单点，这个点叫作“承压中心”。

外行人或许会以为，在飞行过程中，承压中心就在机翼的中部，在机翼前缘与后缘间距的正中央，即翼弦的中点。实际上，根据空气动力学的相关知识，显然这是不正确的。机翼上升力的承压中心其实离前缘不远，通常在“翼弦四分之一”的位置附近，即前缘后的 25% 处。①

由此可知，除非机翼结构的设计能使挠曲中心靠近翼弦四分之一的位置，否则机翼肯定会发生扭转。机翼扭转的角度自然取决于机翼在扭转作用下有多强劲，但总体上，一切机翼扭转都是既糟糕又危险的事，设计师的目标就是尽可能地减小它。这也是为何鸟翼羽毛的羽茎一般位于翼弦四分之一的位置附近（见图 12–13）。

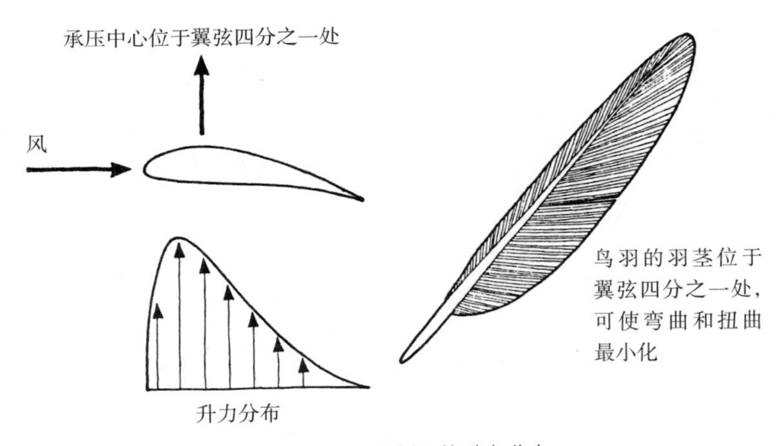

图 12–13　跨翼剖面的升力分布

① 这就是为什么一片枯叶或一张卡片会按它自己的方式坠落。

在带有简单的布蒙皮的单翼飞机机翼上，挠曲中心的位置和抗扭刚度几乎完全取决于主翼梁的相对弯曲刚度。在福克D8上，挠曲中心位于承压中心后部较远处，并且非常靠近翼弦中点。机翼没有足够的刚度来抵抗由此产生的扭转力，所以它会被扭断。增加后翼梁的强度和刚度，致使挠曲中心进一步后移，使情况变得更糟。安东尼·福克领悟到这些事实后，迈出了现在看来显而易见的一步，即降低后翼梁的粗度和刚度，由此使挠曲中心前移，并且更接近承压中心。此后，D8相对而言变得更安全，并成为英国皇家飞行队和法国空军的威胁。

根据空气动力学定律，作用于飞机机翼的升力的承压中心一定总在翼弦四分之一的位置附近。为了降低机翼上的扭转或拧转应力，有必要通过设计结构，让机翼上的挠曲中心足够靠前并接近承压中心。然而，副翼（控制飞机横滚，即当倾斜飞行时）会在翼梢上施加向上或向下的巨大作用力，这些力的作用点距机翼后缘不远，故而离挠曲中心较远。因此，每次飞行员操纵飞机倾斜飞行时，副翼会不可避免地在机翼上施加巨大的扭转载荷。如图12–14所示，这个扭转的方向会使机翼上的气动升力发生改变，总体上与副翼的动作反向，从而削弱副翼的影响。如果机翼在扭转状态下不够强劲，副翼的效应实际上可能会反转，以至于当飞行员想操纵飞机向右横滚或倾斜飞行时，实际结果可能是飞机向左横滚。这个效应不仅令人困惑而且非常危险，被称为“副翼反效”，我们对这个效应并非一无所知。这在现代高速飞机的设计中是一个严重的问题，矫正或预防措施是为了确保机翼结构有足够的抗扭刚度。

图12–14 副翼施加巨大垂直载荷的位置，靠近机翼后缘并在机翼挠曲中心后部很远处。因此，它倾向于以这样的方式扭转机翼，提供与飞行员期望相反的气动力

在早期的布蒙皮的单翼飞机上，比如D8，机翼的抗扭刚度几乎完全靠两根主翼梁的“差动弯曲”。关于这一点能做的不多，即便有一定数量的钢丝索具的协助，从这样一个系统中获得的抗扭刚度量值也是相当有限的。基于这个原因，这样的飞机或多或少总会处于危险之中，以致几乎每个国家的相关部门都不赞成制造单翼飞机，在某些情况下，它实际上是被禁用的。

因此，对双翼飞机的偏好不是因为航空部门某种保守的愚蠢行径，而是基于这样的事实，即双翼飞机提供了一个本质上更强劲的构造形式，尤其是在扭转状态下。在实践中，多年以来，双翼飞机比单翼飞机更轻也更安全，而且在早期，二者在速度上的差别也不大。

带支杆和支索的双翼飞机可以提供一种有效的护架或“抗扭箱”，无论是在弯曲状态下还是在扭转状态下，这样的结构都非常强劲。如图 12–15 所示，4 根主翼梁（每个翼上有两根）的走向与箱的拐角方向一致，它们之间的空间又形成了一个支撑桁架或格构梁。当然，你看不到顶面和底面上的对角支撑，因为它们被布蒙皮遮蔽了。但是，此处的水平支撑是令人满意的，其功能是承受剪切，这种剪切源自机翼结构上的

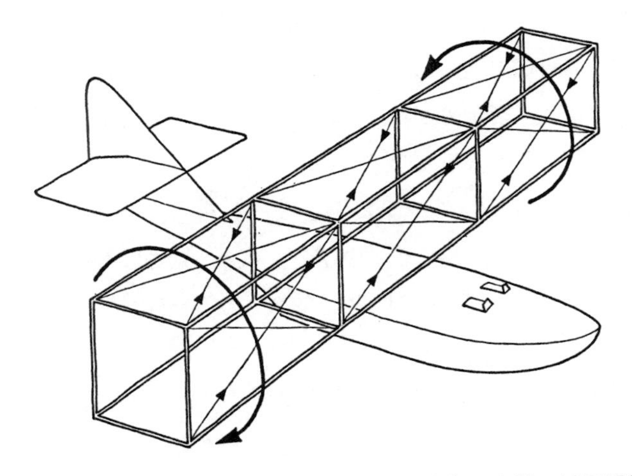

图 12–15　双翼飞机上由钢丝支撑的一对机翼的主结构示意图，其承受的扭转力可能来自副翼。整体构成了所谓的“抗扭箱”

扭转。这样一个箱抵抗扭转的方式如图所示。可以看出，箱的各个侧面分别承受剪切，非常像弯曲状态下桁架梁的格构腹板。要注意，箱总共有 4 个侧面同时承受剪切，它们是互相依靠的。但凡 4 个侧面中有一个被切开或移除，箱就无法再抵抗扭转。

在双翼飞机上，这些剪切面需要用支杆和钢丝构成。然而，如果该结构不必飞行而只需在地面上抵抗扭转力，那么由钢丝和支杆组成的格构可以用连续的金属板或胶合板替代。单纯从结构学角度看，其效果和桁架梁的腹板一样。因此，任意类型的箱或管都能抵抗扭转，其侧面既可以是连续的格架构造，也可以是开放的格架构造。不论哪种情况，管的侧壁或侧面都受到剪切应力。就重量、强度和刚度而言，相较于依靠两根梁的差动弯曲，这种抵抗扭转的方法更有效。

各种杆和管在扭转状态下的强度和刚度公式详见附录Ⅲ。除此以外，还要注意管道或抗扭箱在扭转状态下的强度和刚度取决于横截面积的平方。因此，具有较大横截面的抗扭箱，比如老式的双翼飞机，所需材料很少且重量很轻。当我们制造一架现代单翼飞机时，我们所做的就是把机翼转化为用金属板或胶合板连续覆盖的抗扭管。虽然我们使用的机翼比双翼飞机厚得多，但抗扭管的横截面积整体上仍远小于双翼飞机。所以，为了获得足够大的抗扭强度和抗扭刚度，我们不得不使用较厚且较重的外壳。因此，现代飞机结构重量中有相当大的比例是用来抵抗扭转的。

虽然缺乏抗扭刚度的情况发生在汽车上不像在飞机上那么危险，但是车辆的悬架和抓地性主要取决于它。战前的老式轿车有时是华丽之物，但像老式飞机一样，它们获得的关注更多集中在发动机和变速器上，而非车架或底盘的结构上。事实上，这些底盘通常依赖的抗扭刚度来自相当柔韧的梁的差动弯曲，很像老式的福克 D8。底盘缺乏刚度使这些车辆具有高度不确定的抓地性，也让驾驶它们变成一件非常疲劳的事情。

为了使车轮或多或少地保持与地面的接触，老式跑车的弹簧与缓冲系统不得不增加刚度，以致它们几乎成了实心物体。其结果当然是，驾乘变成了一件颠簸到几乎无法忍受的苦差事。就像闹哄哄的排气系统一样，这类东西对女性乘客来说无疑更加印象深刻，但它并没有让车辆安稳地行驶在路面上。大部分现代车辆设计者采用的解决方案是抛弃相当薄弱的底盘，而用冲压钢制的车身外壳承受扭转和弯曲载荷。这种车身连同车顶，构成了一个大的抗扭箱，和老式双翼飞机无异。有这么多刚度可供支配，设计者便能专注于提供一种设计科学的悬架，既安全又舒适。

我们提过，结构在扭转状态下的强度和刚度与其横截面积的平方成正比。对飞机机翼、船舶外壳和豪华轿车等笨重的家伙来说，这多少是可以接受的；但当我们想到发动机和机械上的轴时，其直径（以及横截面积）往往是非常有限的，所以按道理，这样的构件需用脱氧钢来制造。它们虽然通常非常厚实，但并非总有足够的强度。这就是发动机和机械往往很笨重的原因之一。大多数资深设计师都会告诉你，任何对结构的抗扭强度和抗扭刚度的重要要求都容易变成诅咒和祸根。它会增加重量和费用，给工程师带来完全不成比例的麻烦和焦虑。

大自然似乎不介意耗费大量的时间和精力，而且金钱的价值对它而言根本没有意义。但它对“代谢成本”极度敏感，即一个结构在摄入食物和能量方面付出的代价，而且它一般也颇具重量意识。因此，毫不奇怪，它似乎像避免中毒那样规避扭转。事实上，它几乎总是设法躲避任何对抗扭强度或抗扭刚度的严肃要求。只要不必承受“不自然”的载荷，大部分动物就都能经受住扭转带来的脆弱。没有人喜欢胳膊被拧，在正常生活中，我们腿上的扭转载荷也很小。但是，当我们把滑雪板踩在脚下笨拙地滑雪时，就很容易在我们的腿上施加巨大的扭转力。这是滑雪时最常见的腿骨骨折的原因，它推动了现代安全固定装置（可以自动释放扭转力）的发展。

不仅是我们的腿骨，几乎所有骨骼在扭转状态下都非常脆弱。若你想杀一只鸡，或任何别的禽类，最简单的方式就是拧断它的脖子。这件事众所周知，但不太为人所知的是脊椎骨在扭转作用下非常脆弱。而且，拧断鸡的脖子就像滑雪时腿骨骨折一样，纯粹是人祸，完全不是寻常的自然过程。不像工程师，大自然对旋转运动不怎么感兴趣，它（像非洲人那样）从未费心去发明轮子。

第13章

承压的失败——三明治、头盖骨与欧拉博士

由于天生脆弱，我们实难永远直立。

——主显节后第四个周日的短祷文

正如人们预料的那样，结构在压缩载荷作用下的失效方式同在拉伸状态下的断裂方式有实质性的区别。当我们让一个固体处于拉伸状态时，我们当然会将它的原子和分子拉开得更远，将材料聚合到一起的原子间化学键会因此伸展，但它们只能被安全地拉伸到有限的程度。如果抗拉应变超过约20%，所有化学键就会变得很弱，最终会断开。虽然拉伸断裂过程的实际细节是复杂的，但可以宽泛地表述为，当足够多的原子间化学键被拉伸超过它们的极限时，材料就会断裂。当材料被切断时，也是同理。但是，严格说来，可简单且直接归咎于压缩载荷作用的原子间化学键的破坏，一般不存在类似的情形。当固体被压缩时，它的原子和分子被压得更靠近彼此，在任何正常的情况下，原子间的排斥作用会随压应力的增加而无限增大。仅当它承受像天文学家口中的“矮星”这类恒星的巨大引力时，原子间的抗压强度才会崩溃，随之而来的

将是噩梦般的后果。[1]

尽管如此，地球上的许多普通结构的破坏，确实归咎于“压缩”。在这类破坏中实际发生的事情是，材料或结构找到了某种逃避过高压应力的办法，通常靠的是“脱身”于载荷作用，即侧向逃脱，从一条实际上总是可用的路径逃逸。从能量的角度看，结构“想要”去掉多余的抗压应变能，它凭借的是在该情境中可行的任意能量转换机制。

因此，承压结构容易变得不可靠，而对压缩破坏的研究或多或少也是在研究摆脱困境的途径。如同有人可能猜想的那样，有多种不同的方法能达成这个目标。结构所使用的逃脱方法自然取决于它的形状、比例和材料。

我们已经用一定的篇幅探讨了砖石结构。虽然建筑物本质上就是承压结构（砖石结构必须一直维持在承压状态下），但它们根本不是因受压而失效。矛盾的是，它们只能因受拉而失效。当这种情况发生时，墙壁通常会形成铰接点，这会导致它们倾斜并倒塌。虽然拱比墙更稳定也更可靠，但它们有时能产生 4 个铰接点，之后通过折叠自身变为一堆瓦砾，来减小应变能和势能。在任意情况下，如我们在第 9 章计算的那样，砖石结构中压应力的实际值往往非常低，远低于材料公认的“破碎强度”。

短支杆和短支柱在受压状态下的失效

如果我们让一个相当致密的砖块或混凝土块承受巨大的压缩载荷（在测试仪器上或靠其他办法实现），材料最终会毁于一种通常被叫作

---

① 其结果可能是质量集中得非常致密，以至于其自身引力场强大到不仅足以防止任何物质逃逸，还能阻断所有辐射形式的逃离。在这样一个范围内外不可能有双向通信，宇宙中的这些区域会永远地将我们拒之门外。这种区域叫作“黑洞”。就像詹姆斯·巴里爵士（Sir James Barrie）的荒诞戏剧《玛丽·萝丝》（*Mary Rose*）里的岛屿，它们“喜欢有人来造访”，但全部有去无回。

“压缩破坏”的方式。虽然像石头、砖块、混凝土和玻璃这样的脆性固体被压碎后一般会变成碎片，有时是粉末，但从严格意义上说，这种破坏并不是压缩式的。实际的断裂几乎总是因剪切而发生。我们在上一章说过，拉应力和压应力必然在 45° 方向上引发剪切，这些对角剪切通常会导致短支杆“承压失败”。

我们在前文说过，所有实际的脆性固体身上都满是裂缝、划痕以及这种或那种缺陷。纵然在制造之初并非如此，但它们很快就会因各种几乎不可避免的原因受到磨损。材料上的这些裂缝和划痕自然是横七竖八的，由此可知，它们中相当一部分总会被发现位于所施压应力的对角方向上，也就是说，大致与伴生的剪切应力平行（见图 13–1）。

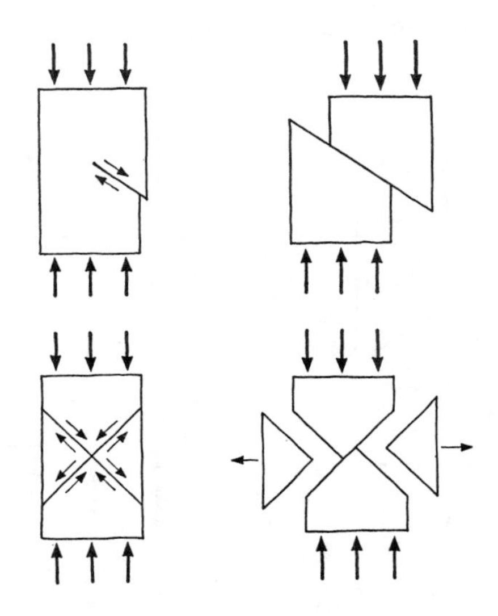

图 13–1　水泥或玻璃之类脆性固体典型的“压缩破坏”。断裂其实要归咎于剪切

像张拉裂缝一样，这些剪切裂缝也有一个“临界格里菲斯裂缝长度”。换言之，给定长度的裂缝在某一临界剪切应力作用下会扩展。当这样的情况发生在混凝土之类的脆性固体上时，剪切裂缝会突然剧烈或爆炸性地扩展。当一条剪切裂缝对角横穿支杆或其他承压构件的宽度时，两个部分自然会相对滑动，以致支杆不再能承载压缩载荷。由此产

生的崩塌很可能导致能量的巨大释放，这就是为什么像玻璃、石头和混凝土这样的脆性材料，在被压碎或锤击时会碎片四散，非常危险。事实上，应变能的释放通常巨大到足以“支付”将材料化为齑粉的代价。这就是我们用榔头或擀面杖碾碎方糖时会发生的事情。

延展性金属，或者黄油、橡皮泥，在压应力作用下的破裂也是出于类似原因。实际发生的情况是，金属在剪切应力作用下自身内部发生“滑移”或滑动（由于位错机制）。这也发生在与压缩载荷大致成 45° 角的平面上，因此短的金属支杆会向外凸出呈桶状（见图 13–2）。由于延展性金属具有高断裂功，这样的材料在压缩破坏期间不大可能会碎片四散，所以断裂的直接结果很可能没那么夸张，也没那么危险。当我们用锤击或液压的方法使金属铆钉头延展时，就会用到这个效应，即受压凸出的趋势。

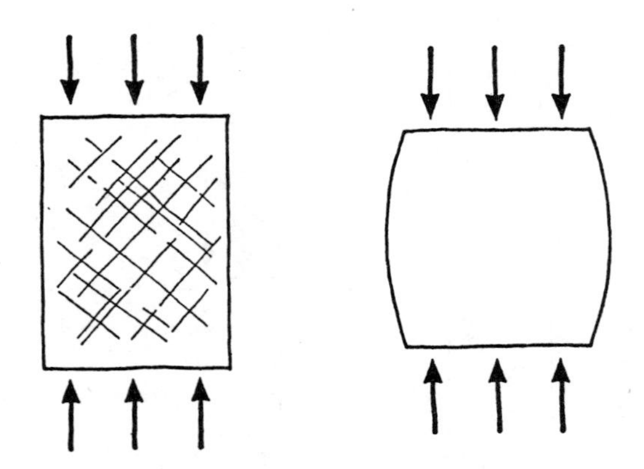

图 13–2　金属之类的可延展材料的承压失效。失效还是归咎于剪切，但这次的效应是使金属受压凸出

一般来说，木材及玻璃纤维和碳纤维等人造纤维复合材料的承压失败方式是完全不同的。在这类情况中，强化纤维在压缩载荷作用下会彼此同步“屈曲”或折叠，致使“压缩折痕”贯穿材料。这些压缩折痕的走向可能与压应力的方向成对角或 90° 角，有时是在二者之间的不同角度（见图 13–3）。不幸的是，纤维材料在相当低的应力情况下经常倾向

于形成压缩折痕。因而这些材料有时经不住压缩，在使用它们时需要考虑到这一点。

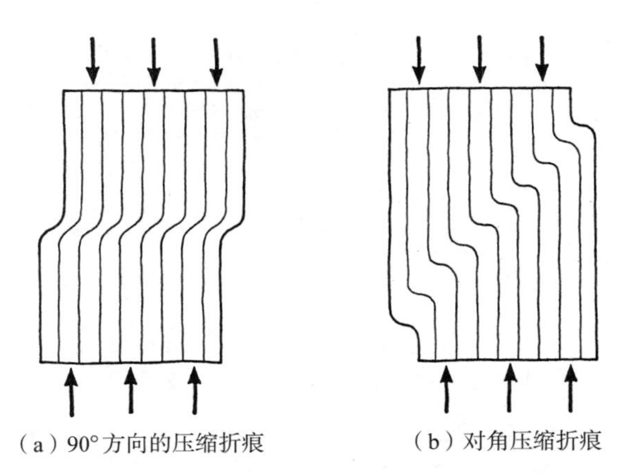

图 13–3　木材或玻璃纤维等纤维材料的承压失效。要注意 90° 方向的折痕涉及体积收缩，故而只能发生在像木材这样的含有空隙的材料中。“实心”的复合材料一定是按模式（b）失效，不会涉及体积变化

材料在拉伸和压缩状态下的断裂应力

各种教科书和工具书一般会煞有介事地列出普通工程材料的抗拉强度表。然而，按照惯例，它们对抗压强度的关注则要少得多。部分原因在于，材料承压失效的实验值随所用试样形状的改变幅度比抗拉强度的改变幅度大得多。有时候，这种差异大到连引用数据也变得几乎没有意义。虽然对耐压强度的审慎态度在某些方面是合理的，但它确实会导致某些关乎结构寿命的事实被掩盖。其中之一便是，材料的抗拉强度和抗压强度之间根本不存在一致性的关系。[①]表 13–1 给出了一些材料的近似数

① 针对剪切作用所引起的拉伸破坏和压缩破坏（比如，在延展性金属中）来说，抗拉强度和抗压强度是相同的。但是，这条规则有太多例外，以致它在实践中没有什么价值。

据，这些抗压强度值可能是用长度与粗度之比约为 3∶1 或 4∶1 的试样获得的。对于比这粗得多或细得多的样品来说，断裂应力可能完全不同。

表 13–1　一些抗拉强度和抗压强度不等的材料（数据是近似值）

材料	抗拉强度		抗压强度	
	psi	MN/m²	psi	MN/m²
木材	15 000	100	4 000	27
铸铁	6 000	40	50 000	340
铸铝	6 000	40	40 000	270
锌压铸件	5 000	35	40 000	270
酚醛树脂、聚苯乙烯及其他脆性塑料	2 000	15	8 000	55
混凝土	600	4	6 000	40

从表 13–1 中可得到的一个明显教训是，我们在设计像梁这样既承张又承压的东西时，可能会如履薄冰。或许有必要设计一种具有高度非对称截面的梁。在维多利亚时代的铸铁梁上，承张一侧往往比承压一侧厚得多，因为铸铁在拉伸状态下比在压缩状态下更脆弱（见图 13–4）。反之，木制飞机（比如滑翔机）的翼梁总是上边或承压一侧更厚，因为木材在压缩状态下比在拉伸状态下更脆弱（见图 13–5）。

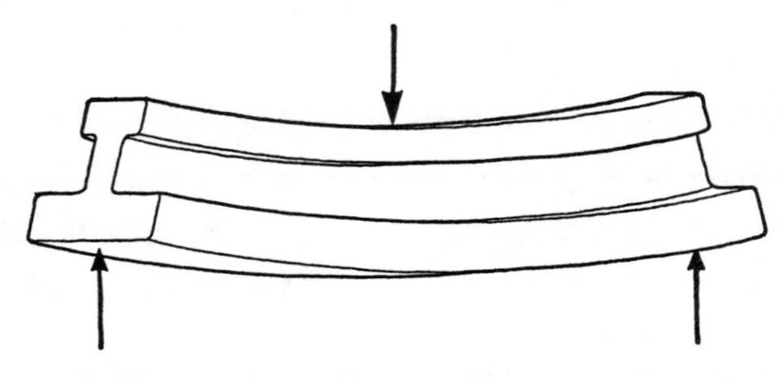

图 13–4　在铸铁梁上，通常承张面比承压面厚，因为铸铁在拉伸状态下更脆弱

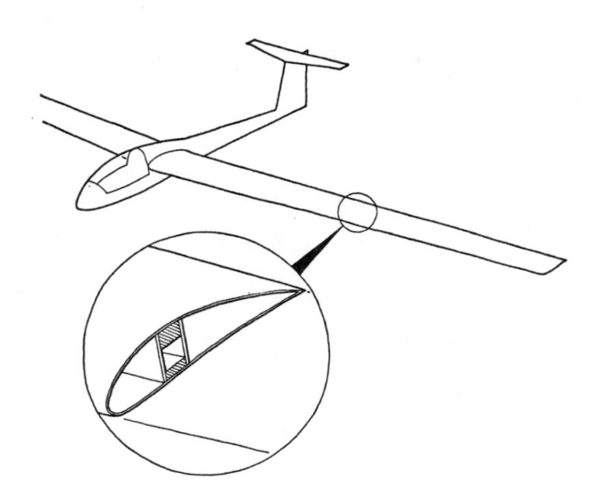

图 13–5 在木制滑翔机的翼梁上，承压面往往比承张面更厚，因为木材在压缩状态下更脆弱

木料与复合材料的抗压强度

他说他建造桅杆已经有 50 多年了，据他所知，它们都完好无损。他说我是他遇到的唯一一个故意要在最紧要的中心部位动刀破坏一根好桅杆的人。他说任何想干这种事的人（在此我把他的措辞进行了温和处理），跟那些在教堂里高声咒骂、往桌布上抹鼻涕的人都是一丘之貉。

……就这样。乔治和我都暗想桅木太容易弯曲了，让人不舒服，但面对那些行家，我们认为将意见藏在心里或许才是明智之举。这样挺好，因为行家就是行家。后来，当我们的主横桅索在可怕的湾流风暴中被吹走时，那根桅杆弯过去，弯过来，又弯过去，直到它看起来像个字母 S，但它并没有断裂。

——威斯顿 · 马特，《南太水手》

在现实生活中，从我们开始处理任意长度的支柱之日起，柱和梁的区别就变得非常混乱。略长的支柱——比如动物的腿骨——几乎总要承受某种程度的弯曲，其结果是凹面处的材料比别处承压更多。反之，在梁或桁架上，尤其是设计精密的那种，“承压弦杆”一定会被视为支杆。如果材料本身在压缩状态下有弱化趋势，那么不管我们将该结构称为“梁”还是“柱”，破坏一般都始于最糟糕处的总压应力达到危险的水平之时。对还要承受弯曲的支柱而言，最好的例子是树木和传统帆船的桅杆。树干需要直接承受树木所有部位重量的挤压，但实际上，风压引发弯曲作用导致的应力很可能更大也更重要。此外，桅杆表面上是支杆，只承载轴向压缩，但由于索具的拉伸以及其他原因，它们事实上要承受很大的弯曲，尤其是当索具中的任何东西发生断裂时。

像英国皇家海军胜利号这样的大型舰船，建造其桅杆务必要用铁箍将多块木材连接到一起，但对中等尺寸的桅杆而言，传统的桅杆工匠宁愿使用一整根松木或云杉木，并尽可能维持它们的原状。这些工匠不仅强烈抵触任何这样的建议，即建造或掏空桅杆以产生一个更“有效”的管状截面，他们还执意尽可能少地去除树外表面的东西。换言之，他们会尽其所能地使用天然状态的树木。

多年来，熟知梁理论、中性轴和面积二阶矩的专业工程师认为这是荒谬的传统，对其嗤之以鼻。事实上，现代工程师处理树木的头等要务是将之切割成小块，然后再把它们黏合到一起——优先黏合成某种空心截面。直到最近，我们才意识到，树木也对此略知一二。此外还有一个精妙之处：树干各部位木材的生长方式是“有预应力的”。

现在，在一根梁上，比如在一架滑翔机的翼梁上，最大的弯曲载荷实际总在一个方向，即便效率不太高，我们还是可以使翼梁的承压弦杆比承张弦杆更粗（考虑到木材承压比承张时弱得多的事实）。然而，像树木和桅杆等物体可能需要抵抗来自多个不同方向的弯曲作用——源自反复无常的风向，所以这种解决方案不适合它们。树木在任何情况下都要有一个对称的横截面，通常是一个圆面。对于一个无预应力的截面，弯曲载荷下的应力分布是线性的，如图 13–6（a）所示。这样一来，当压应力达到约 4 000 psi（27 MN/m^2）时，梁——树木——就会开始断裂。

但是，预应力出现了。不知何故，树木的生长方式使外层木材在正常情况下处于承张状态（达到 2 000 psi 或 14 MN/m^2 以上），同时，树木的中部以补偿的方式处于承压状态。因此，在正常情况下，横跨树干的应力分布如图 13–6（b）所示。（胡克弹性的一个重要结果是，我们可以安全切实地将一个应力体系叠加在另一个之上。）因此，当把图 13–6（a）叠加到图 13–6（b）时，我们便得到了图 13–6（c）。

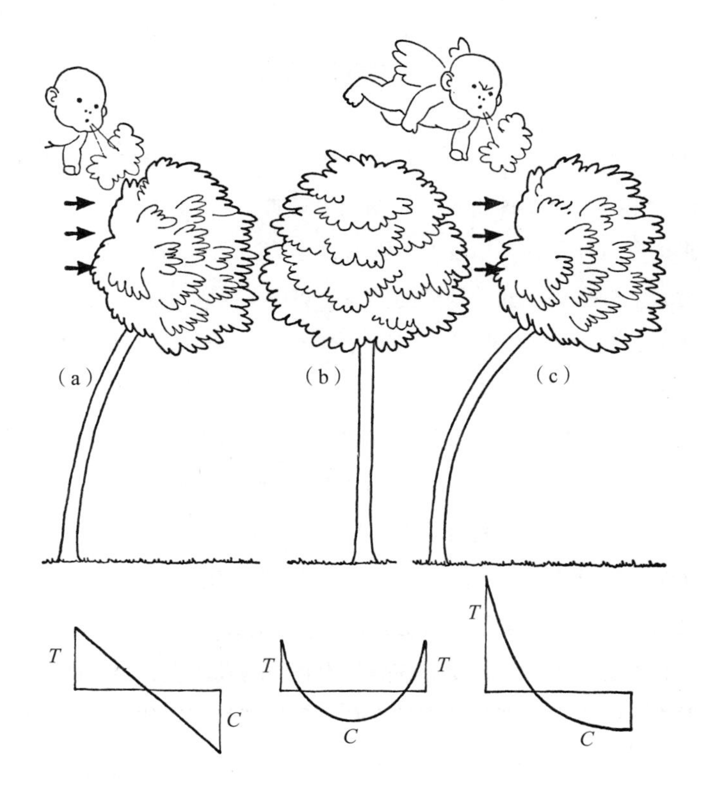

（a）树木在无预应力的情况下被风吹弯。横跨树干的应力分布是线性的，最大拉应力和最大压应力相等。

（b）无风情况下有预应力的树木。树干外部附近处于承张状态，内部处于承压状态。

（c）强风中有预应力的树木。压应力减半，而树木的弯曲程度是（a）情境中的两倍。

图 13–6

借助这个方法，树木的最大压应力会大致减半（4 000 psi–2 000 psi = 2 000 psi），其有效的抗弯强度也会因此加倍。的确，最大拉应力已经提升，但木材在这方面仍大有可为。树木以预应力保护自身的方式与我们在制造有预应力的混凝土梁时所做的截然相反。在后一种情境中，混凝土承张能力较弱而承压能力较强；危险在于，当梁弯曲时，破坏可能发生在混凝土的承张面。为了避免这种情形，我们可使梁内强化钢筋永远处于拉伸状态，以便让混凝土永远处于压缩状态。因此，梁必须弯曲到相当大的程度，混凝土表面附近的压应力才会被解除，代之以拉应力。于是，水泥的开裂会延迟，因为梁还得进一步弯曲，才能到达临界抗拉应变。[①]

我们说过，木料和纤维复合材料的承压失败一般是由于弯折或屈曲的纤维上形成了条纹或折痕。我的同事理查德·查普林博士指出，这些压缩折痕和拉伸状态下出现的裂缝有许多共同之处。尤其是，它们常常始于材料上的孔洞或其他缺陷处的应力集中。一般而言，钉子和螺钉之类的紧固件只要待在原位并紧密贴合，就不大会导致木料弱化。然而，一旦它们被移除，随之产生的孔洞就会引发更严重的效应；毫无疑问，木料上的节疤亦如此。因此在高应力的木质结构上，比如滑翔机或帆船桅杆，明智之举是不用不必要的钉子和螺钉，也不要试图将它们拉出。如果有需要，可沿木材表面平齐切去。

而且，如理查德·查普林所说，纤维材料中压缩折痕的形成需要能量。事实上，其所需能量值比材料在拉伸状态下的断裂功高得多。由此可知，压缩折痕的扩展需要应变能，而它们的表现有点儿像格里菲斯裂缝。但是，也有一些重大的差别。

我们说过，在我们一直探讨的材料中，压缩折痕会出现在负载的45°和90°方向上。（它们也能出现在45°和90°之间的其他角度方向上。）

---

① 注意，主要由褐藻酸构成的海藻——一种脆弱的材质——是有预应力的，就像钢筋混凝土一样。正如钢筋混凝土节省了钢材，海藻也节约了稀有且具备强构件的纤维素。

45°方向的折痕实际上是一条剪切裂缝，如果条件得宜，它会扩展到整个材料上，非常像剪切状态下的格里菲斯裂缝。然而，对于在材料表面下给定深度的渗透，90°方向的折痕要更短些，因而消耗更少的能量。

基于这个原因，90°方向的折痕总体上更容易出现。然而，即便 90°方向的折痕似乎更容易发生，在扩展较短的一段距离之后，它也更有可能止步不前。这是因为随着折痕的推进，其两侧倾向于挤到一起（或"趋向紧实"），不再释放大量的应变能。因此，完全失效不大可能会发生，至少不会立即发生。

这类情况下可能发生的事情是形成许多小折痕，一个接着一个，都在梁的承压表面上。我们能在木制弓的承压面上看到它们，有时在桨橹上也能看到（见图 13–7）。虽然工程师常常鼓吹"高效"的H形截面梁或箱式截面梁，但这可能是个错误。出于显而易见的原因，[①] 当梁截面呈圆形——就像树木——时，应变量的释放条件通常更不利于扩展裂缝或压缩折痕，这或许是大多数木制弓的横截面为圆形背后的理论依据。毫无疑问，这也与动物骨骼的圆横截面有关。

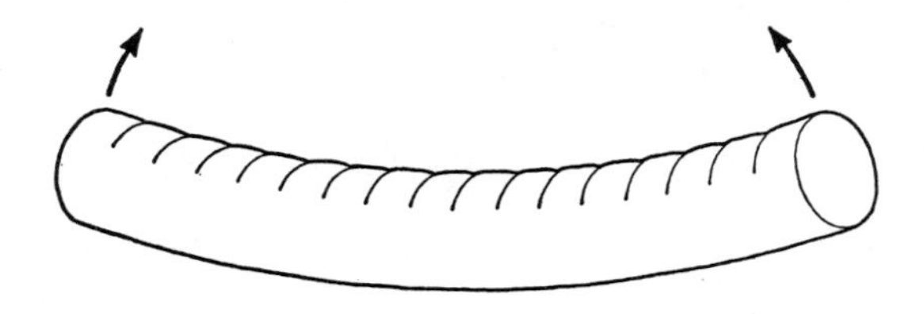

图 13–7　树木、桅杆、桨橹或弓等圆木料承压面上的多重压缩折痕。这些折痕可能不会扩展，因而木料不会完全破裂

材料在承压状态下只要持续产生应力，就会对压缩折痕的扩展形成很多阻碍。这就是木材一般来讲如此安全的原因之一。但是，在负载反转的条件下，它可能真的非常危险。这是因为构成压缩折痕的屈曲纤维

① 随着裂缝或压缩折痕以平直锋面（就像锯痕）穿过圆截面，其表面积的增长可能比其后面材料释放应变能的速率更快，所以格里菲斯很沮丧。

的抗拉强度很小，甚至为零，所以在张力作用下，折痕表现得像普通裂缝一样。它在拉伸状态下尤其危险，因为裂缝的两侧可以自由地裂开，所以现在对应变能释放的限制也不存在了。

让机翼从飞行中的木制滑翔机上脱离的最好方法之一就是进行一次硬着陆。如果飞机降落伴以真正严重的颠簸，机翼就会顷刻间弯向地面。这可能引发主翼梁上通常作为承张部位的木材出现压缩折痕。如果发生这种情况，你是很难在例行检查时发现这些折痕的。当滑翔机下一次飞行时，翼梁可能在该处发生承张断裂，之后机翼会自然脱落。

欧拉博士以及细支杆与薄板的屈曲

到目前为止，我们所讨论的一切只适用于支杆和其他相当短粗的承压构件。我们看到，这些东西通常的承压失败是由于对角剪切机制，有时是因为纤维上形成的局部折痕。然而，大量不同承压结构含有的构件又长又细，并且以完全不同的方式失效。一根长杆或者一张薄膜，比如一个金属薄片或一页书，因屈曲而承压失败，这极易从最简单的实验中看出。（拿出一张纸，试着对其进行纵向压缩。）这种失效模式——具有重大的工艺和经济价值——被称为“欧拉屈曲”，因为它最初是由莱昂哈德·欧拉分析出来的。

欧拉出身于一个以数学才能闻名于世的日耳曼裔瑞士家庭，他年纪轻轻便在数学领域获得了名望：在相当年轻的时候，他便应女沙皇伊丽莎白的邀请前往俄国。他一生的大部分时间都在圣彼得堡宫廷度过，当俄国政治局势动荡不安时，他应普鲁士的腓特烈大帝之邀一度避居波茨坦。18 世纪中叶，在开明君主治下的宫廷生活一定既趣味十足又丰富多彩，但这一点极少反映在欧拉的鸿篇巨制中。据我所知，在所有关于欧拉的传记中，似乎极少有关于他的俗世趣味的记载。[①]他把所有时间都

① 他晚年逐渐失明除外。

用来研习数学，并写成了海量的学术论文，这些论文在他辞世 40 年后还在发表。

事实上，欧拉其实根本无意去研究支柱。实际情况是，在他的诸多数学成就中，有一个叫作“变分法”，而他正欲找寻一个问题来小试牛刀。一位友人建议他可以用这个方法计算一根细竖杆在其自身重量作用下屈曲的高度。用变分法来解决这个纯假想的问题是很有必要的，因为，如我们在第 3 章提到的，应力和应变的概念直到很久以后才被发明出来。

用现代术语来表述，欧拉琢磨出来的东西就是我们今日所谓的“支杆屈曲载荷的欧拉公式”，即：

$$P = \pi^2 \frac{EI}{L^2}$$（见图 13–9）

其中，P = 柱或板屈曲处的载荷，E = 材料的弹性模量，I = 杆或板横截面积的二阶矩（即转动惯量，见第 11 章），L = 支杆的长度。当然，所有这些量必须在同一单位制下。

（奇怪但又便利的是，这么多重要的结构公式在代数上竟如此简单。[①]）

欧拉公式适用于各种各样细长的支柱和支杆（不论实心还是空心），或许更重要的是，它还适用于飞机、船舶，以及机动车上的薄板、薄盘和薄膜。

因此，如果我们为支杆或板绘制其破坏载荷对应长度的图像，就会得到如图 13–8 所示的曲线，该图揭示了两种失效模式。对短支杆而言，失效是由压碎引起的。当长度与厚度之比增加到 5~10 时，这条线会与代表欧拉屈曲破坏的曲线相交。屈曲现在变成了更弱的模式，故而长支杆会以这种方式失效。在实践中，从压碎失效到欧拉屈曲的转变并不是一个突变，而是存在一个过渡区间，如图中虚线所示。

---

① 欧拉公式的几种现代推导方法可在教科书中找到。例如，可参见《物质的机械性能》。

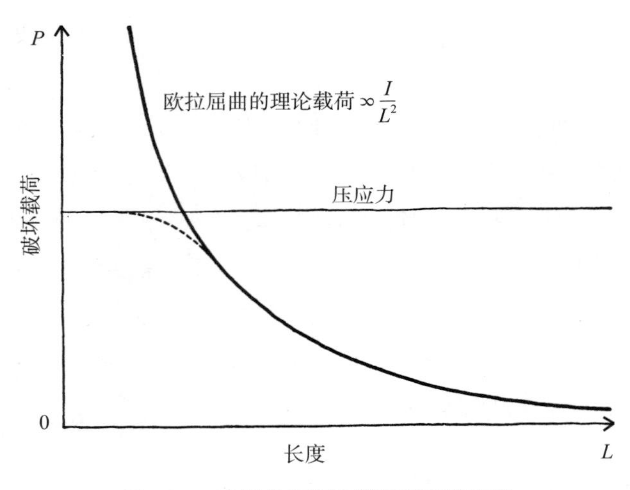

图 13–8 支柱抗压强度随其长度的变化

上文的欧拉公式假定杆或板的两端都是销接合的，或者是铰接合的（见图 13–9）。通常，防止杆或板在末端铰接的任何东西都会增加屈曲

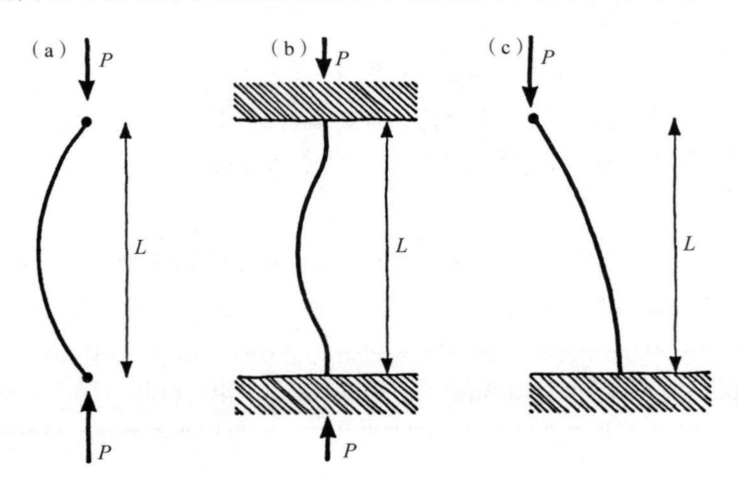

（a）两端都是销接合的：$P=\pi^2\dfrac{EI}{L^2}$

（b）两端在方向和位置上都是固定的：$P=4\pi^2\dfrac{EI}{L^2}$

（c）一端固定，另一端是销接合，可以自由侧向移动：$P=\pi^2\dfrac{EI}{4L^2}$

图 13–9 各种情况下的欧拉公式

载荷。对于两端都受到刚性约束的极端情况，屈曲载荷 P 差不多要乘 4。然而，要实现任何端部约束，往往涉及额外的重量、复杂性和成本，可能并不值得。而且，“刚性”的端部连接会将端部附件的任何偏差传递到支杆上。如果发生这种情况，支杆可能会提前弯曲，所以在实践中，它会变得更脆弱。因此，将桅杆“刚性”地连接到甲板和龙骨上，已不再是常见做法（见图 13–10）。

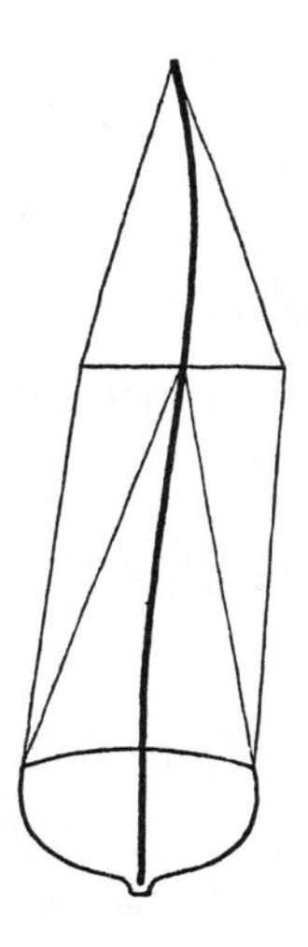

图 13–10　如果支柱因两端被夹紧而被迫偏离直线，其屈曲载荷就会减小。因为索具易于拉伸，所以将桅杆固定到甲板和龙骨上已不再是通常的做法

注意，在我们刚才写下的欧拉公式中，没有代表断裂应力的一项。给定长度的杆或板上的屈曲载荷完全取决于横截面的“I”（横截面积的二阶矩）及其材料的弹性模量或刚度。一根长的支杆在屈曲时不会“断裂”，它会以弹性弯曲的方式避开载荷作用。如果屈曲不曾超越材料的“弹性极限”，那么当载荷移除时，支杆会再次弹开伸直并恢复原状。这个特性通常是一件好事，因为可能据此设计出“牢不可破”的结构。宽泛地讲，这就是地毯和门垫的工作原理。不出所料，大自然非常广泛地运用了这一原理，尤其是对像青草这样难免遭到踩踏的小型植物。这就是为何在草坪上行走而可能不会造成任何损害的原因。正是由于荆棘尖

刺与欧拉定理的巧妙组合，使得树枝篱笆对人和牲口来说几乎都是打不烂和穿不过的。同样，使用细长尖刺武器的蚊子和其他昆虫在叮咬你时也要靠结构上的技巧来避免这些细杆的屈曲。

在欧拉的一生中，其公式的实际技术用途非常少。在实践中，它唯一重要的应用就是设计船桅和其他圆杆。然而，同时代的造船者已经用务实的方法驯服了这个难题。了不起的18世纪造船教科书，比如斯蒂尔的《桅杆、船帆与帆索的制造基础》(*Elements of Mastmaking, Sailmaking and Rigging*)，基于经验给出了各种尺寸桅木的通用表格，这些推荐数据就算通过计算也不见得能进一步加以改善。

在欧拉时代之后又过了大约一个世纪，人们才真正对屈曲现象产生了兴趣，这主要归功于锻铁板在建造施工中的应用日益增加。这些板材显然要比工程师惯用的砖石和木工结构薄得多。这个难题第一次得到认真对待是在1848年左右处理梅奈悬索桥期间。这座桥的设计工作是由三个杰出的人共同负责的，他们分别是：罗伯特·史蒂芬孙，数学家兼首批工科教授伊顿·霍奇金森（Eaton Hodgkinson），以及在结构中运用锻铁板的先驱威廉·费尔贝恩爵士（Sir William Fairbairn）。

史蒂芬孙设计的悬索桥因为弹性太强，最终失败了。英国海军部坚持桥下要留有100英尺的净空高度以利通航，这也在情理之中。将必要的刚度和所需的净空结合起来的唯一办法，似乎是设计一座比现存桥梁都更长的梁式桥。出于种种原因，对每一个要求长度为460英尺的梁，似乎最好用锻铁板组合制成管道的样式，让列车在管道内通行。

很快人们发现，最要紧的设计难题之一出现在铁板的屈曲上，这些铁板构成了梁的上部或承压面。虽然欧拉公式可以精确计算简单的板和杆，但桥管的形状无疑是复杂的，那时还没有适用的数学理论。因此，三位设计者别无选择，只好使用模型做实验。不出所料，这些模型被证明是含糊不清且不可靠的，三人因此发生争吵，合作关系一度濒临破裂。但是真正安全的管道设计仍没有什么头绪。最终定下来的是一种多孔箱式梁（见图 13–11）。每个人都长出一口气，这种设计被证明是符合要求的，它一直撑到了 1970 年。

图 13–11　布列坦尼亚桥：管状箱式梁

在史蒂芬孙的时代，人们对薄壳的屈曲进行了大量的数学研究，但这类结构的设计仍伴以大于通常程度的不确定性。所以，发展这类关键结构很可能花费昂贵，因为在设计落地前可能需要做全尺寸的强度测试。

布雷热屈曲

根据欧拉的说法，支杆的屈曲载荷与 EI/L^2 成正比，那么长支柱的抗压强度可能的确非常低，我们唯一能做的就是增大 EI——如若可能，使之与 L^2 成比例增加。对大多数材料而言，弹性模量 E 是较为恒定的，所以我们在实践中必须增加横截面积的二阶矩 I。这意味着我们得把支柱弄得更粗些。当然，这正是我们对砖石建筑做的事情，例如多利克柱式神庙的坚固支柱。然而，其结果却过分沉重，如果想建一个轻的结构，那么我们就得设计某种扩展的截面。有时要采用“H”形或星形，有时要用方盒形。但总体上，圆管通常更好，也更有效。

工程师和大自然都极其偏好管材，管状支杆的用途非常广泛。然而，一个承压的管有两种可选的屈曲模式。它可能按我们描述过的方式屈曲，也就是说，按横跨其整个长度的长折痕模式，即欧拉方式。或者，它也可能以短折痕模式屈曲，即将一种折痕或压痕局部地置于管壁。如果管径很大而管壁很薄，那么支杆很可能在预防欧拉或长折痕屈曲上是安全的，但它会因外皮局部起皱而失效。这很容易用薄壁纸管来验证。这种局部屈曲或局部起皱的表现形式之一就是所谓的“布雷热屈曲”（见图 13–12），正是这种效应限制了简单管道和薄壁圆筒在承压状态下的运用。[①]

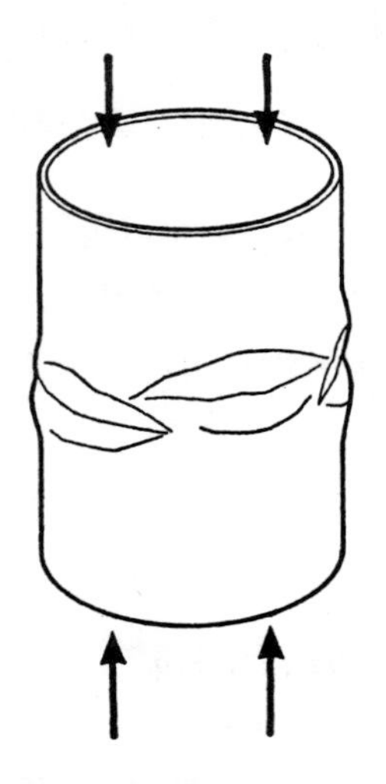

图 13–12　薄壁管在轴向压缩作用下发生的布雷热屈曲或局部屈曲

---

① 在薄壁圆管上，局部屈曲一般出现在外壳上的应力值达到$\frac{1}{4}E\frac{t}{r}$的情况下。其中，t = 壁厚，r = 管半径，E = 弹性模量。

要避免布雷热屈曲，最常见的方法就是额外添加肋条或纵桁之类的构件，以增强薄壁结构的外壳刚度。周向放置的加劲杆一般被称为“肋条”，纵向放置的则被称为“弦条”（但植物学家除外，他们仍称之为“肋条”）。船壳镀层传统上是借助肋条和舱壁增强刚度，尽管近来的大型油轮建立在“伊舍伍德”结构之上，该结构主要依靠纵向弦条。精密的壳体结构，比如飞机机身，通常是靠肋条和弦条一起增强刚度。青草和竹竿的中空茎（干）在弯曲时有倒伏趋势，可借助沿茎（干）间隔的“节”、隔断或隔板优雅地增强刚度（见图 13–13 和图 13–14）。

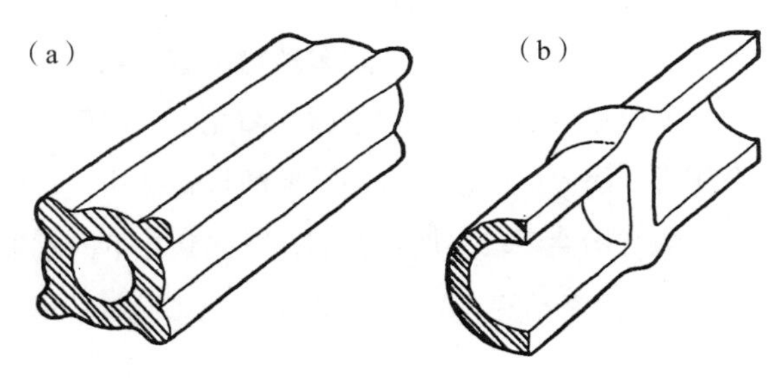

（a）纵向弦条；
（b）节或隔板——常见于青草和竹竿中。

图 13–13　中空植物茎（干）增强刚度以防局部屈曲的两种方式

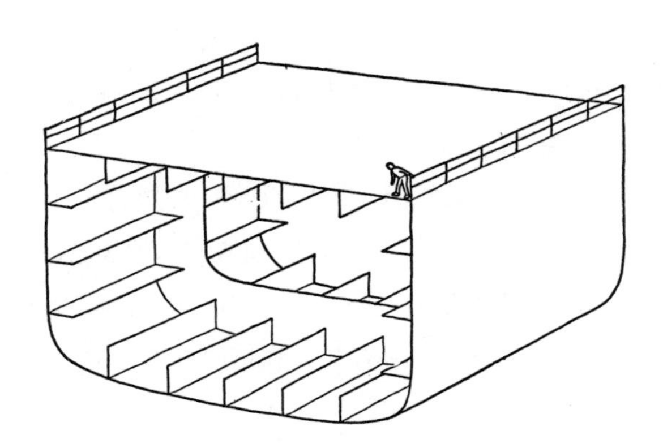

图 13–14　像船舶和飞机这样的工程壳体结构一般既要用弦条也要用肋条或隔板。图示为常用于油轮的伊舍伍德结构

叶子、三明治与蜂窝

薄盘、薄板和薄壳在大自然和工程技术中不断涌现，这些结构越大、越薄，便越有可能在弯曲载荷和压缩载荷的作用下挠度变形或起皱。原则上，增强柱或板的承弯刚度的任何东西也会增加其抗屈曲强度，使之在承压状态下更强韧。实现这一目标的方法之一是用绳索或缆绳固定杆或板，这是植物从未使用过的解决之道。还有一种方法或许更好，即用波纹或多孔结构增强带肋条或弦条构件的刚度。

木头是一种多孔材料，大多数其他植物组织亦如此，尤其是青草和竹竿的茎壁。此外，在生存竞争中，许多植物严重依赖其叶子的结构效率，因为它们必须以尽可能大的面积暴露在阳光下，以尽可能低的代谢成本完成光合作用。因此，叶子是一种重要的板式结构，它们似乎可以利用大多数已知的结构性手段来增强它们在弯曲状态下的刚度。几乎所有叶子都具有精致的肋条结构[①]，肋条间的薄膜靠多孔构造增强刚度，在某些情况下，波纹进一步增强了它们的刚度。除了这些，叶子整体上靠汁液的渗透压以流体静力学的方式增强刚度。

在工程结构中，板和壳经常要靠黏接、铆接或焊接到镀层上的肋条或弦条来增强刚度，尽管这并不总是达成此目标的最轻便或最便宜的方法。应对这个难题的另一个方法是将外壳镀层做成相互分离的两层，然后通过把它们粘到某种连续支持物上使之分开，支持物通常要做得尽量轻些。这种结构被称作“三明治结构”。

德哈维兰公司的著名首席设计师爱德华·毕晓普（Edward Bishop）在 20 世纪 30 年代设计的“彗星”客机[②]机身（但如今已被遗忘），正是夹层板首次被用于严肃的建造中的实例。或许其最著名的应用是这款飞机的后续机型，即战时的蚊式轰炸机。在这两种机型中，夹层板的夹层

---

① 通常认为，约瑟夫·帕克斯顿爵士（Sir Joseph Paxton）于 1851 年设计的水晶宫正是受到了维多利亚百合的叶肋纹的启发。

② 它与后来的同名喷气式客机没有直接关系。

都是用轻质的巴沙木做的，表层板则是用更重也更强劲的桦木胶合板粘在巴沙木的两侧制成的。

虽然蚊式轰炸机是一款很成功的飞机，但巴沙木浸水后容易腐烂；此外，这种又软又脆的热带木材供应量有限，质量又参差不齐。而且，关于夹层和表层板的芯材研究大约在此时又受到另一个因素的刺激：机载雷达的引入。使用这个设备，运动的雷达反射器或“扫描器”必须被放置到一个巨大的流线型圆顶或整流罩里保护起来，这种保护罩后来叫作“雷达罩”。然而，这些整流罩对高频无线电波来说必须是透明的，这意味着在实践中，它们必须用某种塑料制成，通常是玻璃纤维或有机玻璃。雷达罩对无线电透明度的大力提升——至少在理论上——靠的就是三明治结构，这种夹层结构的厚度与发出的辐射波长密切相关，就像现代相机镜头的涂层或“敷霜”的厚度与可见光波长相关一样。

潮湿的巴沙木就像任何其他潮湿的木材一样，对无线电几乎不透明；而在战时条件下，巴沙木几乎总是潮湿的。这便排除了将之用于雷达罩的可能性，也使开发更防水的轻质材料变得必要。“泡沫”人造树脂可以满足这一要求，它看起来就像蛋糖糕饼或“气泡”巧克力（见图 13–15）。人们开发出大量泡沫树脂，它们有许多优势，不仅可用于雷达罩的夹层，还可用于各种各样其他结构的夹层板。其中一些至今仍在使用。例如，它们被用于造船，因为其泡壁或腔壁几乎不透水。但是，对于具备最高结构效率的夹层板的夹层，泡沫树脂材料比人们期望的要重一些，刚度也要低一些。换言之，人们需要去发现轻质芯材以填补市场的空缺。

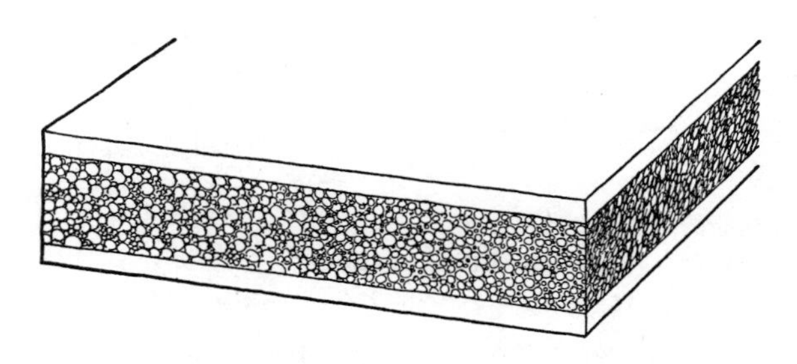

图 13–15　泡沫树脂通常用作三明治结构中的轻质芯材

1943年年底的某日，一位名叫乔治·梅的马戏团老板打电话说要来法恩伯勒看我。他给我讲了几个杰拉德·德雷尔式的故事，主要是关于巡回马戏团养猴子的困难，之后他制作了一种看起来既像书又像六角手风琴的东西。当他拉动这个装置的末端时，它整个伸展开来，就像人们在圣诞节做的彩纸花饰。事实上，这是一种蜂窝纸板，重量极轻，但强度与刚度却相当惊人。这样一个东西在飞机上会有用处吗？如乔治·梅谦虚坦承的那样，还有个小困难，那就是它是用牛皮纸与普通树胶制成的，根本不防潮，一旦被弄湿就会化为碎片。

一群飞机工程师极其冲动地想要张开双臂去拥抱一位马戏团老板的脖子并亲吻他，这样的场景在历史上肯定不多见。然而，我们克制住了这种冲动并告诉梅，用合成树脂对蜂窝纸板做防水处理就可以轻松解决这个问题了。

这恰好也是我们所做的事情（见图13–16）。用来制造蜂窝纸板的纸

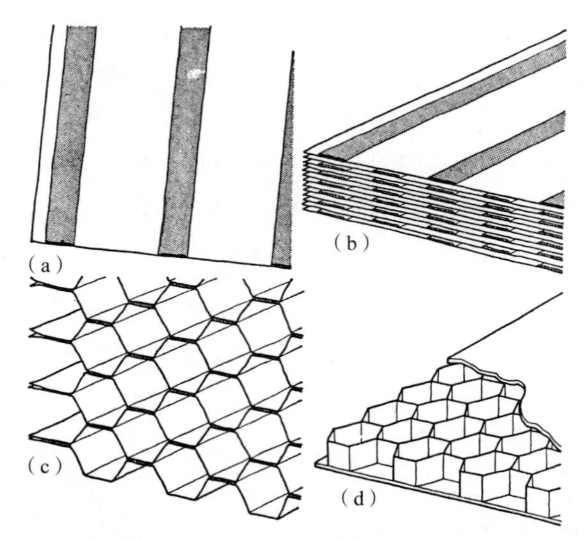

（a）在浸渍了树脂的纸上粘上平行胶条。
（b）将许多片纸粘到一起形成胶条错列的厚纸板。
（c）当胶凝固后，把纸板展开使之呈蜂窝状。之后，等待树脂硬化。
（d）将蜂窝纸板粘在塑料或金属夹板之间，形成一个夹层结构。

图13–16 蜂窝纸板的构造与使用

在使用前要用未凝固的酚醛树脂溶液浸泡。蜂窝纸板做好并展开后，还要放到烤箱中烘烤，使树脂凝固硬化。其结果是，纸不仅防水，其强度和刚度也增强了。这种材料非常成功，被用作各种军用夹层中。虽然它如今在飞机上用得并不多，但世界上差不多有一半的住宅门是用薄胶合板或塑料板粘在蜂窝纸板两侧制成的。比起英国，它在其他国家的用途更广泛，尤其是在美国，所以全世界蜂窝纸板的产量一定非常可观。

虽然三明治结构、泡沫树脂和蜂窝纸板在工程领域的运用是件新鲜事儿，但它在生物学领域已经使用了很长时间。所谓的骨松质（见图 13–17）就利用了这个原理。我们每个人的头盖骨就是一个相当好的例子，它们当然得承受弯曲载荷和屈曲载荷。

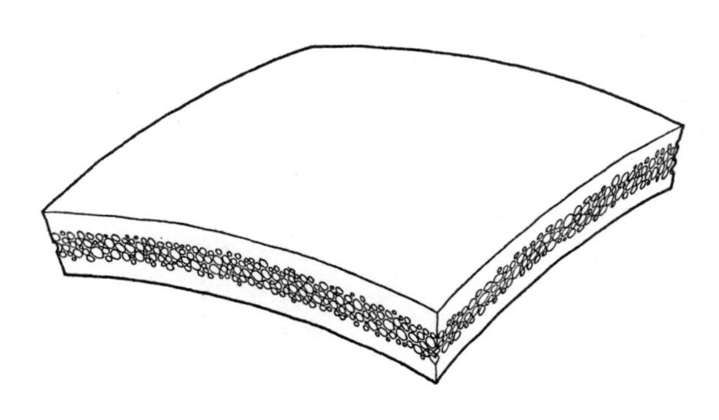

图 13–17　骨松质

第四部分 —— 结构与审美

第 14 章

设计的哲学——形状、重量与成本的平衡

哲学不过是自主的判断力。

——约翰·赛尔登

如我们所见，结构理论在日常生活中最普遍的运用，就是分析某些具体结构的行为：要么是打算建造的结构，要么是实际存在但安全成问题的结构，也可能是那些已经倒塌的相当尴尬的结构。换言之，如果知道给定结构的尺寸及其构成材料的特性，我们至少能试着预测它应该有多强以及会发生多少挠度变形。尽管这类计算在特定情况下显然是非常有用的，但当我们想弄懂事物为何有此形状，或者从几类不同的结构中为某个特定用途选择一个最好的结构时，这种方法只能给予我们有限的帮助。例如，在建造飞机或桥梁时，使用哪一种会更好？是由盘或板制成的连续壳体结构，还是由杆或管组成的或许还要用钢丝支撑的交叉格构？此外，为什么我们的肌肉和肌腱有很多而骨骼却较少？工程师如何在种类繁多的寻常材料中做出选择？他建造结构应该用钢或铝，还是用塑料或木材？

动物、植物和传统人工制品的“设计”并不只是偶然为之。一般来说，在充满竞争的世界里经过长期演化而来的任何结构，它的形状和材

料都代表了其必须承载的载荷与经济或代谢成本的最优化。在现代技术中，我们可能想要实现这种最优化，但我们并不总是擅长此道。

人们尚未广泛意识到的是，这一有时被称为“设计哲学”的课题可以以科学的方式进行研究。这是个遗憾，因为其结果在生物学和工程学领域都很重要。虽然不太受重视，但对设计哲学的研究事实上已持续多年。米歇尔（A. G. M. Michell）在 1900 年左右第一次以工程学方法严肃讨论了该课题。[①] 自伽利略提出“平方–立方律”后，虽然生物学家事实上一直在谈论（第 9 章），但直到 1917 年达西 · 汤普森爵士（Sir D’Arcy Thompson）出版了他的杰作《生长和形态》（*On Growth and Form*），才首次有了关于结构要求对动植物形状影响的全面描述。尽管这部著作有诸多优点，但它缺乏足够的数据分析，所表达的工程学见解也并不都是合理的。虽然收获了巨大和充分的赞誉，但《生长和形态》无论在其所处时代还是对之后的生物学思考都没有产生多少实际影响。它似乎也没有对工程师产生什么影响，这无疑是因为生物学思想与工程学思想互动的时机尚未成熟。

近年来，用数学研究结构哲学的代表人物是考克斯（H. L. Cox）。考克斯除了是一位卓越的弹性研究者外，还是一位研究比阿特丽克斯 · 波特（Beatrix Potter）的专家。他在某些方面有点儿像伟大的托马斯 · 杨，我希望他能原谅我这么说。因为他不仅具有像托马斯 · 杨一样的天分，还继承了托马斯 · 杨的很多晦涩的表达。普通人往往会发觉，若没有传道者或解释者的帮助，实在很难弄懂考克斯的阐述。这就可以解释为什么他的工作没有获得应有的关注了。接下来的内容大多直接或间接地基于考克斯的研究，让我们首先从他对张拉结构的分析开始。

---

① 可参考 A. G. M. Michell, “The limits of economy of material in frame structures”, *Phil. Mag*. Series 6, 8, 589 (1904)。

张拉结构的设计

工程设计的奇妙之处在于，若不先设计出某些可施加载荷的终端配件，就不可能制作出简单的承张构件；不论是锻铁、藤蔓、钢缆，还是绳索，终端配件上的应力体系都要比纯张力复杂得多。承张终端配件的设计在理论上有充足的空间，也有很多经验：无论是古俾格米人精通的藤蔓打结手艺，还是布鲁内尔开发的高效带环杆，经验总是会主宰设计。但是，理论家仍然拥有最终的话语权。

——考克斯，《重量最小结构的设计》

如果我们不去考虑终端配件的效应，那么张拉结构的哲学的确非常简单。首先，与承载给定载荷相匹配的张拉结构，其重量与长度成正比。也就是说，强到足以承载 1 吨载荷的 100 米长绳，其重量正好等于安全承载等量载荷的 1 米长绳的 100 倍。其次，只要载荷是均匀分配的，不管给定载荷是靠单根绳索或系杆支撑，还是靠各占一半横截面的两根绳或杆，都没有区别。

可是，这个简单的看法被终端配件的必要性搅乱了，即在构件的一端取下载荷，并在另一端装上载荷的需要。即便是一根普通的绳索，其两端也需要绳结或接头。绳结或接头可能比较重，还可能有额外的成本。如果我们老老实实地计算，这个重量和成本就必须加到裸露的承张构件上。对于给定的载荷，无论绳索是长是短，终端配件的重量和成本都完全一样。因此，在其他条件一样的情况下，就承张构件单位长度的重量和成本而言，长构件会少于短构件。换言之，重量不再与长度成正比。

此外，从这类系统的代数与几何关系中可以看出，两根平行承张杆终端配件的总重量低于具有等效横截面的单根绳或杆终端配件的重量。①

① 因为承张杆的横截面积与载荷成正比，而终端配件的体积随载荷的 3/2 次幂增加。

由此可知，一般来说，节省重量靠的是在两个或更多承张构件间细分拉伸载荷，而不是用单一构件来承载它。

正如考克斯指出的那样，终端配件上的应力分布总是很复杂，而且必定包括有些严重的应力集中，以致裂缝一有机会便会扩展。因此，配给的重量和成本皆取决于设计者的技巧，也取决于材料的韧度，即材料的断裂功。断裂功越高，配件就越轻和便宜。但是，如我们在第 5 章所见，韧度很可能随抗拉强度的增加而减少。对像钢材这样常见的工程金属而言，断裂功随抗拉强度的增加而急剧下降。

因此在为承张构件选择材料时，我们通常会面临互不相容的需求问题。为了减小系杆中部或平直部位的重量，我们应该使用具有高抗拉强度的材料。但对终端配件来说，我们一般要选择有韧性的材料，这很可能意味着抗拉强度低。像许多难题一样，这也必须用折中的办法来解决，在这种情况下，解决方案主要取决于构件的长度。对于很长的构件，比如现代悬索桥的钢缆，一般要选高抗拉钢，虽然我们不得不接受钢缆锚定处终端配件带来的额外重量与复杂性。毕竟，终端配件只有两个，桥梁两端各有一个，而其间的钢丝或许有 1 英里长。因此，在中部减轻的重量会超过两端处增加的重量。

但是，当我们遇到像短环链这样的结构时，情况就完全不同了。在每节短环上，终端配件的重量很可能大于中部的重量，必须慎重考虑。老式悬索桥的支撑链就属于这种情况，这种结构一般是由有韧性、可延展和抗拉强度相当低的锻铁制成的。如我们在第 10 章所说，特尔福德的梅奈悬索桥链板环上的拉应力不到现代悬索桥钢丝的 1/10，就是因为这个绝佳的理由。非常类似的论证也适用于壳体结构，比如船舶、油箱、锅炉和主梁，它们是用较小的铁板或钢板制成的。它也适用于铆接铝制结构，比如常规的飞机。所有这些或多或少都可以被视为带有小构件的二维链。在这种情况下，需要用更弱但延展性更好的材料，否则接合处的重量会大到难以承受（见第 5 章图 5–13）。

在船舶、双翼机和帐篷上，绳索和钢丝的倍增一般会节省重量，而非增加重量。[①]当然，所有这些翻绳游戏都会带来高风阻、高维护成本和总体的复杂性。这可能是我们为获得较低结构重量而不得不付出的代价。我们在动物身上也能看到类似的原理，大自然会毫不犹豫地增加肌肉和肌腱这样的承张构件。实际上，大自然和伊丽莎白一世时代的水手采用了同样的装置来减小端部附件的重量。许多肌腱的末端展开成扇形，弗朗西斯 · 德雷克爵士（Sir Francis Drake）称之为“乌鸦脚”。肌腱的每个分支都有一个与骨骼分离的小接合，重量（或许还有代谢成本）由此实现最小化。

张拉结构与承压结构的相对重量

如我们在上一章所见，对给定固体来说，拉伸状态和压缩状态下的断裂应力往往是不同的。但就许多常见的材料而论，比如钢材，区别并不是太大，所以，短承张构件与短承压构件的重量很可能差不多。事实上，由于承压构件可能不需要沉重的终端配件，而承张构件需要，因此在同类条件下，短的承压支杆很可能比承张支杆更轻。

然而，随着支杆变长，欧拉理论开始发挥作用。你应该还记得，沿支柱的屈曲载荷与 $1/L^2$ 成正比（其中 L 为柱长），而这意味着对横截面不变的支杆来说，抗压强度随长度的增加而急剧下降。因此，为了支撑

---

① 以代数方法来思考，我们可以将 n 个长为 L 的平行承张杆上承载载荷 P 的问题写成如下形式：

$$Z=\rho\frac{P}{s}\left(1+\frac{k}{WL\sqrt{n}}\cdot\sqrt{\frac{P}{s}}\right)$$

其中，Z = 所有承张构件单位长度的总重量，P = 总承载载荷，s = 安全工作应力，k = 与设计者才智相关的一个待定系数，W = 材料的断裂功，n = 承张构件的数量，ρ = 材料密度。

这个式子的证明详见考克斯的《重量最小结构的设计》，我已对考克斯的公式略做修正。

任何给定载荷，长支杆需要比短支杆粗得多，也要重得多。如前文所说，同样的考虑并不适用于承张构件。

研究在10米的距离上先承张1吨（1 000千克或10 000牛顿）再承压同样的重量这个问题是具有启发性的。

承张状态：对于一根钢棒或钢缆，我们可允许拉伸状态下的工作应力达到330 MN/m² 或50 000 psi。考虑到终端配件，总重量可达到3.5千克或8磅左右。

承压状态：试图用实心钢棒在这样一个距离上承载这样一个压缩载荷是很愚蠢的行为，因为若实心棒粗到足以避免屈曲，那么它将非常沉重。在实践中，我们很可能使用直径约为16厘米的钢管，其壁厚可能为5毫米。这样一根管重200千克，换句话说，其重量在承拉杆的50~60倍之间，其成本很可能符合同样的比例。此外，如果我们要细分一个承压结构，其情况不会更好，反而会变得更糟糕。如果我们要支撑1吨的载荷，不是靠单根支杆，而是靠某种像桌子似的4根支杆排布，每根长10米，那么支杆的总重量将会是原来的两倍，即400千克。重量会随着结构越分越细而持续增加，事实上随 $\sqrt{n}$ 而增加，其中 n 为支柱的数量（见附录Ⅳ）。

如果我们增加载荷而保持距离不变，那么承压结构的重量情况会变得更好。例如，如果我们将载荷增大到100倍，即从1吨增加到100吨，那么虽然承张构件的重量至少会按比例从3.5千克增大到350千克，但承担这个载荷的10米长单根支杆的重量只增大至原来的10倍，即从约200千克增大到约2 000千克。所以，在承压状态下，支撑重载荷比支撑轻载荷在比例上要经济得多（见图14–1）。无论是对于板、壳、盘和膜，还是对于简单的杆、竿和柱，所有这些考虑都是以同样的方式运作（见附录Ⅳ）。

这类考虑为帐篷和帆船等提供了理论依据。有了这样的装置，就能轻而易举地将压缩载荷集中在少量尽可能短的桅杆或支柱上。同时，如我们所说，拉伸载荷会更好地分散到尽可能多的弦和膜上。因此，一顶只有单根支柱但有许多拉索的钟形帐篷很可能是可按体积比例制造的最

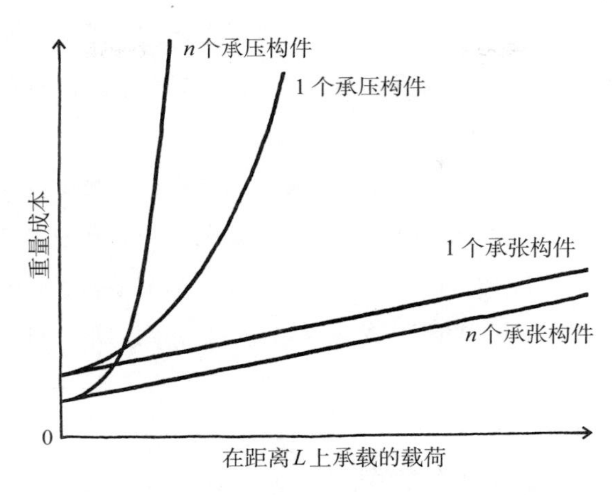

图 14–1　在距离L上承载给定载荷的相对重量成本

轻的“建筑物”。几乎所有帐篷都会比用木料或砖石建成的实体建筑物更轻，也更便宜。同样，具有单根桅杆的纵帆艇或纵帆船，比起双桅纵帆船、多桅纵帆船或者其他更复杂的多桅帆船，其帆装更轻也更有效。这也是为何古埃及人和维多利亚时代的装甲舰设计者使用的A形或三脚桅杆既笨重又低效（第 11 章）。

此外，典型的脊椎动物，比如人类，大体上很像钟形帐篷或帆船。中部有少量承压构件，即骨骼，周围则遍布承载张力的肌肉、肌腱和薄膜，甚至比全帆装船的帆装还复杂。此外，从结构学角度来看，两条腿要好于四条腿，而蜈蚣之所以避免了总体上的官能不足，也许只是因为腿短。

规模效应

很久以前，伽利略曾想到，鉴于结构的重量随其尺寸的立方增加，而负载构件的横截面积仅随尺寸的平方增加，所以在几何上相似的结构，其材料中应力的增加应与其尺寸成正比。由此可见，对于易因自重直接或间接引发拉伸断裂以致失效的结构，尺寸越大，其比例上就必须得越粗壮。事实上，由于存在一种“复利”的效应，其构件肯定会比简单规则表明的更粗，也更笨重。因此，可以预料所有结构的大小都可能会受到相当严格的限制。

这个平方–立方律长期以来一直被生物学家和工程师到处传播。先是赫伯特·斯宾塞（Herbert Spencer），之后是达西·汤普森，都说过它限制了像大象这样的动物的大小，而且，工程师们过去常解释说，它使建造更大的船舶或飞机的想法沦为空想。尽管如此，船舶和飞机还是变得越来越大了。

实际上，平方–立方律似乎只适用于希腊神庙的楣（用脆弱且沉重的石块建成）、冰山和冰川（由脆弱且沉重的冰构成），以及果冻和奶冻等。

如我们所见，在许多复杂结构中，承压构件的重量很可能是承张部分的几倍。因为承压构件很可能因屈曲而失效，所以要想让它们变得更有效，它们需要承受的载荷就要更大，也就是说该结构要建造得更大。出于这个原因，虽然重量会随大小不成比例地增加，但其害处比平方–立方律揭示的要小得多。在实践中，这个害处还会进一步受到各种“规模经济”的抵偿。例如，对于一艘船、一条鱼、一架飞机或一只鸟，运动的阻力几乎与表面积成比例，而随着尺寸的增加，表面积相对于重量的比例会减小。这一领悟促使布鲁内尔设计出大东方号。虽然他的巨轮失败了，但布鲁内尔的观点是正确的，这也是为何我们今日可建造像超大油轮这样的大船。此外，如我们在第 5 章所见，大型动物的尺寸更有可能受限于其骨骼的“临界格里菲斯裂缝长度”，而非受到平方–立方律的制约。

空间构架和单壳构造

工程师常常面临一个选择：一边是以分离的支杆与承张支杆按组装式玩具风格搭建的格构，即所谓的“空间构架”；另一边是以或多或少的连续板负载的薄壳掩构，即所谓的“单壳构造”。有时候，两种结构的区别会被一个事实掩盖，即空间构架会被某种连续包层盖住，而该包层其实无法承载过多载荷。传统的木屋、现代钢架工棚和仓库（覆盖以波纹铁），当然还有身披甲壳或鳞片的动物，都属于这种情况。

有时候，具体使用哪种形式，未必完全取决于结构上的要求。高压输电塔采用了开放的格架或格栅形式，因为这样它就具备了最小的风阻和最小的漆钢面积。但是，如果需要制造一个水箱，采用厚钢板壳体往往比用格构支撑防水袋或防水膜更方便，即便后一种形式可能更轻。事实上，后者通常也是胃和膀胱的解决方案。

有时候，两种构造形式间的重量和成本差异是微不足道的，到底用哪种可能无关紧要。但在其他情境中，差别会非常大。如我们所见，一顶帐篷总是比用连续板、混凝土或砖石建成的任何等效建筑物更轻，也更便宜。在车身设计制造中，1930 年左右的老派“魏曼式”轿车车身是由木制空间构架覆以衬垫织物构成的，它比此后一直使用的压制金属壳体车身都要轻得多。在油价高企的今日，魏曼式车身很可能会复兴。

然而，有一种观念认为，单壳构造在某种程度上比空间构架更“现代”，也更先进，后者有时被视为原始和相当华而不实的。虽然许多工程师更认同这种观点，但事实上它缺乏客观的结构性依据。当主要承载的是压缩载荷时，空间构架总是比单壳构造更轻，往往也更便宜。但是，当载荷相对于尺寸较高时，使用单壳构造在重量上的劣势就不那么严重了，再结合其他考虑因素，就可以证明在某些情况下使用壳体是合理的。然而，对轻负载的大型结构，比如“刚性”的飞艇来说，空间构架或格构是唯一可行的一种形式。一个用工程师梦寐以求的闪亮铝板制成的巨型单壳构造飞艇是无法成为比空气轻的运载器的，一个密封增压袋或“软式飞艇”则可以。

从早期飞机的杆、绳与织物构造到现代单壳构造的变迁，并非都是因某些风潮而突然兴起的，而是达到一定载荷和速度后顺理成章的步骤。如我们所说，仅作为一种承压与承弯方式的话，单壳构造总是比空间构架更重，但所需的额外重量会随结构上载荷的增加而按比例减少。

而且，若是作为抵抗剪切和扭转的方式，单壳构造比空间构架更有效。随着飞机速度的提升，对抗扭强度和抗扭刚度的要求也会提高。因此，20 世纪 30 年代迎来一个转折点，就结构重量而言，是时候将机身构造从空间构架转变成单壳构造了。单翼飞机的情况尤其如此。因此，现代飞机往往被建造成连续壳体，用铝板、胶合板或玻璃纤维做外壳。现代悬挂式滑翔机回归空间构架结构也同样合乎逻辑，它们的确非常轻。

抵抗大扭转载荷的需要仅限于像船舶和飞机这样的人造结构。如我们在第 12 章说过的那样，大自然几乎总是设法避免扭转，因此，至少就大型动物而言，单壳构造或外骨架并不常见。最大的动物是脊椎动物，它们具有高度精密且成功的空间构架，其结构哲学与双翼飞机及帆船没有多大区别。在鸟类、蝙蝠和翼龙身上，这种避免严重扭转的需要则表现得非常显著。正是这一点使这些动物能够在空中维持其轻巧的空间构架。飞机设计师，请注意了。

鼓胀结构

有时，推测技术史上的那些“如果”和“但是”是一件有趣的事。如果伊桑巴德·金德姆·布鲁内尔早几年投身铁路建设，或许世界上大多数铁路会以 7 英尺轨距为标准，而非使用其对手乔治·史蒂芬孙设计的 4 英尺 8.5 英寸的“煤车轨距”，后者源于罗马战车的轮距。正如布鲁内尔预测的那样，史蒂芬孙的轨距已被证明是某种障碍。如果今日有更宽的轨距，那么铁路在技术上和经济上可能更强大。果真如此的话，世界也可能会变得不一样。

如果高效的充气轮胎在 1830 年左右问世，那么我们可能会直奔机械化的公路运输而去，而无须经历铁路运输的中间阶段。果真如此的话，今日的世界就会有所不同。事实上，充气轮胎在 15 年后才问世。1845 年，一位名叫汤姆逊（R. W. Thomson）的年轻人取得了充气轮胎的专利，当时他只有 23 岁。汤姆逊的轮胎在技术上取得了惊人的成功，但那时铁路的地位稳固，而铁路利益与马车利益的联合推动了荒谬的限制性立法，致使汽车的发展被推迟至 19 世纪和 20 世纪之交。

因为自行车从未被当成对火车或马车的严重威胁，所以其在维多利亚时代的发展是受到法律允许的。1888 年，邓禄普（J. B. Dunlop）成功复兴了充气轮胎，将之用于自行车。邓禄普从中大赚一笔，而那时候汤姆逊已死，他的专利也过期了。使用实心轮胎的卡车车速被限定在每小时 15 英里左右，轿车也不能跑得更快。汤姆逊的发明不仅使快速且廉价的公路运输成为可能，还使在旱地上操纵飞机变成现实。没有充气轮胎的话，我们大概只能使用某种形式的水上飞机了。

当然，轮胎有分散和缓冲车轮下载荷的功能，而且它们在这方面格外成功。然而，轮胎其实只是鼓胀结构的一个例子。除缓冲效应之外，鼓胀结构还提供了一个非常有效的方式，当我们试图在承弯或承压状态下长距离地承载轻载荷时，它可以帮助我们规避重量和成本方面的劣势。这样一个结构的功能就是承压，不是通过易于屈曲的实心板或实心柱，而是靠压缩空气或水之类的流体。因此，实心部分只用承受张力，如我们所见，其涉及的重量和成本要比承压情况下少得多。

在技术领域，巧妙地使用鼓胀结构的观念并不新鲜。早在公元前 1000 年左右，底格里斯河与幼发拉底河上游的船夫就开始用鼓胀的兽皮制作小艇和筏子了。这些小艇顺流而下，不仅要承载卖到下游平原城邦的商品，还要运载骡子或毛驴。抵达目的地后，人们会把兽皮放气，再放到驮畜的背上，沿陆路返回船籍港。如今，充气艇是常见之物，充气帐篷和充气家具也一样。它们通常会被打包装到汽车里。

1910 年，伟大的工程师兰彻斯特发明了充气屋顶。其构成仅仅是一个边缘附着于地面的充气膜，依靠一台简单的风机提供的低压空气维持。虽然空气进出都需要依赖一个气闸，但鉴于有其他益处，这往往不算一个非常严重的障碍。兰彻斯特的屋顶可以很容易地覆盖大块面积，而且成本不高，但其使用目前仅限于像温室和室内网球场这样的地方；

根据古旧的建筑规章，它不得被用于工程或房屋。

当然，并不是非用空气不可。沙袋也可以达到同样的目的，比如海龙状驳船，它们就是装满石油或水的大型加长浮袋。在亚马孙河上游，它们被用来运输石油，返程时的放气方式和幼发拉底河上的兽皮艇差不多。它们还被用来给希腊诸岛的旅馆提供游客沐浴所需的淡水。

除了在技术领域发挥的现有作用以外，鼓胀结构或许值得我们进一步开发。然而，这种构造形式的伟大开发者是植物和动物。植物和动物都像化工厂一样运行，其结果是它们内部充满了复杂和肮脏的流体。例如，把蠕虫做成一个细长的袋子，袋子里装满了蠕虫湿软的内脏，没有比这更“自然”和更经济的了。

显然，这种方法非常有效，而且非常自然，使人们忍不住想知道为何动物要费劲儿地使用由又脆又重的骨骼制成的骨架。比如，如果人类被“制造”得像章鱼、乌贼或大象鼻子一样，岂不是更方便吗？西姆基斯教授为我提供了一个看待该问题的角度，即动物其实根本不打算要骨架；可能发生的情况是，最早期的骨骼不过是动物体内多余的金属原子的安全倾倒场地罢了。一旦动物体内产生了固体矿物质块，它们就被用作肌肉的附件。

钢丝辐轮

不会有时髦的婚礼，
四轮马车，我负担不起，
但是你的快乐
来自一辆双座自行车！

——哈利·戴克，《黛茜·贝尔》

在传统的木制马车轮子上，每根辐条轮流承受车辆重量的压缩。因此，马车有点儿像长着许多长腿的蜈蚣，这些腿合在一起，既笨重又低效。领悟该事实的第一人是非凡而古怪的乔治·凯莱爵士（Sir George Cayley）。凯莱是最早和最杰出的发明飞机的先驱者之一，他的志趣在于为他的飞机制造更好且更轻的着陆机轮。早在 1808 年他就想到，可以通过将轮子的辐条设计为承张而非承压状态来节省大量重量。这个想法最终引领了现代自行车车轮的发展，其钢丝辐条处于拉伸状态，同时相当轻薄的轮辋承受了压力作用，因为它能稳定地抵抗屈曲。

再配以充气轮胎，就这样钢丝辐轮使骑自行车对普通人来说变得可行，而且由前面的《黛茜·贝尔》可知，它还有相当大的社交意义。但是，重量的节省多半仅限于轻负载的大轮子，比如自行车车轮。当车轮变小而载荷变大时，使用承张辐轮往往没多大好处。现代跑车的冲压钢制车轮比钢丝辐轮重不了多少，这通常不值得人们费心和花钱。

如何选择更好的材料

大自然在生物组织的各种可能性之间做选择时或许很清楚它们的利弊，但是渺小的人类，即便是非常伟大的人物，似乎也对材料不甚了解。按荷马的说法，阿波罗之弓是用白银做的[①]，而这种金属存储的应变能可忽略不计。到了相当晚近的时代，我们被告知天堂之地是用黄金或玻璃铺就的，但这两种材质都极不适用。诗人总是对材料漠不关心，但余下的大多数人也没好到哪里去。事实上，根本没几个人对这个问题做过理性的思考。

时尚与名声的巧合似乎在这件事上起到了巨大的作用。黄金其实不是一种非常好的手表材料，钢材也不适用于制造办公室陈设。维多利亚

① “阿波罗也无法一直拉开他的弓”（Horace, *Odes* II, x, 19）。贺拉斯或许知道白银的蠕变几乎同铅一样严重。

时代的人坚持制造各式各样不可能的物品，比如铸铁材质的雨伞架，据说，某位非洲酋长用同样的材质建造了宫殿。

材料的选择虽然有时是不合理又古怪的，但在大多数情况下，仍然是十分传统和保守的。当然，许多传统材料的选择背后也有充分的理由，但合理与不合理的理由混杂在一起，以至于很难区分。从刘易斯·卡洛尔（Lewis Carroll）到达利（Dali），艺术家们发现仅是揭示某个我们熟悉的对象可能是用橡胶或生活必需品等明显不合适的材料制成的，就有可能造成相当大的心理冲击。工程师极易受到这些效应的影响，如今建一艘巨型木船的想法会让他们大吃一惊。然而，我们的祖先面对铁船的概念则会更加震惊。

人类对不同材料的接受度会随时间以奇妙有趣的方式改变。茅草屋顶就是一个绝佳的例证。茅草曾是最便宜也最不被当回事儿的屋顶材料，但在较为贫困的乡村地区，即便是教堂顶，往往也不得不用它们来铺设。18 世纪，随着这些乡村变得富裕起来，人们会用筹集的捐款购买石板或瓦片来替换教堂屋顶上的茅草。有时候，资金不足以完成整个工程，在这种情况下，他们会将茅草留在那些不易被路人看见的屋顶区域，而在面向主干道的屋顶区域则会铺上瓦片。如今，事情出现了反转，在伦敦周边各郡，茅草屋顶成了商界人士引以为傲的财富象征。

材料、燃料与能量

20 世纪可能会被后世称为“钢材与混凝土的时代”，它也可能被称为“丑陋的时代”，或许还有其他不中听的名字，比如“浪费的时代”。不仅是痴迷钢材和混凝土（而对外观漠不关心）的工程师，政客与路人似乎也感染了同样的“病”。这种病可能源于 200 年前的工业革命与廉价的煤（又带来了廉价的铁），它使得铁制蒸汽机足以将煤转化为便宜的机械能：在能量越来越密集的循环里，往复不休。因此，煤炭和石油存储的大量能量被塞进小型体积中。发动机在很小的空间内非常迅速地处理了大量能量，然后它们会以电功或机械功的形式集中输出能量。所有的当代技术都依赖于这种能量的汇集。这项技术中使用的材料——钢材、铝材和混凝土——本身就需要大量的能量来制造，表 14–1 显示了它们需要多少能量。因为需要这么多的能量来制造，这些材料就只能在能量密集型经济中使用并获利。我们不仅要为技术设备投入货币资本，还得投入能量资本，两种投资都需要确保合理的投资回报。

表 14–1　生产不同材料所需能量的近似值

材料	η = 制造所需能量	石油当量
	$\times 10^9$ 焦耳/吨	吨
钢（低碳钢）	60	1.5
钛	800	20
铝	250	6
玻璃	24	0.6
砖块	6	0.15
混凝土	4.0	0.1
碳纤维复合材料	4 000	100
木材（云杉）	1.0	0.025
聚乙烯	45	1.1

注：所有这些数值都非常粗略，也是有争议的，但我认为它们都处于正确的区间。碳纤维复合材料的取值无疑是个估测值，但它是基于多年开发同类纤维的经验得到的。

尽管能量的成本很高且日益稀缺，但能量密集化的趋势只增不减。先进的发动机，比如燃气涡轮机，在越来越小的空间内越来越繁忙地处理越来越多的能量。先进的设备需要先进的材料，而更新颖的材料，比如高温合金与碳纤维塑料，在制造过程中又会消耗越来越多的能量。

这种方式想必不能持续太久，因为整个系统完全依赖于廉价而集中的能源，比如石油。生物界可被视为一个庞大的能量提炼系统（能量的来源不是集中的，而是分散的），再以最经济的方式使用这些能量。目前，很多人在尝试从分散的来源（比如太阳、风或者海洋）收集技术所需的能量。其中许多尝试很可能会失败，因为所需的能量投入——采用常规的钢制或混凝土制的收集结构——不能产生经济回报。我们需要用完全不同的方法来处理“效率”的整体概念。大自然似乎是根据它的“代谢投入”来看待这些难题的，我们可能也需要这样做。

不仅是每吨金属和混凝土都需要大量能量来制造（见表 14–1），而且对低能量密集度系统通常所需的分散或轻负载结构而言，用钢材和混凝土制成的设备的实际重量，很可能比我们使用更合理和更文明的材料要高出许多倍。

我们很快会看到，从严格的结构学意义上说，木料是最“有效”的材料之一。对于大尺寸和轻载荷的情况，木质结构比钢制或混凝土制结构要轻得多。在过去，围绕木料的困难之一一直是，树木生长要花很长时间，而木材价格会随季节变化。

最近几年，材料领域最重要的发展或许是植物遗传学家的功劳，他们培育出了快速生长的商用木料品种。因此，如今种植的美国五叶松在顺利的情况下，其直径每年会增加 12 厘米，6 年后便可长成适于砍伐的成熟木材。所以，木材具有优良的收获前景，它们可以在短时间内长成，而其生长所需的能量几乎都是由太阳慷慨赐予的。一般来讲，当有人用完一个木质结构时，可以通过燃烧方式释放其木料在生长过程中收集的大部分能量。当然，钢材或混凝土不行。

此外，木料过去常常需要在加热窑炉中进行漫长又昂贵的干燥处理，这也得消耗大量的能量。近期的研究结果表明，现在我们可以以非常低的成本在 24 小时内完成相当大的软木方材的干燥处理。这些都是关乎结构和世界能源形势的非常重要的发展，我们理应有所考虑。

附录Ⅳ给出了不同情况下结构的效率和不同材料的重量的一些代数分析。许多高技术含量结构的设计，比如飞机，主要受制于E/ρ准则，即“比模量”，它控制着总挠度的重量成本。碰巧的是，对于大多数传统结构的材料，比如钼、钢、钛、铝、镁和木材，E/ρ 的值应是常数。正是出于这个原因，在过去的 15 或 20 年里，政府投入巨额资金来开发基于硼、碳和碳化硅等新纤维材料。

这类纤维在航空航天领域可能有效，也可能无效，但似乎可以确定的是，它们不仅很昂贵，还需要消耗大量的能量来制造。出于这个原因，它们未来的用途很可能相当有限，在我看来，它们在可预见的将来不太可能成为"大众材料"。

严格又昂贵地控制总挠度的要求，可能效果非常有限。然而，如我们所见，承载压缩载荷的重量成本——经常还有资金成本——往往非常高。立柱承载压缩载荷的重量成本不是受制于 E/ρ，而是取决于 $\frac{\sqrt{E}}{\rho}$；板的重量成本则受制于 $\frac{\sqrt[3]{E}}{\rho}$（附录Ⅳ）。表 14–2 汇总了这些要求。显然，低密度的情况有很高的额外价值。因此，钢材的表现相当糟糕，甚至比不上砖块和混凝土。而且，对许多轻量级的应用，比如飞艇或假肢，木材甚至比碳纤维材料更好，而且更便宜。

表 14–2　不同材料的效能

材料	弹性模量 E	比重 ρ	E/ρ	$\frac{\sqrt{E}}{\rho}$	$\frac{\sqrt[3]{E}}{\rho}$
	MN/m^2	克 / 立方厘米			
钢	210 000	7.8	27 000	59	7.7
钛	120 000	4.5	27 000	77	11.0
铝	73 000	2.8	26 000	99	15.0
镁	42 000	1.7	25 000	120	20.5
玻璃	73 000	2.4	30 000	114	17.5
砖块	21 000	3.0	7 000	48	9.0
混凝土	15 000	2.5	6 000	49	10.0
碳纤维复合材料	200 000	2.0	100 000	225	29.0
木材（云杉）	14 000	0.5	28 000	240	48.0

在表 14–3 中，这些长处体现在能量成本上。在这里，传统材料——木材、砖块和混凝土——的优势是压倒性的。这张表让人想弄明白，追求基于奇特纤维的材料是否真的合理。就大多数常见的生活用途而言，真正可获利的材料不是碳纤维，而是孔洞材料。很久以前，当大自然创造出木头时，它就领悟出这个道理了；当古罗马人开始用空葡萄酒瓶建造教堂时，亦同此理。不论是在资金上，还是在能量上，制造孔洞材料都比使用任意可能形式的高刚度材料更便宜。或许更好的做法是，把更多的时间和金钱花在开发蜂窝材料或多孔材料上，而少投入在硼或碳纤维上。

表 14–3 不同材料（依据制造所需能量）的结构效率

材料	确保结构整体具备给定刚度所需的能量	生产给定抗压强度板材所需的能量
钢	1	1
钛	13	9
铝	4	2
砖块	0.4	0.1
混凝土	0.3	0.05
木材	0.02	0.002
碳纤维复合材料	17	17.0

这些数据统一以低碳钢为单位基准，且仅为近似值。

第 15 章

罪魁祸首——误差、金属疲劳与操作不当

你有没有听说过单驾马车的绝妙。

它以如此合理的方式制造，

百年如一日，它飞驰奔跑，

然后，突然间，它就……

——奥利弗·温德尔·霍姆斯，《单驾马车》

整个物质世界非常适合被看作一个宏大的能量体系：在一个庞大的市场中，能量的一种形式总是按照设定的规则和价格被转换成另一种形式。在能量上有利的事情迟早会发生。在某种意义上，结构是一种为了延迟某些在能量上有利的事件发生的装置。在能量上有利的事情包括重物落地、应变能释放等。重物迟早会落地，应变能迟早会释放，但结构的职责在于将这类事件延迟一季、一生或者数千年之久。最终，所有结构都会被破坏或摧毁，正如凡人终有一死。医学和工程学的目的就在于将这些事情推迟到适宜的时间再发生。

问题是："适宜的时间"是什么时候？每个结构的建造肯定都是为了使之在合理预期的工作寿命内是"安全的"。对于一个火箭燃料箱，这个时间可能是几分钟；对于一辆汽车或一架飞机，可能是 10 年或 20 年；对于一座主教座堂，或许是 1 000 年。至于奥利弗·温德尔·霍姆斯

的“单驾马车”，建造它是为了用上 100 年（不多不少）。其计划的崩溃时间是在 1855 年的 11 月 1 日，事实也确实如此，犹如牧师布道时讲到“最后一点”一样。但是，这当然是胡说八道。此外，在尼维尔·舒特的《没有捷径》中，邪恶而英勇的哈尼先生预言了“驯鹿”客机的机尾在飞行时数达到 1 440 小时——误差为一天左右——之后将因“金属疲劳”而失效。作为一名资深的飞机设计师，尼维尔·舒特肯定清楚，这也是胡说八道。

在实践中，不可能精确设计出这么多小时或这么多年的“安全”寿命。我们只能依据积累的数据和经验，从统计学意义上考虑这个问题。然后，无论安全裕度如何，只要看起来合理，我们就可以建造出来。一直以来，我们的一切都是基于概率和估计。如果制造的结构太弱，我们可能会节省重量和资金，但它过早断裂的可能性会变得极大。反之，如果我们制造的结构很强，以至于对人类来说它或许“可永久使用”（这正是大众期望的），那么它可能会非常笨重和昂贵。如我们将会看到的，在许多情境中，额外重量招致的风险会高于相应的强度增长所规避的风险。因为我们不可避免地基于统计学工作，当我们为现实生活设计一个实用结构时，我们必须接受的事实是，不管多小，结构总会存在一定的提前失效风险。

阿尔弗雷德·帕格斯利爵士（Sir Alfred Pugsley）在其作品《结构的安全》（*The Safety of Structures*）[①]中指出，正是在这个相当有趣的领域中，我们可能不得不舍弃逻辑严密的问题解决方式。如帕格斯利所说，人类的情绪对结构失效的恐惧异常敏感，而外行人则极其固执地认为，与他们相关的任何结构或装置都应该是“牢不可破的”。这会发生在各种各样的连接中；有时它是无害的，而有时效果正相反。在上一次战争期间，飞机设计师在某种程度上可以选择是否以飞机的结构安全性换取其他品质。敌军行动造成的轰炸机损失非常高，大约每 20 架中会损失一架。[②]

① Arnold, 1966.

② 在英军轰炸机指挥部，飞行员每回“执勤”都包括 30 次任务飞行。因此，这样的任务格外危险。轰炸机指挥部麾下的人员伤亡堪比德国 U 型潜艇的人员损失，那可是出了名的高。

相较之下，结构失效导致的飞机损失非常少，远低于万分之一。一架飞机的结构几乎占其总重量的 1/3，用削减轰炸机结构部件的重量来换取其他优势是合理的。

如果这样做，结构的事故率会略有上升，但节省下来的重量可被投入更有利于防御的枪炮或更厚的护甲上。这样一来，净伤亡率或总伤亡率无疑会明显下降。但是，飞行员不会同意这种做法。他们宁愿冒被敌军击落的巨大风险，也不愿面对飞机因结构问题而在空中解体的更小风险。

帕格斯利认为，从某种意义上说，因结构破坏而产生的不安全感可能遗传自我们栖身树上的祖先，他们特别害怕自己身下的栖木会断裂——一旦发生这种事，婴儿、摇篮等都会摔落。此外，祖先和他们的婴儿也会落入地上的剑齿虎等天敌之口。不管这是不是真正的原因，工程师都必须考虑到这类感受，虽然增加的额外重量可能使其自身陷入危险。

强度计算的准确性

任何关于强度和安全性问题的理性解决方法都隐含着这样的假设：工程师应该能够准确地预测一个计划建造的新结构的强度，即便他也不确定它能用多久。对诸如绳索、链条、直梁与支柱之类的简单结构，情况可能大致如此；但是，正如我们在第 4 章中看到的，对更精密和更重要的人造物来说，比如飞机和船舶，情况则完全不同。

因为有关于各种不同结构的大量经验可用，有针对这一课题的大量高质量的数学文献，还有学院派的弹性研究者引以为傲的关于结构理论的长篇大论的演讲，所以这种疑虑可能会被视为庸人自扰。然而，它是对的。

例如，考虑一下关于飞机强度的统计数据。因为节省重量很重要，也因为失效的后果非常恐怖，所以飞机的结构设计自然要倾注许多细致的考虑与思考，每个细节都要一丝不苟地检查。制图和计算是由技艺精湛的设计师、应力分析师和制图员运用最科学的方法完成的。之后，一组完全不同的专家会独立核验强度的计算。因此，最终做出的强度预测可以说极尽准确和缜密。最后，为确保万无一失，还要进行全尺寸机身的破坏实测。

要给出真正的最新结果是不可能的，因为近年极少有不同类型的飞机被订购，以致这些数据并不具有统计学上的显著性。然而，随着飞机变得更简单也更便宜，相当多的设计至少走到了原型阶段。1935—1955 年，英国制造出差不多 100 种不同的飞机并进行了破坏测试。因此，这一时期的结果具有相当可靠的统计学意义上的指导性。

当然，这些不同类型飞机要求的强度的实际数据千差万别，要根据飞机的大小和类型而定。但是，每个设计团队的目标都是，让强度达到行话所谓的“120%全因子载荷”。[①]如果结构设计完全是一个严谨的专业，当绘制曲线或“直方图”时，人们就可以预期，各种测试结果紧密聚集在 120%全因子载荷值的附近，偏差极小。换言之，结果应该形成一条狭窄的“正态”或钟形曲线，如图 15–1 所示。

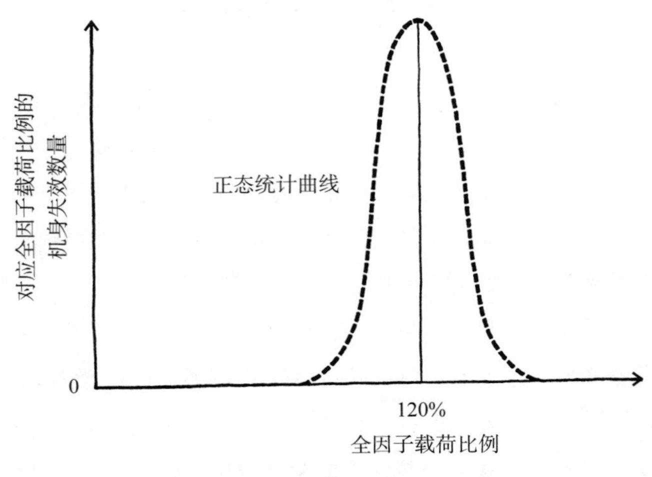

图 15–1 实验飞机强度的预期统计分布

① 额外的 20%是适航管理部门要求的，为的是适应材料和装配工序的变化。

众所周知，这类事情压根儿没有发生。当把结果绘制成统计图时，直方图看起来很像图 15–2。实验强度倾向于随机分布在约 50%~150% 的要求载荷或全因子载荷之间。也就是说，即使是最卓越的设计师，也不能指望他在上限是下限三倍的区间内准确预测飞机的强度。其中一些飞机的强度还不到应有的一半；而另一些的强度又太大，以至于比所需重量沉得多。

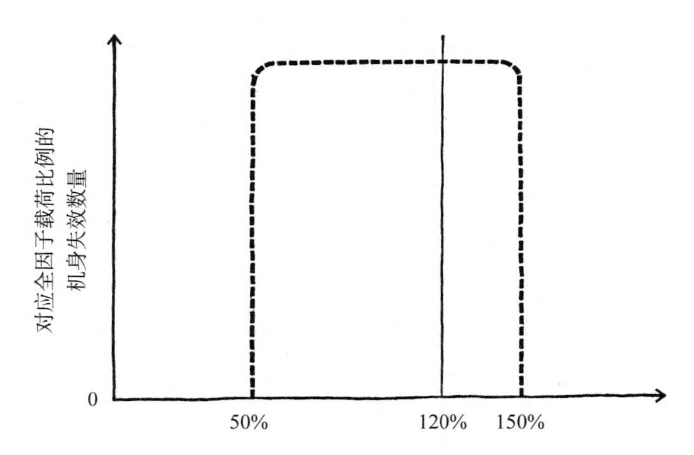

图 15–2　1935—1955 年，测试架上被破坏机身强度的实际分布（非常近似的示意图）

对船舶来说，实在找不到数据来支持这种判断——因为几乎从未有船舶在实验室条件下做过破坏测试。所以，我们不可能知道船舶工程师的工作做得多好或多糟，至少在强度预测方面是这样。然而，我们在第 5 章中说过，船舶的结构性事故的数量相当可观，时至今日，每吨英里的事故数量似乎很有可能仍在增加。

至于桥梁，其强度计算问题在某些方面要比船舶和飞机容易，因为其负载条件的变化较少。尽管如此，现代桥梁的失效数量还是十分巨大的。

基于实验的设计

如今建造轻便马车，让我来为你明言，
某处总会有个最弱点——
或在轮轴，或在轮胎、轮辋，或在弹簧、车辕，
或在门板、横木，或在底板、窗沿，
或在螺钉、螺栓，或在支撑皮带——凡此隐患，
不论何处，你必须发现，你也必将发现。

——奥利弗·温德尔·霍姆斯，《单驾马车》

当然，正是理论设计过程的不可靠性，导致我们必须对所有飞机做实验性的强度测试。但是，实验性方法的好处还可以进一步扩展。我们假设，设计师的目标应该是确定测试过程中结构初次失效所需的载荷。不过，即便是设计最科学的结构，也不太可能让各个部位的强度保持一致，就像传说中的单驾马车，其上

……车轮之强，正如车辕，
底板之强，正如窗沿，
门板之强，正如底板——

测试架上的结构会在最薄弱的地方断裂。因此结构的其他部位都具有更大的强度。如果机身的初始失效刚好出现在 120% 的全因子载荷下，那么结构的绝大部分强度就其作用而言就太高了，而这额外的强度完全被浪费了。但是，我们无从知晓在哪里以及如何减轻结构。反复测试大型结构既费钱又费时，所以在时间和资金允许的情况下，如果可能，最好让初始失效发生时的载荷充裕地低于公认的 120%。由此显露出来的薄弱之处随后即可得到强化，整个结构也可以再次进行测试，以下类推。

战时的蚊式轰炸机是历史上最成功的飞机之一，其初始失效发生在88%因子载荷的条件下和尾翼的翼梁上。随后，飞机被逐步强化，直到达到 118%。机身重量格外轻而强度特别高，是这架飞机性能出众的部分原因。

大致说来，这是达尔文式的方法，大自然似乎就是依靠这种方法发展其自身结构的，虽然相较于大多数文明开化的人类工程师，它好像没那么匆忙，也不太在意生命的价值。在很大程度上，这也是汽车及其他便宜的量产商品的制造商采用的方法。这些人倾向于故意把商品制造得太弱而不堪其用，并依靠顾客的投诉来发现显著缺陷。

因此，寻找一个设计的预测强度相当于设法在其中找出负载系统上最薄弱的环节。结构越复杂，它就变得越困难和越不可靠。幸运的是，从家具、建筑物到飞机，许多结构的设计之所以没有沦为完全荒谬的工序，依靠的事实就是刚度要求可能比强度要求更严格。因此，如果结构的刚度足以满足要求，那么它极可能也具备足够的强度。因为结构的挠度变形取决于它的整体性质，而不是"最薄弱环节"的存在，所以刚度预测的实现要比强度预测容易得多，也可靠得多。这就是我们在谈论"凭眼睛"设计一个东西时真正表达的意思。

它会撑多久?

福西尼德亦曾言：
岩石堆砌的小堡垒，
次序若得宜，其精美，
远胜令你迷乱的尼尼微人。

——福西尼德

雅克·海曼教授在探讨砖石制主教座堂的强度与稳定性时，就定下了这样的原则：如果一个结构能站立 5 分钟，它就会屹立 500 年。对建在岩石上的砖石结构，宽泛地讲，这是真的。但是，许多主教座堂和其他建筑物都建在了松软的地面上。如果这种松软的土壤发生蠕变（第 7 章）——这种情况经常发生，奇怪的事情就会发生，比如比萨斜塔。这样的移动很花时间，而且常常可被预测到，但纠正起来却非常昂贵，很多古今的建筑物都是因为这个缘故倒塌或被拆除。

在大多数结构类型中，腐朽和锈蚀是非常活跃的衰败动因。英国的工程师和建筑师反对使用木料，部分原因就是人们对腐朽的畏惧。然而，美国、加拿大、斯堪的纳维亚和瑞士的那些极其愚昧的外国人每年在他们国家建造大约 1 500 000 座木屋，似乎也没被腐朽问题困扰到如此程度，看看他们是怎么做的或许是个好主意。在这些国家，木材的使用增势不减。

木料天生的耐腐性差别极大，以至于英国劳氏船级社规定了每一种用于造船的木料的固定使用年限。然而，依靠现代的知识和保养方法，几乎任何种类的木材都有可能拥有近乎无限的使用寿命。

大部分金属都会在使用过程中遭到腐蚀。现代低碳钢的锈蚀情况比维多利亚时代的锻铁或铸铁严重得多，所以锈蚀在某种程度上是一个现代难题。因为劳动力成本高，所以钢制品的上漆和保养成本也很高。这给了使用钢筋混凝土一个好理由，因为嵌入混凝土的钢材不会生锈。事实上，像油轮这样的大型现代船舶在被建造出来后的使用寿命约为 15 年；总体上，做报废处理比上漆翻新更划算。汽车的使用寿命还要更短，通常也是出于同样的原因。的确，某些结构可以使用不锈钢，但这绝非一劳永逸的防锈蚀之道，而且不锈钢很贵，又难于制造。除此之外，不锈钢的疲劳性质通常很糟糕。

这些都是我们选择使用铝合金的部分原因；但是，除了额外的成本，铝合金的刚度在很多情况下被证明是不足的。焊接铝的困难也是一个障碍。一些国家看到铝材的巨大前景，于是大力投资兴建铝厂。伦敦的股票市场因 1961 年英国铝业公开收购英国管道投资公司而大幅振荡。

然而，铝材市场并没有扩张到涉足相关交易的商人所预期的程度。不管怎样，制铝比炼钢需要耗费更多的能量。

即使一个结构的材料不会劣化，其使用寿命也可能要受限于统计结果，有时可以算出来，有时则算不出来。许多结构仅在相当特殊的情况下才有可能被破坏，而这类情况可能很长时间都不会出现。就船舶而言，可能是反常的巨浪；对飞机来说，则可能是异常剧烈的上升阵风。有些结构也许只能被不寻常的事件组合破坏，对一座桥梁来说，可能是强风与特殊交通载荷的组合。虽然对这样的无妄之灾我们应有所防备，但它们可能要过许多年才会发生。所以，一个根本不安全的结构可能会坚持很长时间不倒塌，只是因为它从未经过充分的考验。

当然，负责任的工程师也会尝试预测这类事情，并为之做结构上的准备，但在很多情况下，这样的载荷峰值逐渐变为保险公司所谓的“天灾”。如果一艘船撞上一座大桥，桥船俱毁，就像最近在塔斯马尼亚发生的事情，那么我们很难指望船舶工程师或桥梁设计师从结构的角度做些什么。这个问题不在于结构工程师，而在于当地的引航协会。此外，飞机的设计也不应考虑撞上山丘的情况。在一定程度上，我们确实在设计汽车时考虑了撞上砖墙而不致乘客送命的情况，但我们也不会指望这辆车之后还能有多大用处。

金属疲劳与哈尼先生

导致结构的强度损失的最大隐患之一是“疲劳”，即变载荷的累积效应。关于金属疲劳的令人吃惊的可能性的描述首见于 1895 年的通俗文献，吉卜林记录说，格劳陶号由于艉轴上的疲劳裂缝在比斯开湾某处发生螺旋桨脱落事故。之后，人们渐渐淡忘了这件事。到了 1948 年，尼维尔·舒特的《没有捷径》又重新唤起了大众对金属疲劳的兴趣。无论是作为一本书还是一部电影，这个故事的成功无疑部分归功于哈尼先生这一有代表性的科学奇才角色，但或许更主要的原因是之后不久发生的三次“彗星”客机空难。之前惠斯勒曾评论过，大自然的技艺一直在增长。“彗星”客机的事故情况与《没有捷径》中的那些想象没有多大区别，除了有更多人丧生并对英国的航空工业造成了更大的损害。

事实上，工程师对金属疲劳效应的了解可追溯到100多年前。的确，工业革命后不久，人们就开始注意到机械的运动部件有时会在对固定零件绝对安全的载荷与应力作用下发生断裂。这对铁道列车而言尤其危险，火车的轴有时会在使用一段时间后突然莫名其妙地断开。这种效应很快就被称为“疲劳”，关于这一课题的经典研究是在19世纪中叶由一位叫沃勒的德国铁路官员做出的。从照片上看，沃勒看起来完全是一副人们印象中的德国19世纪铁路官员的模样，但他的确做了一项非常有益的工作。

如我们在第5章所说，即便划痕或裂缝尖端处的局域应力可能很高，只要它比临界格里菲斯裂缝长度短，该裂缝就不会扩展，因为要使之扩展就需要对其做功并达到材料的“断裂功”。然而，当材料中的应力处于波动状态时，金属的晶体结构内就会发生缓慢的变化，这尤其可能发生在应力集中的区域。这些变化导致金属的断裂功减小，以致裂缝会非常缓慢地扩展，即使它有可能比临界长度短得多。

这样看来，应力作用下的金属上的任何孔洞、划痕或不平整处都可能发展出一条看不见的细小裂缝，也有可能扩展至贯穿该材料，这个过程大体上不会有任何显著性变化。对于常见或一般的裂缝，这样一条疲劳裂缝迟早会达到临界长度。当这种情况发生时，裂缝会加速扩展，径直贯穿材料，经常会带来非常严重的后果。在失效发生后我们通常很容易通过其独有的条状或带状形貌诊断出疲劳裂缝。但在断裂前，早期的疲劳失效实际上是不可能被发现的。

当然，冶金学家和其他人对他们的材料做了大量疲劳测试，许多不同类型的测试仪器如今都可用于此目的。我们通常要考虑金属在反向应力（±s）作用下的疲劳特性，这种应力会产生于转动的悬臂中，比如车轴。（我们也可以将这些结果转化为变应力。）这个反向应力（±s）可被绘制成函数图像，其横坐标表示施加到试样上并使之失效的反向应力次数（n）的对数。这个图有时被称作“S–N曲线”。

钢材典型的S–N曲线如图 15–3 所示。显然，该曲线呈狗后腿状的曲折样式，大约在经过 100 万次反向应力作用后变平，可能相当于汽车或列车的车轴运行 3 000 英里，或普通的汽车发动机运转约 10 个小时（发动机当然转得比车轮快得多）。对像钢铁这样的材料来说，存在一个明确定义的“疲劳极限”，这给了工程师极大的安慰。如果他的发动机或车辆能转10^6或10^7圈（可能只需要花几个小时），那么它就有望是永远安全的。但疲劳一直是一个需要考虑的危险因素。

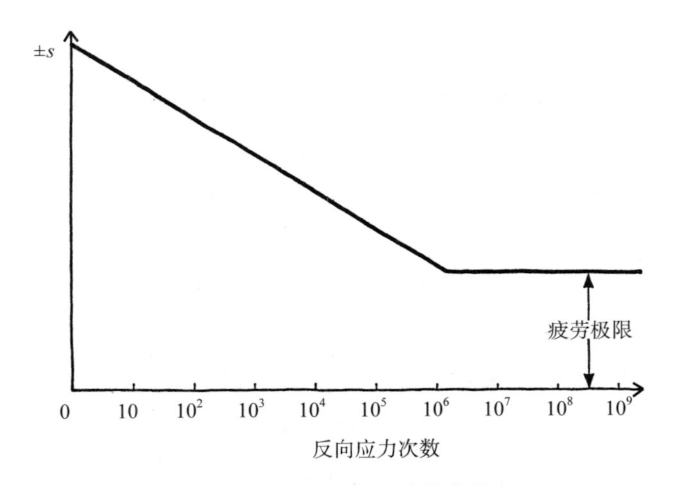

图 15–3　典型的钢铁疲劳曲线

铝合金没有明确定义的疲劳极限，其曲线倾向于逐渐下降，大致如图 15–4 所示。这使得它们用起来更危险，也解释了某些看似老派的偏好，即倾向于在机械和其他结构中使用钢材。

发生在 1953 年和 1954 年的“彗星”客机事故引起了恐慌与合理的警觉。阿诺德·霍尔爵士（Sir Arnold Hall）携手一个庞大的专家团

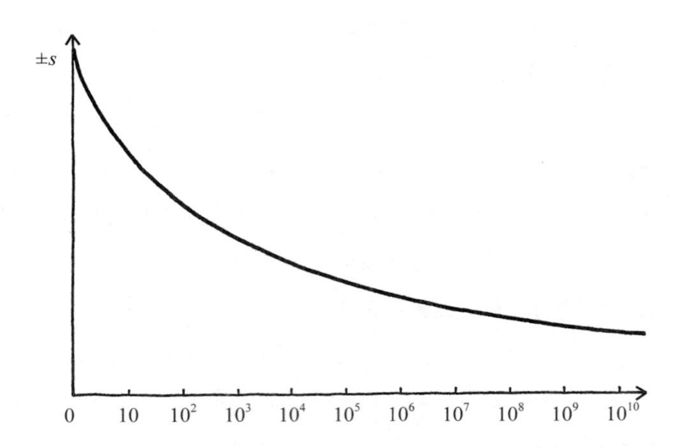

图 15–4 黄铜和铝等有色金属合金常常显示不出任何可明确定义的疲劳极限

队对这些事故做了堪称经典的调查，不仅是在工程检测方面，而且是在远洋搜救方面。其中一架飞机的碎片坠入了地中海，需要从 300 英尺或 50 英寻（1 英寻约为 1.8 米）以上的深度将它们打捞上来。搜救人员设法将几乎整架飞机都找了回来，数不清的碎片被铺放在法恩伯勒的一座大型机库的地面上。据我的记忆，其中没有一块碎片超过 2~3 英尺宽。

“彗星”客机是拥有密封增压机身的最早一批客机，其主要目的当然是使乘客免受因海拔高度变化导致的大气压改变而带来的不适和危险。从前，在飞越落基山脉时，人们常常不得不一边戴着氧气面罩一边吃午餐，现在这已经成为人们丧失的技能之一。在密封增压的飞机上，机身实际上成了一个圆柱状的压力容器，和一个薄壁锅炉没什么不同，它会随飞机每次爬升和下降而增压和放松。

“彗星”客机设计的致命错误在于，设计人员没有充分意识到在这些环境中机身金属应力集中部位发生“疲劳”的危险性。“彗星”客机是用铝合金建造的，而德哈维兰公司先前的大部分制造经验都来自木制飞机，比如大获成功的蚊式轰炸机。我并不是说德哈维兰公司非常能干的设计人员对疲劳知之甚少，而是铝合金疲劳的危险性很可能未足够深入他们的集体意识。比起金属，木材不那么容易陷入这种危险，这是它的巨大优势之一。

在每次事故中，裂缝似乎总是从机身上同样小的孔洞开始，缓慢而不被察觉地扩展着，直到达到临界格里菲斯裂缝长度。于是，外壳发生灾难性的撕裂，机身像鼓胀的气球一样爆炸。在法恩伯勒，通过用大型水箱反复给“彗星”客机机身增压，阿诺德·霍尔爵士重现了该效应，使它可以以慢动作的形式被观察到。

“彗星”客机事故发生的部分原因是，肯定存在的疲劳裂缝从未被检查人员发现，这或许是因为他压根儿没打算发现它们，但更有可能是因为裂缝太短而不易看见。如今，飞机机身被设计成可安全容纳约 2 英尺长的裂缝，有人会认为这么长的一条裂缝几乎不可能不被及时发现。然而，有一个故事是这样的：伦敦机场的两位清洁工在某天深夜，完成了对一架空客飞机机舱的清扫工作。她们关上舱门，走下舷梯，来到停机坪。

“玛丽，你忘关洗手间的灯了。”

“你是怎么知道的？”

“你难道没看到从机身裂缝里透出来的光吗？”

木制船舶的事故原因

在铁路时代之前，几乎所有的载重运输都是走水路。除了远洋贸易、欧陆贸易及依靠内河与运河的内陆贸易，还有更大规模的沿海贸易。成千上万的小型木制双桅和多桅帆船——雅各布斯（W. W. Jacobs）漫画中呈现的那些——可以运送任何东西，不仅能到达沿岸海湾和海港，还能抵达几乎所有可能或不可能的海滩。一艘船会在涨潮时停泊在海滩上，当潮水退去后，码头工人会将它运载的煤炭、砖块、石灰或住宅家具卸到停在旁边的货运马车上。当潮水再次涨起来时，它又会驶向大海，如此循环往复。

这自然是一桩相当冒险的生意，但在18世纪，大多数较小的船只都负担得起在冬季最糟糕时节的歇业整修，全体船员可以照看家人，光临酒馆。但这种略显安逸也不是特别危险的状态被19世纪更具竞争性的局面打破了。在商贸压力下，船只必须整个冬天都要从事贸易，通常不能坐等天气好后再工作。这些小帆船的守时甚至会让许多现代货运列车羞愧难当。

这当然是有代价的。19世纪30年代中期，英国沿岸附近平均每年发生567起船只事故；其结果是，平均每年有894人丧生。按每吨英里的交付货物计算，相较现代货运卡车，这些数据是更好还是更糟，我真的不知道。但无论如何，当时大众的良心受到煎熬，英国议会也成立了一个特别委员会调查"船只失事原因"。在听取了大量证词后，该委员会报告，除去次要原因，英国的船只事故主要可归因于下述因素：

1. 构造缺陷。
2. 设备不足。
3. 维修不力。

他们宣称："似乎是英国劳氏船级社1798—1834年采用的分级制度（有关建造与维修受保船舶的规章）加剧了船舶的构造缺陷问题。"

该委员会补充说，政府按船只吨位征税的制度催生了完全经不起风浪的船体形状。几个世纪以来，官僚主义的思维似乎没有发生太大变化。

平心而论，为船舶或其他任何类型的结构的强度和安全设立规章，是一件极其困难的事情。毫无疑问，自19世纪30年代以来，我们在此事上已取得一定的进展。同时，从另一种意义上说，大量的技术进步也被阻断了，尤其是受阻于各种不同的营建条例。就像帕格斯利在《结构的安全》中指出的那样，对结构的强度做出既能防傻瓜和恶棍，又不会阻止或妨碍发展与创新的规定，本身就是不可能的事。对结构安全性的规定想来是必要的，但其中一些不仅徒劳无功，还成为引起事故的实际原因。

回到木制船舶上来。不仅是快速帆船，还有小型的双桅方帆船、前桅横帆双桅船、中帆多桅船和驳船——如此漂亮和令人满意——皆不复存在，往昔用于建造它们的帆桁现在改用于游艇。木制游艇的结构难题或多或少要比更大的船只严重。虽然游艇的船体不会在运载石块或煤炭货物时在卵石滩上颠簸，但它们面临一个更困难的问题，即它们的薄外壳不适于抵抗局部冲击。

现在，驾驶小游艇远航已变得时髦，船体的抗冲击强度问题也因此变得重要起来。在深水海域航行的游艇屡遭虎鲸袭击而沉没。这种动物重约 6 吨，游速在 30 节左右。它们似乎特别憎恶小游艇，能在吃水线下撞出个洞来。这种情况如今经常发生，以至于再也不能将其归为“天灾”，而应把它当作一种必须加以防范的重大风险。

将小游艇的侧面建造得又厚又强足以抵抗这样的攻击，可能是不切实际的。在被撞出洞后，最好的方法是借助某种充气漂浮装置使游艇浮在水面上，最好还可以航行。迄今为止，那些在这类事故中幸存的人都是乘坐救生艇逃生的，他们中的大多数人必然会经历一段非常难熬的日子，数天或数周之后才被一艘蒸汽轮船救起。

锅炉和压力容器

在铁路系统得到完善之前的许多年间，大量的客运和特快货运靠的都是蒸汽轮船。在 19 世纪上半叶，不仅有比今天更多的蒸汽轮船驶向更多的欧陆港口，还有很多轮次往来于英国的城镇间。应该注意到，从伦敦到纽卡斯尔、爱丁堡或阿伯丁等地方，最廉价通常也是最快和最舒适的航线就是乘坐蒸汽轮船。

蒸汽轮船的事故发生次数要比帆船少，这只是因为蒸汽轮船的数量本就更少。尽管如此，1817—1839年，在英国水域蒸汽轮船还是发生了92起重大事故，其中有23起要归咎于锅炉爆炸。这虽不及几年后美式内河蒸汽轮船的糟糕纪录，但也够糟糕的了。

某些早期锅炉是用铸铁等不适宜的材料制造的，诺里奇号上的一个铸铁锅炉就发生了爆炸，致多人死亡。即便锅炉是用较为适宜的锻铁制造的，它们常常也会被忽略以致生锈，最终导致爆炸。这就是福法尔郡号于1838年在法恩群岛沉没的原因，其中有5个人因格蕾丝·达林①卓越的船舶驾驶技术而获救。

英国议会又责成一个委员会于1839年提交事故调查报告，并形成一份广泛、彻底、确凿和令人难以置信的文件。在蒸汽机四处轰鸣的年代，即便只是头脑清醒的轮机室工作人员，也几乎是千金难求，称职、负责或聪明的相关人才更是凤毛麟角。这些人用无知和粗心的态度对待他们的发动机和锅炉，这简直让人不敢相信。例如：

> 在一艘从爱尔兰驶向苏格兰的蒸汽轮船上，指挥官察觉到船在夜间驶过平静海面的速度比平常快得多。工程师不在他的岗位上，于是船长询问司炉员发动机为什么转得这么快。司炉员答道："不好说，因为锅炉里没有多少蒸汽，但火烧得很猛。"船长走近外露安全阀紧闭的烟囱，开始四处查看，他发现一个熟睡乘客的大半个身子压在扁平干酪状的安全阀配重上。这个人带着一些行李，将他的床铺在那儿以便取暖。船长唤醒并让他移开，阀门升起来，蒸汽咆哮而出，显然它已达到很高的气压。
>
> 司炉员没有水银气压计来测量蒸汽压，所以他习惯尽量靠近放气点的位置：没听到放气，他便认为蒸汽量很低；他对实情一无所知，虽然发动机增速应当让他察觉到事有蹊跷。

① 达林在27岁时死于结核病。她的实际贡献比流传至今的故事和图片展现出来的更大，她更像一个技艺娴熟的水手。

> 几位记者都提到，轮机员、司炉员乃至船主频繁被撞见坐在甚至是站在安全阀上，或者吊起配重并将他们的身体靠在操作杆上，以便在启动时提高蒸汽压。

该报告接着说，他们还会把多余的燃煤堆在安全阀上，赫拉克勒斯号蒸汽轮船就是因为这个原因爆炸的。总而言之，十分显著的是，仅在调查期间，英国蒸汽轮船的锅炉爆炸就造成 77 人身亡。

铁路的事故记录和蒸汽轮船几乎一样糟，原因也差不多。在七八十年间，相继发生了一系列非常严重的事故，最后一次差不多发生在 1909 年。机车锅炉爆炸了，但气压计示数却几乎为零。调查结果表明，技工把安全阀的方向装错了，它根本没法放气。气压计示数几乎为零，只是因为指针已走完整整一圈却停在了止动销的反面。这起事故造成三人死亡，三人重伤。

近来，锅炉爆炸的次数已大幅下降。这部分是因为蒸汽锅炉的制造与维护现在受到法律和保险公司的严密控制，但或许更多是因为如今使用的蒸汽发动机已经相当少了，而那些实际存在的“蒸汽发动机”几乎都是大型工厂，比如发电厂，想必它们都是由称职的人来运营的。

但是，锅炉何时不是锅炉了？这是一个相当有趣的法律问题。工业领域中有大量的压力容器，它们被用于各种制造过程。许多这类容器的设计比传统锅炉更复杂、更不寻常，可能也没那么危险。通常，对其制造和使用的控制不像普通锅炉那么严格。然而，许多这类容器都是经工艺蒸汽或受压热油加热的，因此其破裂的后果可能也很糟糕。请记住，在暴露于湿蒸汽的低碳钢结构中，焊接金属的疲劳极限可能会降至 ±2 000 psi。

在我亲历的一个事故中，用于制造涂塑纸的两个大型旋转鼓轮从低压油加热转换为蒸汽加热，而且是高压工艺蒸汽。为确保万无一失，保险公司的检查员坚持用从低碳钢板上切割下来并焊接到位的大三角撑板或托架，将扁平的端板与圆柱形外壳连接起来，以此“强化”鼓轮内部。

经短时间的蒸汽加热后，两个正在使用的鼓轮爆炸了。根据图纸，我计算出在两个鼓轮中，应该有 48 处会失效。结果证明这是一个悲观的估计，实际只有 47 处失效。幸运的是，无人员身亡或重伤。但保险公司的检查员的行为有些不合适，我本以为他是一个勤奋好心的小伙子。

另一个案例则更悲惨。一家化工承包公司从别处购进混合容器，并将之安装在他们为客户建的工厂中。因为这种混合容器要用受压油加热，所以密封增压加热的锅炉套要接受冷水“验收测试”。在安装之前，它经受住了 65 psi 的压强而无明显损坏。然而，当工厂投产后，锅炉套里被灌满了只有约 23 psi 的高温热油，只使用了几个小时锅炉就爆炸了，一个人身上被溅了 280 摄氏度的液油，几天后就死了。

根据官方检查员的报告，这起事故只能是我的委托人——这家化工承包公司——严重管理不善的后果。因此，相关化学工程师身陷高等法院非常烦琐和昂贵的诉讼中。

事实上，基于对破碎残骸的错误观察而出具的事故官方报告，是相当具有误导性的。容器之所以爆炸，不是因为我的委托人处理不当，而是由于设计和制造不当。虽然事故的技术原因实际上略显微妙，但我的委托人还有实际制造该容器的人都没把设计当回事儿。事实上，这个容器的设计远谈不上精密，不过是在一家小巷子里的焊接作坊中“凭肉眼”组装出来的。

事情的真相是，在“验收负载”期间，将用密封增压加热的锅炉套接合在一起的主要焊缝发生了相当大的变形，但当时却没有人注意到。这些焊缝接近于失效状态，以至于锅炉套上低得多的压强产生的几次反向应力便足以造成疲劳失效的灾难性后果。一位训练有素的工程师本该能发现并指出这个问题。在法律上看，或公平地看，主要的责任要算在容器制造者的头上；但我不禁想到，一群称职的化学工程师应该也可以预见到这种危险。当我去看他们时，总经理带我出去吃午餐。交谈间我问他：“你的公司里有多少个拥有学士学位的工程师，先生？”

“一个也没有，感谢上帝！”

致命的洞

虽然在现有结构上打洞通常被看作轻率之举，但一些人似乎就是忍不住要这样做。“大师号”飞机便是明证。这种飞机是战前为英国皇家空军建造的高级教练机，兼具飓风式战斗机和喷火式战斗机的一些使用性能和许多操纵性能。在 1940 年的危急时刻，一些“大师号”飞机的机翼上被加装了 6 架机枪，并改作战斗机。它的原始教练机所具有的线控操纵面，虽然完全令人满意，但其做出的反应比一架真正的战斗机略显“柔弱”。因此，有人决定将战斗机版“大师号”飞机中的联动装置由线控方式改为杆控方式。为给方向舵和升降舵的操纵杆腾出空间，要在机身后舱壁上切出合适的槽孔。

不久之后，三起致命事故接踵而至。在每一起事故中，机尾都在飞行过程中发生脱落。当把机身放到测试架上时，我们发现其强度已下降到仅为全因子载荷的 45%。我认为，其中的教训就是切勿画蛇添足。

此类事故中更广为人知的一次发生在伯肯黑德号运兵舰上，造成了大量的人员伤亡。这艘铁制蒸汽轮船拥有足够的强度和连续的水密隔舱，它作为军舰的生涯始于 1846 年。然而，当它被改作运兵舰时，英国陆军部坚持要在其横向的水密隔舱壁[①]上切出非常大的开口，为舰载部队提供更多的光线、空气和可见的空间。

1852 年，伯肯黑德号被派往印度，途经好望角，有 648 人登船，包括 20 名妇女和儿童。由于引航错误，它撞上了距离南非海岸约 4 英里的一块孤立礁石。这艘船前部被撞出了一个大洞，而且因为舱壁被切开了，船前部的所有运兵舱被迅速淹没，导致舰载部队中的许多人都淹死在他们的吊床上（事发时间是半夜两点）。

在涌入海水的重量作用下，被淹没的舰船前部断裂，随即沉没，留下的幸存者都挤在舰船后部，缓慢地下沉。月黑风高，海里到处是鲨鱼，

---

① 当然，轮机室的舱壁除外。

救生艇又不够用。舰载部队表现得英勇无畏、训练有素，他们迅速地退到后甲板上，妇女和儿童则被送上仅有的救生艇。所有的妇女和儿童都得救了，另有 173 位男性幸存，其他人要么葬身海底，要么亡于鲨鱼之口。

在舱壁上打洞的最明显后果当然是该舰船的各舱室迅速被水淹没，这无疑是沉船的主要原因。然而，如果这艘运兵舰没有被一分为二，可能就不会造成这么大的人员伤亡，而这至少部分归咎于舱壁被切开导致整个船体的强度被弱化。

伯肯黑德号的沉没很快就成了船上士兵训练有素和展现英雄气概的著名范例，这也是理所应当的。当消息传到柏林时，普鲁士国王下令将此事迹传谕全军各级单位，特别是为此接受检阅的部队。但是，如果他能命令陆军部不得干预舰船结构，可能就更好了，毕竟军人们总是弄不明白这件事。

卓越的船舶工程师巴纳比（K. C. Barnaby）先生说，多年来，人们一直认为运兵舰拥有开放的空间比安全性更重要。他说，直到 1882 年船主们还在抱怨，当他们按英国海军部的要求安装附加舱壁时，部队管理部门仍会以舱壁间的空间太小为由而拒不接受这些船舶。[①]

超重

几乎每个结构最终都倾向于比设计者想要的更重。这部分归因于称重部门过于乐观的估计，但也是因为几乎每个人都有“求稳”的倾向，从而使每个部分都比实际所需更厚，也更重。在许多人眼中，这是一种美德——诚实正直的标志。我们说东西“造得厚重”是一种赞扬，而说“造得轻巧”则几乎和“不结实”或“粗制滥造”同义。

有时候这无关紧要，但在有些情况下，它确实至关重要。从制图版

---

① 参见 K. C. Barnaby, *Some Ship Disasters and their Causes* (Hutchinson, 1968).

开始，飞机的重量就在不断增加。额外的重量自然限制了飞机的燃料容量或有效载荷，但除了总重的增加，飞机的重心总会设法以某种方式朝机尾过度偏移。换句话说，机尾的重量有增加的趋势，而且与机身其余部位不成比例。这是一个严重的问题。如果重心过于靠近机尾，飞机飞行时就会发生危险，它可能会陷入无法恢复的尾旋。基于这个原因，数量惊人的飞机——包括一些非常著名的机型——在其使用寿命内，都得用螺栓将配重铅块永久地固定在它们的机头上；为了让重心保持在可容忍的安全位置上，这是必要之举。不用说，这太糟糕了。

超重对船舶的影响也很糟糕，甚至更糟糕。不仅所有船体都会绝对超重，而且在这种情况下，重心还会倾向于朝上偏移而非朝后偏移——不可避免地上移。现在，一艘船的稳定性，即其正面朝上而非颠倒过来或偏向一侧的漂浮趋势，取决于所谓的“稳心高度”。它是一个叫“稳心”的隐秘而重要的点与船舶重心之间的垂直距离，出于充足的理由，即便一艘大型船舶的稳心高度，也很可能相当小——1~2 英尺或更小。因此，重心的位置只需升高几英寸就能使稳心高度显著减小，这很可能危及船舶的安全。基于这个原因，很多船舶会在下水时倾覆，但毫无疑问，造船厂工头或者造成额外顶部重量的人会认为这不是他们的错。

我们在第 11 章中提过英国皇家海军舰长号的沉没。舰长号的整个故事在当时极具政治性和争议性，我认为很少有事故能产生如此深远的历史影响。舰长号代表了蒸汽战列舰演变的一个转折点，或许也是世界强国的现代概念的转折点。英国海军部经常受到对船舶知之甚少的历史学家的批评，理由是船舶从风帆动力转变为蒸汽动力的进程过于缓慢。这些历史学家正是对“帝国主义扩张”等大加挞伐的同一批人。

务必牢记，以不可靠的发动机、高的煤炭消耗量和短程航行为特征的蒸汽战舰近年来正是依靠基地、加煤站和“殖民地”，才能冒险稍微离开一下本国水域。世界强国对蒸汽舰队的运用方式迥异于 18 世纪风帆舰队的战略与后勤。出于这样的基本原因，近年来英国海军部曾坚持在他们的大多数战列舰上保留除蒸汽机之外的全风帆动力。

风帆与蒸汽动力结合的技术难点不在于蒸汽机和风帆的性质，而在于 19 世纪期间枪炮和装甲的发展。炮塔上的火炮除了非常笨重之外，还需要宽广的射角，必要的防护装甲也要更重些。所需的射界、足够的稳定性与全风帆动力结合在一起，构成了船舶工程领域的一个大难题。19 世纪 60 年代，英国海军部当然倾向于谨慎行事。如果允许他们继续这么做，那么一切可能都安好，只是历史可能会截然不同。

这个美梦被海军上校考伯·科尔斯打碎了。科尔斯是一个聪明人，在论战和宣传方面具有非凡的天赋。他发明了一种新型炮塔，所以他得尽力说服海军部为这种炮塔建造一艘具备全帆装的战列舰，从而获得无限射界。科尔斯不仅要说服海军部，还要斡旋于议会两院、皇室、《泰晤士报》的主编和几乎所有当权派之间，这成了一次伟大的公共事件。

海军部厌烦了被英国一半的报纸和超过半数的政客称为“顽固派”，于是最终做出了让步。他们做了一件空前绝后的事情，即允许一位不具有船舶工程学历的现役海军军官设计一艘私人战列舰，并且是用公费建造。

这艘船是由伯肯黑德的莱尔德造船厂建造的，由科尔斯负责，但没有经过常规的设计检查。并且，该船是在一片谩骂和争议声中建造的。在大部分时间里，科尔斯都在病中，不能离开他在怀特岛的家去造船厂监工。最终结果是，这艘船超重了 15%左右。如果不是这种情况，这艘船至少有可能会成功，并且比较安全。

事实上，这艘舰长号吃水太深，重心又太高。后续计算表明，如果倾斜的角度超过 21 度，这艘船就会倾覆。然而，这艘船在 1869 年大张旗鼓地下水服役了。它进行了两次深水巡航，《泰晤士报》和海军大臣对它甚是满意，后者还将自己在海军军校当见习生的儿子调到了这艘军舰上。没了满世界建立基地的累赘和潜在难堪，世界强国的难题似乎迎刃而解。

1870 年，皇家海军舰长号在第三次航行期间，与海峡舰队的其余舰船一起从直布罗陀返航，行至比斯开湾时遇到中等强度的风暴，不幸意外倾覆。472 人因此丧生，超过特拉法尔加海战中英军的阵亡总数。考伯·科尔斯和海军大臣的儿子都不幸遇难，只有 17 名士兵和 1 名军官获救。

当然，即便不是唯一因素，舰长号的沉没也有力地加速了风帆动力向蒸汽动力的转变，并废除了大型战列舰上的全帆装。不管技术结果如何，其政治影响都是广泛的。后人会记得，原来属于法国的苏伊士运河正好在舰长号下水前开始通航。1874 年，迪斯雷利为英国政府买下了苏伊士运河的股份，收购一条世界范围内的加煤站链成了一个政治需要。舰长号灾难的整个故事很复杂，但直接的技术原因无疑是一心确保船的桅杆和船体具备真正足够的强度，使建造者忽视了重量因素。在这次结构性事故中，没有什么东西真正断裂，而原因却是“结构性”的，许多结构性事故都属于这种。

随风摇曳的芦苇

当空气或水等流体流经一个障碍物，比如一棵树或一条绳索时，它的后面会形成涡流。通常，如果你观察生长在流动十分缓慢的河中的一株芦苇或菖蒲，你会发现涡流会先在一边形成，然后是另一边，如此交替。其结果是流体压强会发生有节奏的变化，从障碍物的一侧变到另一侧。这样一种涡流的交替或“街道”被称为“卡门涡街”，以空气动力学家冯·卡门的名字命名，他第一个描述了这一现象。我们通常很容易在平滑的水面上看到涡流，但空气中的涡流是看不见的，除非它们被烟、枯叶或某些类似的指示物显示出来。然而，事实上，完全相同的卡门涡街会发生在空气流经一面旗帜、一棵树或一根电线时。这些交替的涡流先作用于障碍物的一侧再作用于其另一侧，结果是旗帜迎风飘扬，树木随风摇曳，电线在风中嗡嗡作响。因此，帆绳一松，帆就会四下翻飞，极有可能被撕裂或伤及旁人。我见过一个人被滑脱的帆绳打昏过去的场景，其中牵涉了大量能量。当一艘大船在微风中曲折前行时，噪声会如枪炮声般响亮，令人印象深刻。

如果涡流提供的气动刺激频率恰好与障碍物的一个自然振动周期一致，那么运动的幅度可能会增大到使有些东西发生断裂。导致树木被吹倒的，通常正是这类现象，而非稳定的风压。在飞机和悬索桥上，这种情况也极易以某种更复杂的形式发生。让结构具备足够的刚性，尤其是抗扭刚度，就能够防止这种情况发生。我们已经讨论过，通常支配现代飞机设计和结构重量的是对抗扭刚度的要求。

虽然特尔福德设计的梅奈悬索桥在建成后不久便因遭风振而严重受损，但这一危险的实质要在大约一个世纪之后才被桥梁设计师正确解释。1940 年，典型的灾难发生在美国的塔科马海峡大桥上。这座桥跨度为 2 800 英尺，并不具备足够的抗扭刚度。因此，即便是在四级风中，它的摇摆程度也足以令当地人将其命名为“舞动的格蒂”。建成后不久，在风速只有 42 英里/小时的情况下，它竟然剧烈摇摆以致轰然坍塌。碰巧现场有人带着摄影机和胶片，拍下了整个过程。购买这段影像到头来肯定是一笔不错的投资，因为此后世界上几乎每个工科学校都会反复播放它（见插图 20）。

因此，现代悬索桥在建造时要具备足够高的刚度，尤其是抗扭刚度。就像对飞机来说一样，对刚度的要求占据了桥梁重量的很大比例。例如，对赛文悬索桥（见插图 12）来说，其桥面是用一根非常巨大的钢管铺成的，钢管截面为扁平的六边形，由低碳钢板制成。在建造施工期间，这根钢管是分段输送的，吊装到位后，再焊接成一个连续的结构。

工程设计中体现的人性弱点

在几乎所有事故中，我们都需要分辨两个不同层次的原因。其一是直接的技术或机械原因，其二是潜在的人为原因。设计确实不是一项非常精确的事，意料之外的事情会发生，错误也会发生，但更多时候，事故的“真实”原因是可以预防的人为失误。

目前流行的假设是，将失误归咎于人实属不公，毕竟他们已“竭尽全力”，只是或受制于教育、环境，或受制于社会制度等。但是，失误渐渐转变为如今非常不受欢迎的所谓“罪行”。我将很长的职业生涯花费或浪费在研究材料和结构的强度上，所以我有机会去检视大量事故，其中许多都是生死攸关的。我被迫得出的结论是：极少数的事故是与道德无关的。九成事故的原因不在于某种深奥的技术效应，而是老派的人为罪过——通常接近于平庸之恶。

当然，我不是指蓄意谋杀、大肆欺诈或性侵害等更恶劣极端的罪行。我指的是能置人于死地的肮脏罪行，比如粗心大意、懒惰闲散、“不学也不问”、“你别对我的工作指手画脚”、骄傲自满、妒忌和贪婪。虽然某些工程公司拥有豪华的设计团队，但英国有太多公司在技术上是不称职的——经常达到犯罪的程度。其中许多人都出身于生产车间，既傲慢又狭隘，他们强烈憎恶任何让他们寻求适当的意见或雇用合格的员工的建议。

据我的经验，每周发生的事故要比报纸报道的多得多，原因一般是缺乏适当的维护和专业技能。我十分怀疑颁布再多的规章可能也于事无补。在我看来，我们需要的是增强公众意识和营造舆论环境，把这样的“错误”视为道德上有罪。一个人在木制飞机翼梁的错误位置处钻了个洞，他堵上了洞并且没有声张，就这样逃脱了罪责。想必陪审团也认为道德责任是无足轻重的。

我们需要的是更多的宣传活动，难点在于诽谤法。在大多数情况下，如果事故的真实原因被公之于众，有些人会非常羞愧，其业务或职业声望可能会受损。大多数执业工程师深深意识到这一点，不得不保持缄默，否则就会冒遭受严重损失的风险。在我看来，为了公众的利益着想，应该找到一条解决之道，使事故和愚蠢的错误在媒体上公开。

虽然绝大多数结构性事故都是见不得人的肮脏事，但我们极少会听说。当然，也会有一定数量的令人吃惊的重大事故，一度独占新闻头条，比如，1879 年苏格兰泰河铁路桥的坍塌，1870 年舰长号的倾覆和 1930 年的 R101 号飞艇空难。这些事故往往是由野心和自负所致的人为或政治事故。舰长号的沉没就属此类：承担最重的道德责任的两个人为他们的过错付出了沉重的代价，一个赔上了自己的性命，另一个赔上了儿子的性命。不幸的是，其他人也因此丧命。

R101 号飞艇于 1930 年在法国博韦坠落并烧毁，情况基本上也是类似的。尼维尔 · 舒特在他的书《计算尺》中对此进行了精彩的记述。这起事故的直接技术原因是布蒙皮的撕裂，该布蒙皮显然因加入了不合适的添加剂而变得脆化。然而，这场空难的真正原因是自满、妒忌和政治野心。工党政府的航空大臣——汤普森勋爵承担了最终责任，他在事故中被烧死，一同丧生的还有他的贴身男仆和差不多 50 位机组人员。

尼维尔 · 舒特对这起事故原因的记述，格外接近我在类似情况中的亲身经历。人们能立即认识到整个过程中充斥着加大拉人的某种氛围。在自满、妒忌、野心和政治对抗的压力下，人们把注意力都集中在了日常琐事上。广泛的判断，工程学上的运筹帷幄，最终都化为了不可能。整件事情就在人们眼前不可阻挡地走向灾难，宙斯的目的由此达成。人们并不会因在技术情境下行事而摆脱古典或神学意义上的人性的弱点，这些灾难中的好几个都具有希腊悲剧式的戏剧性和必然性。或许我们的一些教科书应该由像埃斯库罗斯或索福克勒斯这样的非人文主义者来写。

第16章

效率与美感——逃不掉的现实

“为什么不让斯密斯先生进你的内阁，总统先生？”

“我不喜欢他那张脸。”

“但是，那个可怜人又改变不了他的脸！”

“任何人过了40岁都能。”

——有关林肯总统的故事

我曾经在一个炸药实验室工作。当然，有关部门采取了非常严密的预防措施，禁止未经授权者进入，这些人不仅可能为了巨额利润而偷炸药去卖，还很有可能把整个地方炸毁。因此，这个机构四周遍布着带刺的铁丝网、警铃、武装警卫、警犬，以及安保官员绞尽脑汁想到的几乎每一种手段。

现在，许多实用的炸药都是基于硝化甘油制成的，硝化甘油本身就是一种格外危险的液体，不论是储存还是操作。最不起眼的动作，比如摇动瓶子，就可能把它引爆，造成最可怕的后果。普通的安全炸药，比如甘油炸药，其中含有大量硝化甘油。要想安全地操作硝化甘油，只能靠添加各种物质，这些添加剂是多年以来由像阿贝尔和诺贝尔这样一批相当勇敢的科学家开发出来的。这些直接用硝化甘油做实验的人需要采取最好的预防措施，还得常常遭受因紧张而崩溃的折磨。不仅要将硝化甘油实验室通过土堤和开阔的空间与其他建筑物在物理上隔离开，工作人员还得经常身着专用工作服，包括一种特别设计的长靴，使他们可以平缓地行走而不积累电荷，更不用说像电火花这么危险的东西了。

有一个周末，一些当地的小孩设法从防护栏下爬了进去，并且避开了警卫和他们的狗。他们闯入一间硝化甘油实验室，发现自己置身于一个人迹罕至的地方。然而，那里没有令他们感兴趣的东西，所以他们将盛有硝化甘油的各种瓶子和烧杯打翻在地，偷了一双专用长靴后就溜走了。顺便说一句，他们至今未被查出来。

这是一个真实的故事，但我宁愿把它当作一则寓言，因为工程师、规划者、官僚、帮倒忙的人和所有标新立异者都可能像这些小孩一样，在一个满是硝化甘油的房间里玩耍，而丝毫察觉不到他们可能会引发一场大爆炸。专注于“效率”和让事物发挥功用是非常好的事，当然，满足材料需求也是必要的，但事实上我们的材料需求比我们想象的可能更灵活多变。然而，人们的主观需求更重要，若被滥用或忽视，也更有可能引发社会骚乱。

所以，当听到我的工科同行谈论某些事情时，我经常会吓得两腿哆嗦。他们不仅对自己作品的美感毫不在意，还把对审美趣味的关注一概视为不务正业。而我认为，从长远看，如果人们的审美需求得不到满足，物质越充裕，最终的灾难也会越严重。

当我还是一名工科生时，我常常逃课，气喘吁吁又鬼鬼祟祟地溜进当地的博物馆。有一门数学课，我逃过很多次，把这些时间都花在了欣赏格拉斯哥美术馆的画作上。博物馆里的画作无疑是有帮助的，但在某种程度上，这是一种可怜的需要和绝望的庇护，不仅是为了逃离枯燥乏味的分析性课堂，更重要的也是为了逃离像格拉斯哥这样的城镇无处不在的丑陋。

当然，将“艺术”装进名为博物馆和剧院的不同盒子里，非常符合庸俗的管理思维，但值得注意的是，《1984》等反乌托邦小说中的政权不仅在美术馆里展出画作，还演奏音乐和表演芭蕾。但是，这种形式的"艺术品"只能偶尔在普通人的生活中起作用。它们可以提供一个逃避现实的机会，但它们确实无法代替本身令人满意且持续存在的环境。我们中的大多数人都在乡村发现过某种振奋精神的东西，但我们还得勉强忍受沉闷的城镇、工厂、加油站、机场和大部分每天不得不面对的东西。或许，不得不长期待在脏水里的鱼或多或少会习惯这样的生活，但囿于这种困境的人类应当反抗。

我们"倾向于加重罪过/通过诅咒那些（我们）没想到的罪过"。迈克尼尔·狄克逊（Macneile Dixon）教授也说过，

> ……比之于中世纪，那个欧洲史册中独一无二的时期，文艺复兴以来的数个世纪是截然不同的。它们各自的世界观极其不同，它们的信仰体系存在强烈的冲突！然而，不论在哪个时期，人们普遍持有的信条都被视为不可避免和无懈可击。每个时代都自以为拥有真理，唯理智者能看到。[①]

因此，对于重要的事情，每个时代的思考都是完全封闭的。如今，作为物质享乐主义者，我们对我们的祖先竟能忍受如此物质上的贫困和身体上的痛苦感到吃惊。但是，祖先也会震惊于如今有数百万人每天都要忍受伦敦或纽约的污秽，以及在黑暗的撒旦磨坊工作的那些人为获得高薪而不得不忍受毫无必要的噪声和丑陋。即便是现代医院的"门诊"布局和氛围，在他们看来似乎也会增加人们对死亡的恐惧。因此，我们中的许多人会奔向"大自然"去寻求某种解脱或安慰，我们会尽可能地逃往乡村，因为我们发现乡村比城镇、马路和工厂更令人愉悦。许多人真的相信大自然在某种程度上是天生丽质的，或许也是天赋"美好"的。这样的观点一旦走向极端，就会导致泛神论之类的东西，比如梅瑞狄斯的《西部林地》（*Woods of Westermain*）。但在我看来，如果我

① 参见 W. M. Dixon, *The Human Situation* (Penguin, 1958).

们能抛弃我们的浪漫偏见并正视问题的方方面面，那么我们不得不接受这样的观点，即大自然在审美方面是中立的，就像它在道德上是中立的一样。山脉、湖水与日落可能是美的，但大海通常是险恶又丑陋的，据我的经验，原始森林往往是恐怖之地。大多数欧洲景观一点儿也不“天然”。允许种植的植物和树木的种类都是经过仔细挑选和把控的，许多物种是经人工培育长成现在的形态的，就像家畜那样。植物的种植模式，以及田野、树林、树篱和村庄的整个布局——更不用说排水渠和田地的改善——都是人为选择与努力的结果。

18 世纪之前，大部分景观都野性得多，那时受过教育的人对“大自然”心存一种恐惧，它不仅意味着身体的不适，还有赤身裸体的潘神。对他们来说，城镇是宜居和迷人的，而乡村则不适宜居住而且丑陋不堪。今天，我们欣赏的优美的英格兰风光，其实出自 18 世纪有教养又有智慧的英格兰庄园主之手。

如果乡村在审美世界的地位有所提升，那么城镇的地位一定会下降。如今，当我们强烈谴责英格兰的城镇和工厂时，我们谴责的其实是庸俗的改革者、工程师、建筑师、商人及市政部门的小政客和议会的大政客的“作品”。这些人的罪过不在于他们对其所为知之甚少，毕竟我们的所为乃是循天性而动——柏拉图深谙此理。但我们至少要认识到，乡村之所以比城镇更吸引人，并不是因为乡村更“自然”，而是由于城镇和乡村大体上是由迥然不同的人建成的。最重要的是分辨出什么是丑陋，而非将之当作事物的天然秩序的一部分。

我们所做的事反映了我们的心智。在一个对理性有着非理性崇拜的世界，我们容易忘记人类的心智就像一座冰山。我们心智中有意识的理性部分相当小，就像冰山的可见部分一样，而支撑它的是下面更大的潜意识。

此时我非常清楚地意识到，我们的探讨触及了艺术家、哲学家和心理学家的领地，我也极有可能误入艺术批评的“好好先生”都不敢涉足的领域。我只能申辩，事急无定法，现代的人造世界十分丑陋，十足的绝望驱使我—— 一位失意的船舶工程师——铤而走险。我认为真正重要的是，技术、工程和结构的某种审美观应由工程师和技术专家独立提出，不论这种观点有多么不充分。接下来，我把自己托付给雅典娜和阿波罗，希望借他们的恩典，能有比我更称职的人将这项工作做得更好。

让我们先来看看人类感受美的过程，即为什么我们会对某些无生命的事物产生反应。在人类的潜意识中存储着大量的潜在反应和“被遗忘”的记忆。这种素材部分遗传自遥远的过去（荣格的“集体无意识”），部分获取于个体自身的人生经历，主要来自明显被遗忘的体验，有时会令人不快。现在，我们的身体感官——视觉、听觉、嗅觉和触觉——持续不断地向我们的大脑传送我们周围的信息，这远多于我们的意识心理能接收或注意到的信息。但是，潜意识一直监控着这些信息，它布满了感受器和绊网，易于感知每一种形状、线条、色彩、气味、质地和声音。我们可能完全没有察觉到这件事，但它仍会发生并在我们内心逐步建立起主观的情感体验，不论效果好坏。

这类过程多少可以解释我们感知无生命物体的主观方式，尤其是在如今人造物大行其道的背景下。人造物是人制造的，某人在某个阶段会对形状和设计做出某种选择。

不在过程中做出一系列表达，就不可能形成任何物体。即使是一条直线，实际上也一直在说“看，我是直的，不是弯的”。即便是非常简单的人造物，也包含一系列这样的人为表达。

就像不可能存在纯粹的客观经验之类的东西，也不可能有纯粹的客观表达——不带任何情感内涵的表达。这对任何形式的表达都成立，不论是语言、音乐、色彩、形状、线条、质地，还是工程师所谓的设计。

这将我们从所谓的“美的感受过程”带入了“美的传递过程”。换言之，东西是如何被设计成这种样子的？制作者或设计者在人造物中加入了什么，使之具有审美效应？在很大程度上，简短的回答是，“他自身的性格与价值观”。

因此，不论我们制造何物和做何事，我们几乎总会在物或事上留下我们个性的印迹，写下通常只有潜意识才能解读的密码。例如，我们的声音、字迹和步态都相当独特，通常很难伪装或模仿。但是，这类印迹要比这些熟悉的例子扩展得更远。某天深夜，我在一艘停泊在苏格兰一处偏远海湾的游艇上。在陆地的一隅，三四英里之外，又驶来了一艘我之前从未见过也全然不知的风帆游艇。虽然识别船名或船员是根本不可能的，但我对我的妻子说“驾船的是汤姆教授”。结果确实如此，因为一个人迎风驾船的方式就像他的嗓音或笔迹一样独特，而且一旦看见，就很难忘掉。同样，一个人经常能分辨出是他的哪一个朋友在驾驶一架轻型飞机，因为驾机风格可以明白无误地展示出人的性格印迹。在绘画领域，即便创作者非常业余，其作品也倾向于更多地表达创作者自身，而非创作主题。要想以假乱真地模仿一位独特艺术家的作品，必须有非凡的技巧。在绘画和工艺设计之间是没有明确的分界线的，几乎任何制造出来的东西都很可能带有与制作者个性相关的某些东西。

对于个体成立的东西往往对于社会、文化或时代也成立。考古学家通常能根据“制造风格”，将陶片等人工制品的最早出现时间精确到几年之内。如果绕庞贝古城和赫库兰尼姆古城走一遭，你离开时就会强烈地感受到生活在此地的居民是什么样子。这无关乎管道工程之类的技术，也是再多的史实都无法传达的东西。到目前为止，这种类型的模式识别仍不为计算机所理解，这种情况可能还会持续很长时间。

最近，我和我的一位备受尊敬的同事一起喝罐装啤酒。我有点儿妄自尊大地说：“在我看来，像啤酒罐之类的东西，实乃当今技术沦丧后一切沉闷与钻营之缩影。”

我那位同事以泰山压顶之势责问我：“我想你的意思是要将啤酒装在陶罐、木桶或酒囊等容器里售卖。在今时今日，除了锡罐，你还能把啤酒装在哪里售卖？你得有多么愚蠢，多么不切实际，多么因循守旧？”

但是，恕我唐突，他漏掉了所有的重点。重要的不是做什么，而是怎么做。啤酒容器的美丑并非源于制造它们的材料，也并非因为它们是规模化生产的产物。不管是用什么做的，它们都不可避免地传递出其制造者的价值观。我们处在一个不能制造出好看的啤酒罐的社会群体中。我真正害怕的是，我们所处的时代明显缺乏内在的优雅与魅力。

古希腊的双耳细颈瓶很漂亮，不是因为它们可盛放葡萄酒，也不是因为它们的制造材料是黏土，而是因为它们是古希腊人做的。在那个时代，它们不过是最廉价的盛酒容器。如果古希腊人造出了锡制啤酒罐，或许今天的博物馆里将会收藏一些古典时代的啤酒罐，让艺术家大饱眼福。

我相信，极少有人造物仅因其功能而在本质上存在美丑之分[①]，它们更像一个时代和一套价值观的镜子。与古希腊颇为相似的环境出现在 18 世纪，在一定程度上，这无疑是因为该时期在有意效法古典时期。18 世纪的工匠触及的每一样东西几乎都是优雅的。这不仅是奢侈品行业的情况，也蔓延至整个社会。

当然，这便引出了有关审美的“绝对”标准这个问题。不管你认为我的品位有多么不堪、多么粗鄙，“我”的价值观就一定不如“你”的价值观吗？不过，我个人强烈感觉到，审美是有绝对标准的，只不过它会随时间逐渐改变。在我看来，“审美民主”的现代风尚是没有道理也没有意义的，它主要是基于抨击权势阶层的欲望。我的观点是，审美价值观存在一种持续的传统，就像伦理价值观一样。这是一个反复的过程，缓慢而艰难地前行，从一个时代到另一个时代，从一种风尚到另一种风尚，就像科学一样建立在过去经验的基础上。否则，文明的价值观是如何逐步建立起来的？

另一个争论点是：“假设希腊双耳细颈瓶等普通物体从某种绝对意义上说是漂亮的，那么希腊人意识到它们的美了吗？”我想起伦敦《泰晤士报》头版文章中的一句评论，大概是说，“好的版式应该像干净的

---

① 参见新近流行的便壶收藏。阿里斯托芬认为希腊油瓶本质上是荒谬的，但他从未说它们是丑陋的：这些东西在博物馆里确实广受赞誉。

玻璃，人应该能够一眼看穿而不分心。但是，如果这种情况发生了，那么该版式肯定具备那种低调的优雅和美丽，本身并不引人注意”。我认为，这就是为什么我们总是在许多寻常的人造物从日常生活中谢幕后才想起欣赏它们，但这并不意味着它们就不具备绝对和永恒的美丽。

18 世纪孕育了工业革命。我认为需要重点指出的是工业革命的许多奠基人并非庸俗市侩之辈，而是颇具品位的敏锐之人，比如马修·博尔顿（Matthew Boulton）和约书亚·韦奇伍德（Josiah Wedgwood）。他们挣了一大笔钱，制造的东西也很漂亮，至少堪称模范雇主。虽然肯定有害群之马，但工业革命的罪恶不在于 18 世纪的文化和古典主义的伦理规范，而在于一种新近出现的粗鄙和贪婪之风，我认为它们来自伦理规范之外。

对规模化生产来说，无论是机器本身还是其产品，本质上都不丑陋。第一批真正意义上的规模化生产机器，即众所周知的滑轮制造设备，是由马克·布鲁内尔爵士于 1800 年左右在朴茨茅斯造船厂制造出来的，样式美观而且功能完善。这些机器不仅好看，而且非常有效，因为在拿破仑战争期间及之后的很长时间里，它们自动生产出了风帆舰队所需的数百万个滑轮组。由此省下了一笔巨款，因为滑轮组是昂贵的东西，而一艘战舰可能就需要 1 500 套滑轮组。这类机器中的一些如今能在伦敦科学馆中看到（见插图 21），其中很多在 180 年后仍在朴茨茅斯运行，满足着现代舰队逐渐下降的滑轮组需求。不仅是这种机器，还有其产品（滑轮），都是结实和美观的。滑轮是否称得上漂亮，这因人而异，但它们看上去的确令人愉悦。

马克爵士——伟大的伊桑巴德·金德姆·布鲁内尔的父亲——是一位流亡的法国保王党成员，所有记载都证明他是一个有魅力的人。我们被告知：

> 这位仁慈的老人比那所学校的人要热情得多，其法兰西绅士范的礼仪、举止、谈吐乃至着装都遵循着古制，因为他一直穿着相当

古旧却极其合身的服装。第一次会面，我就完全被他迷住了。我仰慕的是老布鲁内尔的豪爽品位，以及他对尚不明白或还没时间学习的东西倾注的爱或热情。其中，我最钦佩的是他那如赤子般纯真与超然物外的个性，以及他不汲汲于富贵和忘却得失的态度。他仿佛活在一个魑魅魍魉绝迹的世界里。

这无疑是一个极其不切实际的角色，他很难在一家勇于进取的现代企业里找到工作。但是，他制造的机器还在生产滑轮组，自它诞生以来已近 200 年了，而且还很漂亮。

在 1800 年前后工作的那些了不起的工程师不仅为英国工业的繁荣奠定了基础，还催生了现代技术世界。这些人中的大多数都是颇具品位的。但等到维多利亚女王继位之时，大众的品位无疑恶化了：到 1851 年，已达到空前低谷。然而，像普莱费尔勋爵（Lord Playfair）这样敏锐的观察者早在伦敦世博会期间就已指出，英国工业正在丧失它的推动力和创造力。虽然广泛和普遍的看法——实际上被视为公理——是，伴随工业主义而来的丑陋是规模化生产不可避免的后果，但我仍然怀疑该观点是否真经得起严格的历史检验。我认为更合理的假设是，优雅或多或少是随着工商企业一道衰落的，这是因为在变革时代，从英国人的性格中浮现出某些相当低劣又得意忘形的东西。

19 世纪 70—80 年代的唯美主义运动强烈鞭挞了世间万物的丑陋，但收效甚微。我认为这不是因为这些人被歌剧《耐心》（*Patience*）里的吉尔伯特和苏立文及《猛击》杂志带偏了，而是因为它在很大程度上是一场逃避现实的运动，而且找错了靶子。这些圣母之子看不到，他们如此痛恨的一切无耻的丑恶，其根源不在机器本身，而在于思想方法。就像那些审美改革者一样，他们拒绝工程技术，而非投身其中。或许，他们如果已准备好学习工程技术，就会从体系内着手。但这是一个费力的科目，有太多艺术人士因莫名其妙的自卑而排斥它。当然，威廉·莫里斯（William Morris）及其追随者研究并实践了各种小规模的技术工艺；

但是，真正缺少的是实实在在的规模化生产，以及处理高产社会的经济问题。

效率与功能主义

门徒看见，就很不喜悦，说："何用这样的枉费呢？这香膏可以卖许多钱，赒济穷人。"

——《圣经·新约全书·马太福音》26：8-9

虽然我们大义凛然地谴责现代工程师的平庸，但几乎所有工程师都固守着某些非常重要的价值观，它们在一个放任自流的时代既不时髦也不受欢迎。其中占主导地位的是客观性与责任感。工程师需要应付的不仅是人们及其一切怪癖和弱点，还有物理事实。一个人有时会与众人争论，且误导大众并非难事，但是事实胜于雄辩。一个人不能威吓事实，不能贿赂事实，不能立法禁止事实，也不能假装另有真相或者事情从未发生。外行与政客可能会创造出他们幻想的东西，但对工程师来说，"他们关心的是齿轮啮合，是道岔锁闭器"。从本质上说，工程师制造的东西必须有用，而且一直有用，既安全又经济。工程师的工作或许是指出皇帝没有穿衣服，但不管这多么令人难堪，我们显然需要更多而非更少的实事求是的态度。

为追求他们职业的客观性，工程师发展出许多有助于实事求是的概念。其中一个便是"效率"，因此，弄明白随燃料进入发动机的昂贵的能量有多少可转化为有效动力，是非常有用的。这可以用一个简单的比率或百分比表示，它能告诉我们有关发动机做功方面的一个十分重要的事实。此外，比较各种不同结构的重量、成本和负载容量也是有价值的。如我们在第 14 章所见，有各种数值方法可以做到这一点。

但是，效率的概念如此有用，有时在经济上也非常具有影响力，以至于我们也可能被它带偏。如果我们试图将效率的观念应用于整体形势，那么我们通常是在假设有一种对所有事实皆了如指掌的智慧，而这对一个凡人来说是完全不可能的。我们可以公正合理地评判一台发动机消耗燃料以输出动力的效率，但如果我们只探讨"发动机的效率"（仅此而已），我们就是在自以为是。例如，我们没有考虑到发动机发出的噪声和气味，或者启动发动机的人是否可能心力衰竭，或者你能从发动机的外观获得多少愉悦感。

就算我们知道有关技术的一切事实（虽然不可能），我们也没法衡量或量化它们，因为其中有许多是不能测量的。不久前发生了一件大事，即关于在埃塞克斯海岸建一座大型机场的提议引起了广泛讨论。这个项目计划在泰晤士河口处潮湿的棱纹沙滩上堆放巨量的混凝土、厂房和机器，那里本是群鸥翔集聒噪之处。政客、行政官员、经济学家和工程师眼前满是需要建另一个机场的事实和数据，但是，以任何数值标准来权衡规划者和经济学家的主张、海鸥的权利及潮湿沙滩的美都是不可能的。我本人坚定地站在海鸥一边，一想起那绵延数里的潮湿沙滩，我就满心欢喜，虽然这是完全没有效益和产出的。迄今为止，海鸥和沙滩似乎仍是胜利的一方。

我认为一座机场的"效率"可以用它能应对多少架次的飞机和客流同其投资和运营成本之比来衡量，这些数据具有一定的实用价值，即便它们与这个世界上的海鸥和潮湿沙滩无关。但在很多事情上，效率的概念实在是不合时宜，谈论一件家具或一座主教座堂的"效率"没有任何意义。尽管如此，工程师还是固守一个观念，即度量几乎所有东西的"效率"在某种意义上"应该"是可能的。但这完全是胡说八道。

"好吧，"工程师说道，"但事物必定是实用的，技术之美就在于它的功能主义。"如果他的意思是事物必须既能用又好用，那么他只是在陈述显而易见的事实。但是，当我们把功能主义用作一种审美标准时，我们就很容易陷入某种困境。桥梁等结构的功能既简单又明显，它们强调的也确实如此。其中许多很漂亮，但有些则不然。还有一定数量的非常昂贵的人造物的确外观好看，比如协和式飞机与劳斯莱斯轿车。但是，我们是否确定，不计成本地追求工艺的完美就是正确的？在评估功能主义方面我们不应该考虑成本吗？

现在，一辆福特汽车的价格大约是一辆劳斯莱斯汽车的1/10，在一切皆有价的现实世界中，许多人会认为福特汽车比劳斯莱斯汽车更“实用”。但是，福特汽车的外观与其机械构造的关系不大，我们见到的大概就是车身制造工和造型设计师安装在机器四周的一个锡盒。也就是说，任何现代规模化制造的汽车，其机械和功能部分都不会引人注目，它们主要是由小段管线和弯曲的金属制成的，不管它们多么有用，我们都很难驻足欣赏。

同理，无线电收发机等大多数电子设备在其管线裸露的状态下都是丑陋的，于是我们只好将它们藏在黑色、灰色或胡桃木色的盒子里。总体上，可以公正地说，随着现代技术的日益实用化，我们看到它们的机会越来越少。

但是，我们在大自然中找不到好的先例吗？一个人或一只动物的外在可能非常美丽，而内在却往往丑陋不堪。我们对大自然的欣赏是有高度选择性的。我们欣赏生长的某些阶段（羊羔而非胎儿），我们通常对腐朽和一切蠕虫感到恐惧。但是，腐朽与生长一样必要和实用。

关于功能主义和“效率”的问题，大自然似乎有一种幽默感，或者可能只是一种分寸感。例如，它构造植物的茎干时极其重视代谢的经济性，这是一个结构效率的奇迹。完成此事后，它会在顶部放一朵大花——如人之所见，只是为了好玩。同样，雄孔雀有尾巴，女孩有长发，这些不能被严格地视为实用之物。如果某个无聊的家伙极力主张这些事物只是为了促进繁殖，那不过是让争论降了一级。这些装饰性特征为何有吸引力，是性还是其他方面的原因？

虽然对许多工程师来说，认为功能“效率”与外观之间存在紧密联系几乎称得上是一个宗教信条，但我个人持怀疑态度。当然，完全无效的东西或者应该会有碍观瞻，但我认为技术性能的提升可能无法极大地改善外观。大多数情况正相反，榨取最后一点儿性能会产生乏味的外观，现代游艇便是一例。我本人坚信，一个人可从人造物中获得的审美体验是创作者的个性与他所处时代的公认价值观的某种结合。如果你走在任何一条街上，睁大眼睛，开动脑筋，你就能靠这两种感知方式形成你自己的判断。

自文艺复兴以来，“科学”几乎攻占了每一个可以想到的阵地，但大多数攻占几乎都是毫无价值的。我总是觉得奇怪，真正反对科学的争论似乎少之又少，至少直接的争论不多。科学就是通过教我们以过度实用的理由做判断，从而潜移默化地扭曲了我们的价值体系。现代人会问“这个人或这个东西是干什么的”，而不会问“这个人或这个东西是什么”。这无疑是许多现代性疾病的根源。审美判断试图回答这个更宽泛也更重要的问题，虽然还算不上充分。在如今绝大多数情况下，我们的主观判断会与我们的科学（或实用）判断相冲突。但是，我们若无视审美判断，就要自担风险。

所有这些自然阻挡不了一个漂亮的物体同时也有用。我要说的重点是，这两种特征是数学家所谓的“独立变量”。这让我想起了爱尔兰游艇舵手的评价：“一艘丑陋的船不会比一个丑女人更招人喜欢，不管它跑得有多快。”

形式主义与应力

现代的艺术和建筑大肆炫耀它们从传统的形式与惯例中解放出来，这可能也是它们取得的成就如此之少的原因。然而，在设计或方法上走形式不是一个障碍，这样的惯例既保护弱者又助力强者。所有最美观的船都是按传统风格设计的，我实在无法想象它们的设计者是受到了传统的束缚。希腊剧作家在一套严格规则的约束下写作，但是，认为《安提戈涅》受制于古典三一律，就像假设简·奥斯汀如果可以自由地使用粗鄙的语言和露骨的性描写就会创作出更伟大的作品一样，都荒谬至极。当然，为了领会形式的好处，我们有必要对这些规则做一定的了解。这同样适用于对主教座堂、桥梁和船舶的欣赏，就像观看板球赛一样。这为我们提供了一个很好的理由去了解一些工程学原理以及艺术和建筑的历史。

当伊克梯诺在公元前446年设计帕提侬神庙时，他采用了建筑学中久负盛誉的多利克柱式结构。帕提侬神庙，即处女神庙，无疑是世界上最美丽的建筑物之一，可能也是所有人造物中最伟大的。虽然它是敬献给神圣的雅典娜的，但在我看来，它也是人文主义的最高体现，科学家汉弗莱·戴维将之誉为“关乎人力无限提升的精妙却虚妄的梦幻”。而且，它建造于雅典人权势与荣耀达到巅峰之时，彰显了这座处女城邦实乃“四海传丰裕，万国朝紫冠之雅典”。

当然，惩罚接踵而至，就像1914年的情况一样。当所有白色大理石、红色与蓝色涂料以及镀金青铜都是新的时候，帕提侬神庙可能只是一座有点儿庸俗的神庙，就像吉卜林笔下的那些。但是，伟大的艺术不总是有点儿庸俗吗？如果帕提侬神庙是一座人文主义的丰碑，那么一些早期的多利克柱式神庙，比如佩斯图姆城的那些，在我看来则似乎表达了一种动人的宗教情怀。反之，我认为雅典的赫菲斯托斯神庙几乎没有传递什么东西，除了一丝商业主义气息，就像伯明翰市政厅那样。然而，所有这些不同的效果都产生于建筑师在单一死板语言中的工作。

就像所有伟大的艺术一样，帕提侬神庙也有多种诠释。但无可争辩的是其取得的重大成就。伊克梯诺是如何做到严格遵循传统风格展开工作的？自然只有一个人真正知道这个问题的答案，那就是伊克梯诺本人。他曾写作了一本书，可惜今天已失传。然而，我们还是可以做一些相当粗略的分析性观察。

在传统正规的蒸汽艇上，优雅与庄严产生于极尽精美、微妙与和谐的船体曲线和舷弧边线，也来源于桅杆、烟囱和甲板上层结构的精确和细心的安放（见插图22）。船舶设计与诗歌创作的区别仅在于其中包含的数字。在多利克柱式建筑风格中亦如此，重要的是对细节的细心关注。虽然看起来是矩形的，但帕提侬神庙几乎没有一条直线，也没有几条线是真正平行的。其中 72 根圆柱相互倾斜，如果将它们延伸出去，它们会在空中大约 5 英里处的一点交会。但我们的眼睛看到的却是一个简单的盒状结构，被精妙绝伦的设计欺骗和迷惑了。就像一个聪颖的女人，帕提侬神庙影响着我们，令我们着迷，虽然我们几乎觉察不到它是如何办到的，甚至根本意识不到它正在发生（见插图 23）。

但是，这一切与应力有什么关系？从某种意义上说，关系很大；而从另一种意义上说，关系又很小。早在 17 世纪费奈隆就观察到，古典建筑的影响力要归功于这样一个事实，即它看起来比实际更重，而哥特式建筑看起来则比实际更轻。在这个方面，厚道的功能主义似乎没有获得审美上的回报，因为它们看起来和实际一样重。

古典柱式，尤其是多利克柱式，在仅承担自重的情况下就已经显得摇摇欲坠了。大多数支柱上的载荷其实都非常小，但人为的膨胀或“凸肚”设计产生了泊松比效应，使我们确信它们在压应力的作用下会鼓胀。这种鼓胀效应通过膨胀的垫状柱头进一步传递，它将压缩载荷从门楣传递到柱头上。重量效应的进一步增强，靠的是柱顶过梁的极大深度。

虽然古典建筑以情感为基础，至少部分基于一种主观的压力感，但是其美丽与单驾马车意义上的现代结构效率的观念几乎完全无关。所有这些建筑物事实上都没什么效率。压应力低到离谱，而门楣上的拉应力又太高了，往往非常危险（第 9 章）。古典建筑物的屋顶，如我们所见，只能被描述为一种结构上的混乱。但是，这些建筑物中的大多数在审美方面都没什么问题。

当我们考虑哥特式建筑时，其砖石结构上的压应力照例要比古典建筑物高得多，而其结构作为一个整体通常会更稳定，尽管它有空灵的外观。然而，轻盈的效果部分是通过尖拱实现的，它们也是“低效的”。按照现代的实用思维，这些哥特式结构过于复杂了。哥特式主教座堂的真正英雄似乎是雕像，其重量落在尖顶和飞扶壁上，维持着推力作用线的稳定（第 9 章）。

古代建筑物可能在结构上是“低效的”，要想在审视结构时获取满足感，眼睛似乎需要某种主观的压力感。在许多现代建筑物中，用钢筋混凝土制成的承载结构通常是隐藏在建筑物内部的。外部观察者只能看到一堵薄砖或玻璃制的幕墙或“包覆”，看起来根本无法承载任何载荷。我不认为只有我自己觉得这些建筑物看起来令人不满意，而且十分丑陋。

但是，假如我们有某种结构，其支承方法清晰可见，在现代意义上也高度“有效”，它会看起来像什么样子？看起来，这是一个可以长期争论的话题。然而，如果我们可以根据用于登月的结构来判断（不计成本地节省重量，最终就像单驾马车那样），那么答案看起来很可能是“丑陋无比”。

拟形物、赝品与装饰物

希腊现存最早的重要建筑物属于迈锡尼时代，或许可以追溯到公元前 1500 年之前。这些建筑物是用石块建造的，看起来经过慎重而精妙的设计，以便使结构与材料的特性相匹配。例如，迈锡尼人十分清楚石楣上拉应力过大的危险，他们也做了充分的准备工作来缓解石梁上的弯曲载荷，就像人们在迈锡尼城的狮门上看到的那样（见插图 24）。至少从这种意义上说，迈锡尼建筑可被描述为“在结构上具有实用性”。

当迈锡尼文明在公元前 1400 年左右瓦解时，希腊人似乎倒退回黑暗和蒙昧的时代，其间所有的建筑物，无论重要与否，无一幸存。毫无疑问，人们只能在这种或那种小木屋里生活和做礼拜。正规建筑的复兴始于古风时代早期，大概在公元前 800 年，早期的神庙是用木材建造的，就像新英格兰的那些教堂。

这些原始的木制神庙自然无法留存至今。然而，从木质结构过渡到石制结构似乎是一个断断续续的过程；随着木料日益短缺，腐烂的木制构件逐渐被石制构件替代。波桑尼提过一座神庙，直到 2 世纪仍矗立于奥林匹亚，其中留存着一些木制支柱，与更晚近的石柱混杂在一起。

因此，多利克柱式建筑属于“横梁式”或梁式建筑，以木质结构为基础；即便完全以石块重建神庙，建筑师仍坚守着适用于木料的形式与比例。5 世纪那些资深的古典建筑师不仅用脆弱的石梁代替木楣，还不厌其烦地用大理石复制各种无关紧要的结构细节，比如将木制建筑物用木栓接合在一起。

结果“应该”是荒谬的，但事实并非如此；这是一场辉煌的胜利，并成为文明世界的一个典范，断断续续存在了 2 000 年。这种类型的存续被称作“拟形物”，它们以这种或那种形式普遍存在于技术中。一个现代例证就是塑料模具和家具表面留存的木纹。

不同于工程美学思想的功能主义学派的整套伦理，拟形物未必是粗制滥造或粗俗的。当然，如今它们比比皆是，但这无疑是由于我们的错误实施，而不是因为这个观念本身有什么问题。

沃森蒸汽艇的开发是拟形物的一个绝妙的成功例证。这种大型蒸汽艇的经典样式是在稍晚的维多利亚时代演化出来的，出自一位最了不起的蒸汽艇设计者——沃森（G. L. Watson，他的墓志铭为“正义归线条，公平归铅锤”）之手。在他的全动力船上，沃森不仅保留了帆船优美的“剪形”船首，还留下了现在无功能的船首斜桅。其结果是，沃森蒸汽艇成为有史以来最漂亮的船舶范例之一（见插图 22）。

若一切如此，那么我们如何看待设计中的“诚实”呢？诚实迫使我说“没什么”。如果拟形物在希腊神庙和蒸汽艇中是允许使用的，那么我们如何看待彻头彻尾的“赝品”呢？我们为什么不能把悬索桥装扮成中世纪的城堡，或让汽车看起来像驿站马车，或让紫杉树看起来像孔雀呢？

我个人相当赞成这样做。毕竟，其结果看起来不会比现代功能主义的结果更糟糕或更令人沮丧，而且它们可能更有趣。18 世纪的“哥特式”

建筑有什么毛病？其中最佳者极其有趣而且十分美好。贺拉斯·沃玻尔绝非傻瓜，布赖顿的英皇阁也堪称佳作。

有些人抱怨“无意义的装饰物”，但这种说法无疑是自相矛盾，因为没有装饰物是“无意义的”，哪怕它意味着相当可怕的东西。如果批评者想要表达的是“不适合或无关于载体的装饰物”，就是足够公允的，但所有装饰物肯定都有某种效果。在我看来，我们想要的是更多而非更少的装饰物。真相似乎是，我们害怕用装饰物来表达自我。我们不知道如何处理它，还担忧它可能赤裸裸地暴露我们卑微的灵魂。中世纪的石匠没有受到那种抑制，到头来他们心理上或许也更健康一些。

要求技术人员不仅要提供有用的人造物，还要提供美（即便是在寻常的街面上），最重要的是趣味横生，这是不是不太公平？但如果不这样，技术就会死于无聊。愿我们拥有许多装饰物：船舶有船首像，桥梁拱肩有镀金蔷薇花饰，建筑物有雕像，女人有裙衬，到处旗帜飘扬。既然我们已经创造了一座完备的充斥着新的人造物的博览园，包含汽车、冰箱、无线电设备，天知道还有些什么，那么让我们坐下来想一想，我们在为它们设计新型装饰的过程中能获得什么乐趣吧。

补记（1980）：写完这一章后，我偶然发现了亨利·詹姆斯的一个说法：“除了事件的判定外，何为特征？除了特征的阐明外，何为事件？”遗憾的是，亨利·詹姆斯对技术如此鄙夷，他本可以贡献良多。

—— 致谢 ——

我要感谢诸位著作权人惠允，让我得以引用道格拉斯·英格利斯的诗歌（Punch Publications Ltd）、威斯顿·马特的《南太水手》（William Blackwood Ltd）、鲁德亚德·吉卜林的《自我觉醒的船》（A. P. Watt & Son），并感谢已故班布里奇夫人的著作权执行人和麦克米兰出版公司。还要感谢考克斯准许引用他的《重量最小结构的设计》。感谢牛津大学出版社和剑桥大学出版社惠允引用新英译本《圣经》（Second Edition © 1970）。

我还要感激图片的版权所有人，他们热心地提供了插图并准许复制。

在引文和插图方面，我获得了许多个人和组织的鼎力协助。无论何种情况，若有遗漏，我深表歉意。

—— 附录 I ——

推荐手册与公式

在过去的150年里，弹性理论研究者分析了各种结构的应力与挠度，几乎包含每一种能想到的形状和负载条件。这一切都很好，但这些人发表出来的结果，其原始形式通常太过数学化，也太复杂，对于那些急于设计某些相当简单东西的普通人来说，没有多大的直接用处。

所幸，大量这样的信息可被还原为一套标准的案例或实例，其答案可以用相当简单的公式表示出来。这种类型的公式几乎涵盖了任何可能的结构性意外，你可以在手册里找到，特别是罗克（R. J. Roark）的《应力与应变的公式》（*Formulas for Stress and Strain*）。只需要储备一些常识、一点儿基础的代数知识和本书第 3 章的内容，像你我这样的人也可以使用这些公式了。其中几个公式将在接下来的附录Ⅱ和附录Ⅲ中给出。

谨慎地运用这类公式，确实非常有益，而对大多数工程设计师和制图员来说，它们其实构成了专业上的惯用手段。根本不必为使用它们而感到难为情，事实上我们都是这样做的，但务必要谨慎使用。

1. 确保你真的理解这个公式在表达什么。

2. 确保它真的适用于你的特定情境。

3. 切记，切记，切记，这些公式没有考虑应力集中或其他特殊的局部条件。

之后，将适当的载荷与尺寸代入公式即可，但要确保单位统一并校准零位。然后，做一点儿基本的算术，就会得出有关应力或挠度的数据。

现在，以令人厌恶的怀疑目光审视一下这个数据，想想它看起来让你感觉是否正确。不管怎样，你最好检查一下你的算术：你确定没有漏掉一个 2？

无论是数学还是手册公式，都不会为我们“设计”出一个结构。凭借我们可以把握的经验、智慧和直觉，我们必须自己做设计；我们完成设计后，可以通过计算分析设计并大致预计应力和挠度有多大。

因此在实践中，设计流程经常是这样的。先确定该结构可以承受的最大载荷和允许的挠度。这两者有时都是由现有的规章制度决定的，若不是这样，它们可能就不是特别容易确定了。这需要一定的判断力，若有疑虑，力求保守显然更好，尽管如我们所见，在错误的位置承载太多重量很可能会因太离谱而引发危险。

当负载条件确定后，我们就可以按比例草拟一个粗略的设计，设计师通常用方格纸簿完成他们的草图。然后，我们可以用适当的公式来计算应力和挠度。一开始，这些值可能太高或太低，因此我们需要继续修正草图，直到它们看上去差不多合适。

当这一切都完成后，才能制作可用于大规模生产的“适当”图纸。因为零件需要按常规的工业流程制造，所以正规的工程图纸非常必要，但它们制作起来很麻烦，简单或业余的工作可能就不需要了。然而，依照我的经验，对于任何具有商业性和潜在危险性的东西，如果一个企业能制作的唯一“图纸”仅是一幅画在信封背面的草图，那么一旦将来到了法庭上，它就会显得非常愚蠢。

如果你打算制造的结构很重要，并且已拥有一张施工图，那么你接下来要做的就是一件天经地义的事，那就是夙夜为之忧虑。当我忙于在飞机上引入塑料零件时，我常常为其担忧得夜不能寐，因为几乎所有零件都依赖于担忧带来的好处。事故来源于自信，而受阻于忧心。因此，不能仅对你的计算做一两次检查，而要一而再、再而三地检查。

—— 附录 Ⅱ——

梁理论公式

在一根梁上，到中性轴的距离为y的点P受到应力s，其基本公式为

$$\frac{s}{y}=\frac{M}{I}=\frac{E}{r}$$

所以，$s=\frac{My}{I}$

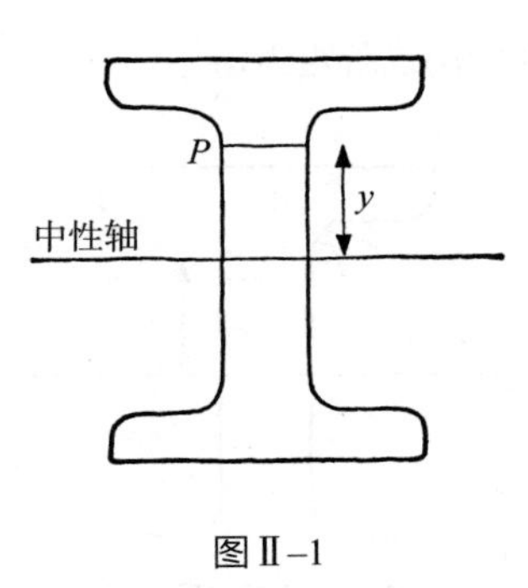

图Ⅱ–1

其中，s＝拉应力或压应力（psi、N/m^2 等）；y＝到中性轴的距离（英寸或米）；I＝横截面积对中性轴的二阶矩（英寸^{4}或米^4）；E＝弹性模量

（psi、N/m^2 等）；r = 在挠矩 M 引起弹性挠度变形的情况下，梁在截面处的曲率半径（M 的单位为英寸 · 磅、牛顿 · 米等）。

中性轴的位置

“中性轴”总是会通过横截面的形心（“重心”）。对于矩形、管形、“I”形等对称截面，形心处于“正中”或对称中心。而对于其他截面，则要靠数学方法计算出来。对于一些简单的非对称截面（例如铁轨），通过让截面的纸板模型在一根针上取得平衡，就能够精准地确定形心。对像船舶壳体这样更精密的结构而言，中性轴的位置确实得靠精妙的算术才能计算出来。

横截面积的二阶矩 I

它经常（虽然不恰当）被称为“转动惯量”。

因此，如果到中性轴的距离为 y 的点 P 有一个微元的横截面积为 a，则该微元的面积对中性轴的二阶矩为 ay^2。

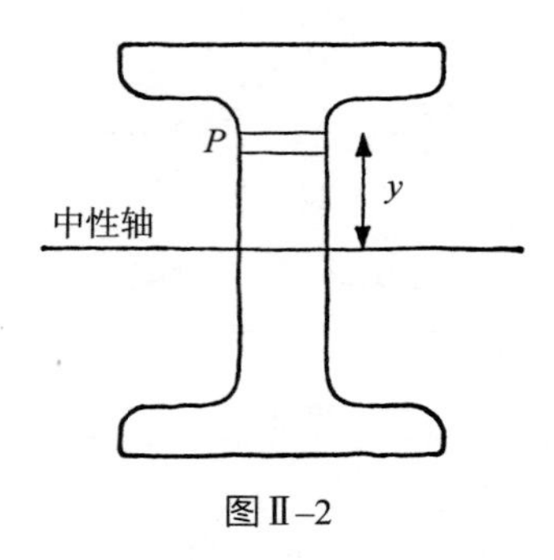

图Ⅱ–2

因此，总的 I 或横截面积二阶矩是对所有这样的微元求和，即

$$I=\sum_{底部}^{顶部} ay^2$$

对于不规则的截面，这可以通过算术计算出来，或者通过“辛普森法则”的一个变体得出答案。

对于简单的对称截面：

若中性轴穿过一个矩形，则有

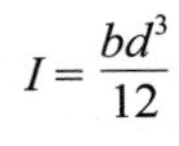

$$I=\frac{bd^3}{12}$$

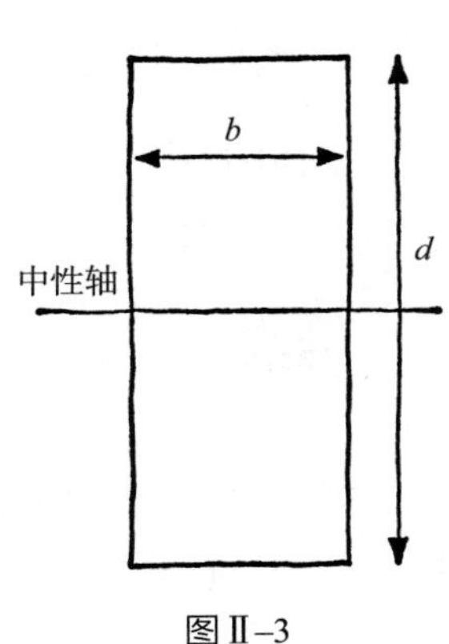

图Ⅱ–3

若中性轴穿过一个圆形，则有

$$I=\frac{\pi r^4}{4}$$

因此，简单的盒形与H形截面以及空心管的I可以通过减法计算出来。

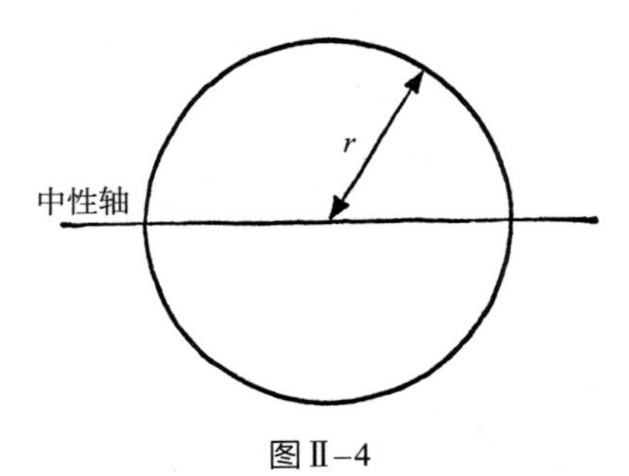

图Ⅱ–4

然而，对于一个壁厚为t的薄壁管，则有

$$I = \pi r^3 t$$

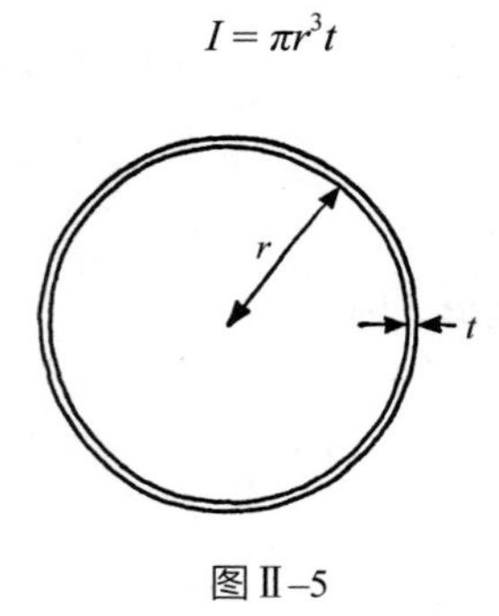

图Ⅱ–5

大量标准截面的I可在工具书中查到。

回转半径k

对一些用途来说，知道梁截面的回转半径的值是有帮助的，也就是说，可视其为从横截面到中性轴的等效距离。即

$$I = Ak^2$$

其中，A = 总横截面积，k = 回转半径

对一个矩形（见上文）来说，$k = 0.289d$

对一个圆形（见上文）来说，$k = 0.5r$

对一个薄壁环面来说，$k = 0.707r$

某些梁的情况

悬臂

1. 末端处的点载荷 W

到梁末端距离为x的状况为：

$M = Wx$，B处M最大，为WL

x处的挠度为$y = \frac{W}{6EI}(x^3 - 3L^2x + 2L^3)$

A处的最大挠度为$y_{max} = \frac{WL^3}{3EI}$

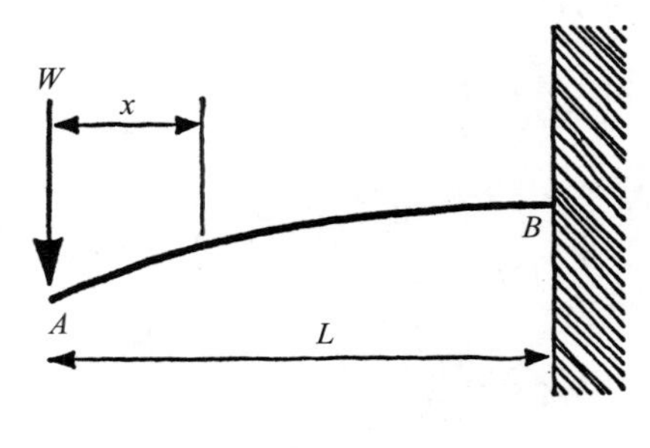

图Ⅱ–6

2. 均匀分布的载荷 $W = wL$

x处的$M = \frac{W}{2L}x^2$

B处的M最大，为$M_{max} = \frac{1}{2}WL$

x处的挠度为$y = \frac{W}{24EIL}(x^4 - 4L^3x + 3L^4)$

末端处的最大挠度为$y_{max} = \frac{WL^3}{8EI}$

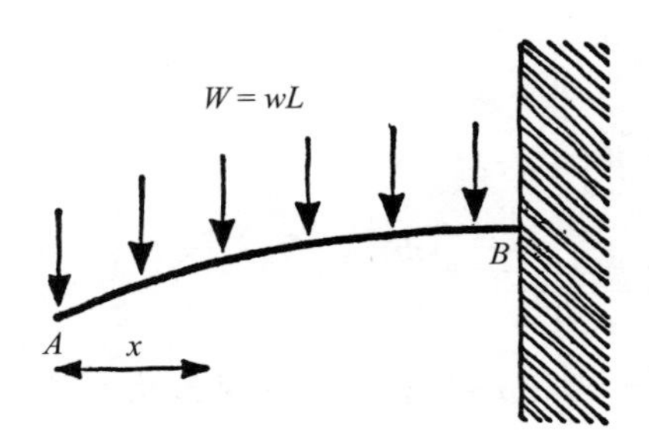

图Ⅱ–7

简支梁

3. 载荷在中心处的简支梁

点x处的挠矩M为：

（A对B）$M=\frac{1}{2}Wx$

（B对C）$M=\frac{1}{2}W(L-x)$

B处M最大，为$M_{max}=\frac{WL}{4}$

x处的挠度y为：

（A对B）$y=\frac{W}{48EI}(3L^2x-4x^3)$

B处M最大，为$y_{max}=\frac{WL^3}{48EI}$

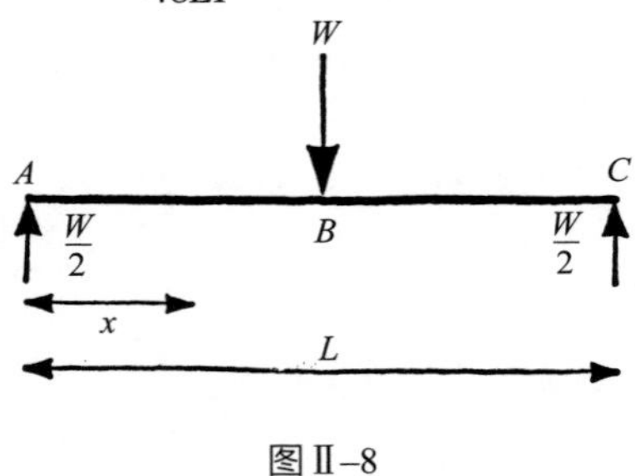

图Ⅱ–8

4. 单点载荷不在中心处的简支梁

点x处的挠矩M为：

（A对B）$M=W\frac{b}{L}x$

（B对C）$M=W\frac{a}{L}(L-x)$

B处M最大，为$M_{max}=W\frac{ab}{L}$

当$a>b$时，$x=\sqrt{\frac{1}{3}a(a+2b)}$处的挠度最大，为$y=\frac{Wab}{27EIL}(a+2b)$

$\sqrt{3a(a+2b)}$

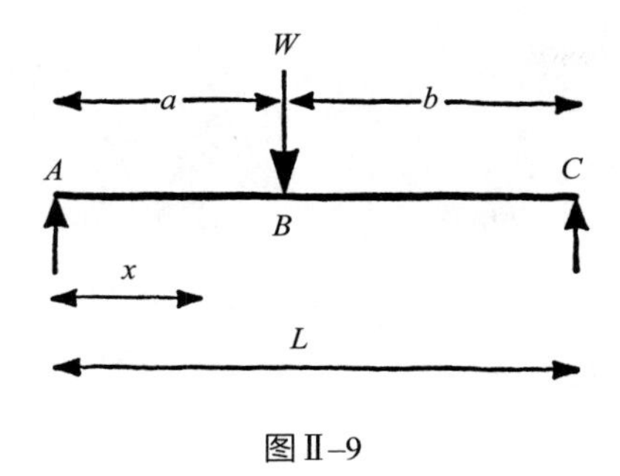

图Ⅱ–9

5. 简支梁上带均匀载荷 $W = wL$

在点x处：

$M = \frac{1}{2}W(x - \frac{x^2}{L})$

中点处M最大，为$M_{max} = \frac{WL}{8}$

中心处的挠度最大，为$y_{max} = \frac{5WL^3}{384EI}$

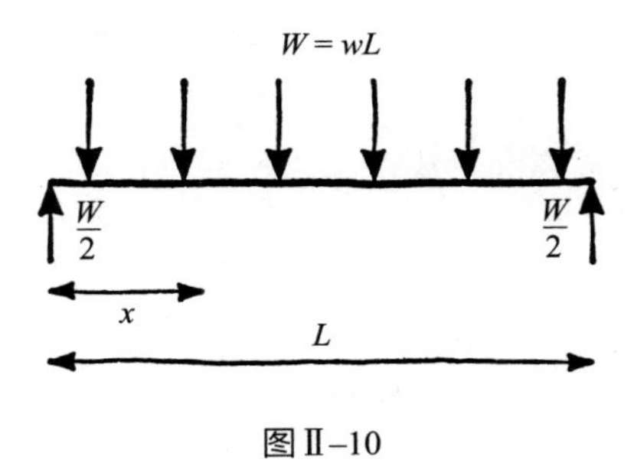

图Ⅱ–10

欲知详情，可参见罗克的《应力与应变的公式》。

—— 附录 III ——

扭转公式

扭转

对于在扭转作用下的平直杆、棱柱或管，其扭转角或角偏转θ（弧度制）为

$$\theta=\frac{TL}{KG}$$

其中，θ =扭转角（弧度制），T =扭矩（英寸 · 磅或牛顿 · 米），L =承受扭转的构件长度（英寸或米），G =剪切模量（见第 12 章，N/m^2 或 psi），K为一个因数，详见下表。

截面	K	最大剪切应力N
实心圆柱体 半径为r	$\frac{1}{2}\pi r^4$	$N=\frac{2T}{\pi r^3}$（表面处）
空心管 外径为r_1，内径为r_2	$\frac{1}{2}\pi(r_1^4-r_2^4)$	$N=\frac{2Tr_1}{\pi(r_1^4-r_2^4)}$（外表面处）

（续表）

截面	K	最大剪切应力 N
有纵向切口的空心管 （即“C”形截面） 壁厚为 t 平均半径为 r	$\frac{2}{3}\pi r t^3$	$\frac{T(6\pi r - 1.8t)}{4\pi^2 r^2 t^2}$
任意连续薄壁管 厚度为 t 周长为 U 圈围面积为 A	$\frac{4A^2 t}{U}$	$\frac{T}{2tA}$

更详尽的资料可查阅罗克的《应力与应变的公式》。

—— 附录Ⅳ ——

压缩载荷作用下柱与板的效率

关于柱的情况

假设柱的比例使之易因弹性屈曲而失效（第 13 章），那么临界载荷或欧拉载荷为

$$P=\pi^2\frac{EI}{L^2}$$

其中，E = 弹性模量，I = 横截面积的二阶矩，L = 长度。

现在，假设柱的横截面能够扩展或收缩，同时保持几何上的相似性，其大小的扩展或收缩系数为 t。

于是，$I=Ak^2=$ 常数 $\cdot\, t^4$

其中，A = 横截面积，k = 回转半径（附录Ⅱ）。

如果有 n 根柱，则总载荷为

$$P=\frac{n\pi^2 EI}{L^2}$$

所以，$I=\frac{PL^2}{\pi^2 nE}$

所以，$t^2=$常数 $\times\sqrt{\frac{PL^2}{\pi^2 nE}}$

但是，n根柱的重量=常数 $\times nt^2L\rho=W$，其中ρ为材料的密度。

所以，$W=$常数 $\times nL\rho\sqrt{\frac{PL^2}{\pi^2 nE}}$

$=$常数 $\times\sqrt{n}\,L^2\rho\sqrt{\frac{P}{E}}$

因此，

结构的效率$=\frac{\text{结构负载}}{\text{结构重量}}=\frac{P}{W}=$常数 $\times\frac{1}{\sqrt{n}}\left(\frac{\sqrt{E}}{\rho}\right)\left(\frac{\sqrt{P}}{L^2}\right)$

参量$\left(\frac{\sqrt{P}}{L^2}\right)$被称作“结构负载系数”，它仅取决于结构的尺寸和负载。

参量$\left(\frac{\sqrt{E}}{\rho}\right)$被称作“材料效率判据”，它仅取决于材料的物理特性。

关于平板的情况

上述讨论适用于粗度能在二维上变化的柱，而平板的厚度只能在一维上变化。

假设n张板的单位宽度的面积二阶矩为$I=$常数 $\times t^3=\frac{PL^2}{\pi^2 nE}$

所以，$t^3=\frac{PL^2}{\pi^2 nE}\times$常数

n张板的单位宽度的重量为

$$W = nt\rho L \times 常数$$

$$= n\rho L\sqrt[3]{\frac{PL^2}{\pi^2 nE}} \times 常数$$

$$= 常数 \times n^{2/3}\left(\frac{\rho}{\sqrt[3]{E}}\right)L^{5/3} \cdot \sqrt[3]{P}$$

所以，效率 $= \dfrac{P}{W} =$ 常数 $\times \dfrac{1}{n^{2/3}}\left(\dfrac{\sqrt[3]{E}}{\rho}\right)\left(\dfrac{P^{2/3}}{L^{5/3}}\right)$

其中，$\left(\dfrac{P^{2/3}}{L^{5/3}}\right)$为“结构负载系数”，$\left(\dfrac{\sqrt[3]{E}}{\rho}\right)$是“材料效率判据”。

— 延伸阅读 —

归根结底，学习结构相关知识的最好方法就是借助观察和实践经验，即用眼睛去审视结构，制造并破坏它们。业余爱好者不可能有机会去建造真正的飞机或桥梁，但是，不要羞于摆弄组装式玩具，甚至是老式积木。顺便说一句，这些东西比那些以各种巧妙方式拼接到一起的现代塑料玩具更具启发意义。当你要建造桥梁时，应该通过实际加载东西，看看它如何失效。你可能会感到震惊和慌张，但当你做完这件事时，那些相当枯燥的结构学书籍看起来也切题多了。

虽然业余的造桥者没有太多施展的余地，但在我看来，生物力学这个领域常常是大有可为的。这是一门新兴学科，无论是工程师还是生物学家都知之甚少。对有进取心的业余爱好者来说，那里很可能会有扬名的良机。

迄今为止，虽然有关生物力学的好书没几本，但关于材料和弹性的著作却有不少。下面列出了一小部分公认的好书，供你选择。

关于材料的书籍

The Mechanical Properties of Matter, by Sir Alan Cottrell. John Wiley (current edition).

Metals in the Service of Man, by W. Alexander and A. Street. Penguin Books (current edition).

Engineering Metals and their Alloys, by C. H. Samans. Macmillan,New York, 1953.

Materials in Industry, by W. J. Patton. Prentice-Hall, 1968.

The Structure and Properties of Materials, Vol. 3 'Mechanical Behavior', by H. W. Hayden, W. G. Moffatt, and J. Wulff. John Wiley, 1965.

Fibre-Reinforced Materials Technology, by N. J. Parratt. Van Nostrand, 1972.

Materials Science, by J. C. Anderson and K. D. Leaver. Nelson, 1969.

关于弹性和结构理论的书籍

Elements of the Mechanics of Materials (2nd edition), by G. A.Olsen, Prentice-Hall, 1966.

The Strength of Materials, by Peter Black. Pergamon Press, 1966.

History of the Strength of Materials, by S. P. Timoshenko. McGraw-Hill, 1953.

Philosophy of Structures, by E. Torroja (translated from the Spanish). University of Califonua Press, 1962.

Structure, by H. Werner Rosenthal. Macmillan, 1972.

The Safety of Structures, by Sir Alfred Pugsley. Edward Arnold, 1966.

The Analysis of Engineering Structures, by A. J. S. Pippard and Sir John Baker. Edward Arnold (current edition).

Structural Concrete, by R. P. Johnson. McGraw-Hill, 1967.

Beams and Framed Structures, by Jacques Heyman. Pergamon Press, 1964.

Principles of Soil Mechanics, by R. F. Scott. Addison-Wesley, 1965.

The Steel Skeleton (2 vols.) by Sir John Baker, M. R. Home, and J. Heymam Cambridge University Press, 1960-65.

关于生物力学的书籍

On Growth and Form, by Sir D'Arcy Thompson (abridged edition). Cambridge University Press, 1961.

Biomechanics, by R. McNeil Alexander. Chapman and.Hall, 1975.

Mechanical Design of Organisms, by S. A. Wainwright, W. D. Biggs, J. D. Currey and J. M. Gosline. Edward Arnold, 1976.

关于弓的书籍

Longbow, by Robert Hardy. Patrick Stephens, 1976.

关于建筑材料的书籍

Brickwork, by S. Smith. Macmillan, 1972.

A History of Budding Materials, by Norman Davey. Phoenix House, 1961.

Materials of Construction, by R. C. Smith. McGraw-Hill, 1966.

Stone for Building, by H. O'Neill. Heinemann, 1965.

Commercial Timbers (3rd edition), by F. H. Titmuss. Technical Press, 1965.

关于建筑学的书籍

这类书有几百本，我随机挑了两本：

An Outline of European Architecture, by Nikolaus Pevsner. Penguin Books (current edition).

The Appearance of Bridges (Ministry of Transport). H.M.S.O., 1964.